漢籍合璧 總編纂 鄭傑文

漢籍合璧精華編 主編 王承略 聶濟冬

妝史校注

〔清〕田 霡 撰

聶濟冬 丁蒙恩 校注

漢籍合璧精華編

學術顧問（按齒序排列）：

程抱一（法國）　袁行霈　項　楚　安平秋　池田知久（日本）
柯馬丁（美國）

編纂委員會（按姓氏筆畫排列）：

主　任：　詹福瑞

委　員：　王承略　王培源　王國良　呂　健　杜澤遜　李　浩　吳振武
何朝暉　林慶彰　尚永亮　郝潤華　陳引馳　陳廣宏　孫　曉
張西平　張伯偉　黃仕忠　朝戈金　單承彬　傅道彬　鄭傑文
蔣茂凝　劉　石　劉心明　劉玉才　劉躍進　閻純德　閻國棟
韓高年　聶濟冬　顧　青

總　編　纂：
鄭傑文

主　　編：
王承略　聶濟冬

本書編纂：
辛智慧　李　兵　林　相　段潔文

本書審稿專家：
唐子恒

國家重點文化工程"全球漢籍合璧工程"成果

教育部人文社會科學重點研究基地山東師範大學齊魯文化研究院
出版資助項目

國家社會科學基金重大項目"加拿大不列顛哥倫比亞大學圖書館
藏漢籍調查編目、珍本複製與整理研究"
（19ZDA287）階段性成果

前　言

　　中華優秀傳統文化是中華民族寶貴的精神財富。古籍是中華優秀傳統文化的載體，凝聚了古人的智慧，承載了中華民族在人類發展史上的貢獻。古籍整理，是一種傳承、發展中華優秀傳統文化精髓的基礎研究，是一項事關賡續中華文脈、弘揚民族精神、建設文化强國、助力民族復興的重要工作。古籍整理研究雖面對古籍，但要立足當下，把握時代脈搏，將傳統與現實緊密結合，激活古籍的生命力，推動中華文明創造性轉化和創新性發展。

　　山東大學向來以文史見長，在古籍整理研究方面成就斐然。從 2010 年開始，承擔了國家社科基金重大委托項目“子海整理與研究”，遴選先秦至清代的子部書籍中的精華部分進行影印複製和整理研究，已取得了豐碩的成果。自 2018 年始，山東大學在已有的古籍整理成功經驗的基礎上，又承擔了國家重點文化工程——“全球漢籍合璧工程”，主要是對海外存藏的珍本古籍複製影印和整理研究，旨在爲海内外從事古代文、史、哲、藝術、科技專業研究的學者提供新的資料和可信、可靠的研究文本。“漢籍合璧工程”共有四個組成部分，即“目録編、珍本編”“精華編”“研究編”和數據庫。其中，“精華編”是對海外存藏、國内缺藏且有學術價值的珍本古籍進行規範的整理研究。在課題設計上，進行了充分的調查分析和清晰定位，防止低水準重複。從選題、整理、編輯各環節中，始終堅持精品意識，嚴格把握學術品質。“漢籍合璧精華編”的整理研究團隊由近 150 人組成，集合了海内外 30 多所高校和研究機構的古文獻研究者，整理研究力量較爲强大。我們力求整理成果具有資料性、學術性、研究性、高品質的學術特色，以期能爲海内外學者和文史愛好者提供堅實的、方便閲讀的整理文本。

　　“漢籍合璧精華編”採用五次校審、遞進推動的管理模式。一、整理者提交文稿後，初審全稿。編纂團隊根據書稿的完成情況，判斷書稿的整體整理質量,做出退改或進入下一步編輯程序的判斷。二、通校全稿。進入編輯程序的書稿,編纂團隊調整格式,規範文字,初步挑出校點中顯見的不妥之處。三、匿名評審。聘請資深專家通審全稿,全面進行學術把關,盡力消滅硬傷,寫出詳盡的審稿意見。四、修改文稿。專家審稿意見及時反饋給整理者,整理者根據審稿意見修改,完成新文稿。五、終審文稿。待新文稿返回後,主編作最後的質量把關。五步程序完成後,將文稿交付出版社。出版社同樣進行嚴格的審稿、出版程序。

　　五次校審的目的是爲了保證學術質量,提高整理水準,減少訛誤和硬傷。但校書如掃塵埃落葉,"漢籍合璧精華編"儘管經多道程序嚴加把關,仍難免有錯,懇請方家不吝指教。"漢籍合璧精華編"編纂團隊將及時總結經驗,吸取教訓,把工作做得更好,以實現課題設計的初衷。

目 録

整 理 説 明

　　《妝史》二卷，是雍乾時期山東文人田霢的閑情偶寄，是有關古代女性的妝飾、服飾類書。該書旁徵博引，傅增湘云："本書自鏡臺爲始，以次衣服、髮髻、奩飾、脂粉、眉唇，大率以類相從，而不標門目。其引書自《周禮》及諸史百家雜說，咸注原書名，近至宋荔裳、朱竹垞詩詞皆引之，可云浩博無涯矣。"①

　　國家圖書館藏《妝史》二卷，稿本，十八行十九字，小字雙行同，無界欄。文前有田霢自序。序鈐"田開"分體印、"曾在趙元方家"長方印，上卷卷端下有"香城居士"長方印、"學海文河"方印，下卷卷端鈐"無悔齋藏"長方印、"天許作閑人"圓印、"子益"扁方印，當爲田霢、田開、徐三庚、趙鈁收藏品。傅增湘斷定其爲作者的原稿本。②確實，國家圖書館藏本上的"宗"字，皆缺末一筆，當是避田霢父親田緒宗的名諱。加拿大不列顛哥倫比亞大學圖書館藏本上該字爲全筆。

　　加拿大不列顛哥倫比亞大學圖書館藏《妝史》二卷，清抄本，九行二十三至二十五字，小字雙行同，無界欄。文前有蔣一和、劉伯峰的序。該書稿傳承有序，上鈐"一和藏書"朱文橢圓印、"蔣""一和"朱文連珠小方印、"餘事作詩人"朱文長方印、"六不艸堂"朱文長方印；"劉峙私印"白文方印、"固安劉峙珍藏印記"朱文長方印；"嬴縮硯齋藏書"朱文方印、"鏡塘讀過"白文方印，當爲清人蔣一和、劉峙和今人龐鏡塘收藏品。該抄本爲龐鏡塘的外孫方志豪捐贈。龐氏爲山東菏澤人，原名龐孝勤，藏書家，1947 年前後任山東省黨部主任委員。方氏向加拿大不列顛哥倫比亞大學圖書館捐贈龐氏藏古籍 64 種，796 册，此爲其一。該館存藏的龐鏡塘藏書中多有山東籍作者的著述。

---

　　①　傅增湘撰《藏園群書經眼録》卷一〇，中華書局，2009 年，第 724 頁。
　　②　傅增湘撰《藏園群書經眼録》卷一〇，第 724 頁。

(一) 田霡其人

田霡(1652—1728),山東德州人,字子益,號樂園、香城居士,晚年號菊隱。貤贈修職郎。修職郎,是清代文職正八品之封贈。田霡與其兄田雯、田需皆有詩名。

田霡早慧,少年時受學於山東提學副使宮夢仁,後拔入太學,在京師中詩名早揚。《山左詩鈔》云:"先生穎悟絶人,早受知於學使者宮定山夢仁,拔入太學,遊京師,與海内前輩角雄争長。"①《山左詩鈔》的編者盧見曾,曾是田氏的學生,所言有褒獎成分,但並不過分。從田霡《菊津草堂詩集》書後校對者署名中,亦可見其一斑,其中不僅有盧見曾,還有高鳳翰、顏希聖、趙念曾等人,皆一時名流。這些人皆是田霡的學生、故交。田霡雖然早有詩名,但他前半生蹉跎於科場,其《送人應試自述二首》之二云:"堂堂日月去難留,老歎浮名未易求。計把佳辰虛斷送,棘闈七度過中秋。"②棘闈,指禮部貢院。清科舉的鄉試、會試都是每三年舉行一次。"七度",當過了二十多年。至康熙二十五年(1686)科拔貢,授堂邑縣(今聊城)教諭,但他卻以腿腳有病爲由,辭官不赴。

在晚年時,田霡的詩歌創作進入豐碩期。田霡一生著有《菊津草堂詩集》《菊隱集》《南遊稿》《乃了集》等,其代表作是《菊津草堂詩集》,收録詩歌 1006 首,入《四庫全書》存目書。《四庫全書總目》評價他的詩作:"然觀霡所作,雖密咏恬吟,成一邱一壑之趣,至才力富健,究不足以敵雯也。集後又有《菊隱集》一卷,《南遊稿》一卷,總題曰《菊津草堂七十以後詩》。黄越《序》之,稱其垂老所作,彌淡彌甘,大抵霡生平爲詩,以七言絶句自負,自少至老,亦惟是體特多云。"③其中"不足以敵雯",是説田霡的詩歌筆力,不如他的兄長田雯。

田霡平生散澹、不求名利。他常年閑居在家,以種菊、咏詩爲樂,交遊廣泛。(道光)《濟南府志》云:田霡"築菊津草堂,多種菊,延致名流,飲酒賦詩,擅風雅者三十年"。④田霡在《菊花五首》其四中,抒寫了他晚年瀟灑閑適的心志和生活方式,"避喧自到山中住,看我何如宰相尊。休笑生平無事業,十年種菊

①　錢仲聯著《清詩紀事·康熙朝卷·田霡》,鳳凰出版社,2004 年,第 934 頁。
②　李士明著《菊津草堂詩集校注》,黄山書社,2018 年,第 181 頁。
③　永瑢等撰《四庫全書總目》,中華書局,1965 年,第 1663 頁。
④　成瓘著《新修濟南府志》卷五六《人物》十二,清道光二十年刻本。

數千盆"。①同時,他又超然豁達,自嘲自娛,曾爲自己作墓誌銘:"生著附贅,死若決瘤。言極風雅,重如山丘。身將逝矣,何怨何尤? 痛苦者蟣蟲,大小者馬牛。自知自志,千載神流。"此銘反映了田氏的名士性情,是他瀟灑不羈的精神寫照。

(二)《妝史》的版本情況

田霡交遊廣,喜與同好詩詞唱和。世人對田霡文學成就的評價,皆集中於他的詩歌創作,很少有人評價他的《妝史》。即便提起該書,也只是記其書名、卷數。《妝史》在清代的公私目録中皆没有著録,直至民國時,傅增湘《藏園群書經眼録》第一次著録該書及其"稿本"形式。

《妝史》未曾刊刻過,現有兩部寫本,一藏於國家圖書館,一藏於加拿大不列顛哥倫比亞大學圖書館。國家圖書館藏本(以下簡稱國圖本),爲稿本,根據文前田氏自敘,知其完成於雍正三年(1725)。該稿本在《藏園群書經眼録》《北京圖書館古籍善本書目》《中國古籍善本書目》中被著録;1988 年由書目文獻出版社《北京圖書館古籍珍本叢刊》影印收録。

加拿大不列顛哥倫比亞大學圖書館(以下簡稱加本)爲抄本。該抄本字迹清晰,文前有蔣一和的序。蔣氏序語:"余年弱冠,始學詩,即深蒙先生獎進,爲校辨聲律,陶融風雅,以所本於前哲者,並鑰發篋而見示玉。今於詩學源流,粗有所得,實瓣香於先生者爲多。"鑒於此,知蔣一和曾是田霡的學生。蔣序作於"辛巳年",當是乾隆二十六年(1761)。蔣氏序下有署名"固安劉伯峰"的序。卷首鈐有"固安劉峙珍藏印記"朱文長方印。從古人名字用法看,伯峰,當是劉峙的字。劉峙、劉伯峰爲一人。劉峙曾著(光緒)《固安縣志》。《妝史》劉序云:"是編乃其手輯,原本字意古拙,非抄胥所録。"劉峙曾爲齊河縣丞。此本很可能是他在齊河縣丞任上,見到了《妝史》的稿本而抄寫。從該書跋語的時間看,加本的抄録時間很有可能是清末,而非不列顛哥倫比亞大學館藏目録判定的"清康熙(1662—1722)稿本"。②

國家圖書館收藏的《妝史》雖是田霡的稿本,但該本有些地方字迹模糊,甚

---

① 李士明著《鬲津草堂詩集校注》,第 369 頁。
② 沈志佳、劉静編著《花葉婆娑》下册,中華書局,2018 年,第 408 頁。

至有字漏訛的缺陷。加拿大不列顛哥倫比亞大學所藏抄本，字體清晰工整，爲精抄本；加本爲後出抄本，在内容上，補齊了國圖本中的一些省字。而且，加本上有朱校，或改正錯字，或補上脱漏。例如，國圖本“蓋以銀絲宛轉屈曲作花枝，插髻後，隨步輒搖，以贈媌婧”條，其中，“贈媌婧”，加本同，但朱校改作“增媌婧”。此條爲《瑯嬛記》卷上引《採蘭雜志》，其中“贈”訛，當作“增”。再如，“采桑，則服鳩衣。黄花，音卜。”條，其中“黄花”，加本同，朱校改作“黄色”。“花”訛，“色”是。

從《妝史》國圖本和加本的比對情況看，兩個本子有很多相同錯誤，明顯是傳抄關係。字錯相同的，如“醉妝，《五代史》：‘王衍後宮皆戴金蓮花冠，衣道士服，酒酣免冠，其髻鬌然，更施米粉，號醉妝，國中皆效之。’”其中“米粉”，國圖本與加本皆同，但《新五代史》此二字爲“朱粉”，《妝史》當是訛誤。再者，國圖本和加本有把正文和注釋混爲一談的。如，國圖本和加本均寫作“籠桶衫，拂油巾，出浣花。《旅地志》”。其中二本皆將“出浣花”三字，誤爲正文。四部叢刊續編景明本馮贄《雲仙雜記·籠桶衫柿油巾》：“杜甫在蜀，日以七金買黄兒米半籃，細子魚一串，籠桶衫，柿油巾，皆蜀人奉養之粗者。出《浣花旅地志》。”可知，“出浣花”三字非正文，實爲引書標記。

(三)《妝史》的内容、文獻學價值

《妝史》是古代女性妝飾、服飾類書，作成於雍正三年(1725)，是按照鏡臺、衣服、髮髻、奩飾、脂粉、眉唇等女子服飾、妝容、髮飾等類別，分類、依時間順序編纂而成。《妝史》著述格式是每一種服飾、髮飾、妝容名詞後，列舉服制、典故和詩句。從引書看，《妝史》應該是田霡就家中的藏書，摘抄有關女子服飾、妝飾内容而編成。在編纂中，田霡有明顯的史述概念，《妝史·凡例》中自言：“是集自后嬪命婦以及婦人女子，半自諸史采出，故以史名。”

《妝史》雖僅有二卷，但從引書範圍看，該書旁徵博引，涉獵廣博，囊括經史子集四部，從包括《詩經》《周禮》《左傳》等經書和《史記》《漢書》《後漢書》《金史》《元史》等史書，以及《天中記》《女紅餘志》《妝臺記》《妝樓記》《中華古今注》《採蘭雜志》《酉陽雜俎》等子部類書、小説中勾稽，涉及246種圖書。從《妝史》引書的數量、部類分析，該書所用材料是史部和子部小説類兼重。從引書次數看，引用最多的是《女紅餘志》，其次是《後漢書》《釋名》，再次是《西京雜記》。

此外,引用較多的還有《飛燕外傳》《漢武内傳》《説略》等。

　　《妝史》内容瑣細,聚焦歷代女子的名妝美飾,在今天看來,屬於日常生活史類的圖書,但在傳統目録著録上,有兩種認識:一是傅增湘將此視爲類書,增補入《藏園訂補郘亭知見傳本書目》卷一〇下《子部》十一《類書類》,"妝史二卷,清田霡撰輯。稿本。自鏡臺始,以類相從,不標門目。引書皆注出處"。①二是王紹曾主編《清史稿藝文志拾遺》中,將此歸入子部藝術類游藝屬。②從編纂方式上看,《妝史》是按類排列的女性妝飾之書,是類書;内容上看,《妝史》講述了古代女性的妝飾,無關社會宏旨,是文人娛情閑適之作。《妝史》雖然敘述瑣細,無關政治教化旨意,没有深刻的思想史價值,但它能反映康雍乾時期文學思想,體現了當時文人的一種散澹無求、以文爲戲的心態,以及當時文人的知識結構。同時,該書稿是古代女性妝飾品的類書,亦可視爲觀照古代婦女生活史的一個視角,故該書有文學史、文獻學價值和生活思想史意義。具體如下:

　　1.《妝史》體現出一定的關懷女子天性的正面視角。清代士人對婦女多持有同情、欣賞的態度。清初,除《妝史》之外,張芳亦創作《黛史》。宋長白《柳亭詩話》云:"可見,天地英靈之氣,原不專屬於男子也。"③在明末以來"顯揚女子,頌其異能"④的創作風氣影響下,《紅樓夢》的出現,絶非偶然。"自有《紅樓夢》出來以後,傳統的思想與寫法都打破了"。⑤田霡曾以王士禎爲師,有重性情、尚自然的品性和審美認知。蔣一和的序語中就提到田氏"抒寓性靈"。在男尊女卑的封建社會裏,傳統的女性敘事,多是以儒家倫理道德爲標準,褒獎或貶抑女性的社會角色。例如正史中的《列女傳》、類書中人事部下的"母儀""孝女""義婦""貞女"及小説戲曲中塑造的善良母性。但過分强調褒揚、渲染女性社會角色的正面性,忽略女性群體的天性追求,也並非健康良性的社會發展態勢。《妝史》像當時贊頌女性的文學作品一樣,突破傳統的女性敘事俗套,

　　① 莫友芝撰,傅增湘訂補,傅熹年整理《藏園訂補郘亭知見傳本書目》,中華書局,2009年,第810頁。
　　② 王紹曾著《清史稿藝文志拾遺》,中華書局,2000年,第1387頁。
　　③ 宋長白著《柳亭詩話》卷二九《名媛詩》,上海雜誌公司,1935年,第641頁。
　　④ 魯迅著《中國小説史略》,廣西人民出版社,2017年,第212頁。
　　⑤ 魯迅著《中國小説的歷史變遷》,《魯迅全集》(第八卷),人民文學出版社,1957年,第348—351頁。

表現出對女性美麗的賞鑒態度。在《凡例》中田霢就自言:"古來女子甚多,無
涉於妝者不録。"可見,田氏推崇的是女性妝飾美。這與清官修類書的編纂截
然不同。作於康熙年間的《古今圖書集成》關於女性的部類的編纂順序,"總部
外,下分孝、義、烈、節、識、藻、慧、奇、巧、福、豔、恨、悟、職、飾諸部,其中尤以前
四部篇幅最多,占全典約 83%,深切反映出傳統社會對女性孝、義、烈、節等行
爲之重視,遠在識、藻、慧、巧等才華之上"。①官修類書的政治教化立場和儒家
女性觀,突出女性德行美,所以在排序上"飾"必定是在末尾。

　　此外,田霢《妝史》中非傳統的敘事視角,還表現爲平視古今有妝容的婦
女,而非僅關注宮廷妃嬪、貴婦名媛。他在《凡例》中除了説只録有妝飾的女子
故事外,還言稱,"史中女子不論貴賤、貧富、美惡,凡有妝飾者,概行收入"。這
與官修類書中的女性美的書寫完全不同。

　　2.《妝史》是現存的較早的妝飾史的專著。古代描寫女性妝飾的詩文很
多,但是除宋潘自牧所編類書《記纂淵海》"妝飾"類、"衣裳(附襪)"類,和明閔
元京、凌義渠輯《湘烟録》中的《奩史》二卷外,清代前期以前的婦女妝飾書寫,
多是零碎狀態,散見於正史、別史、雜鈔、筆記以及詩詞文集中。田霢將散見於
一些經典和普通書中的關於女性妝飾品的詞、句、段、篇,分門別類地搜集整理
成帙。在田霢之後,相繼出現了王初桐輯《奩史》一百卷、蘇馥《香閨鞋襪典略》
二卷等。"王初桐輯《奩史》,100 卷,成於嘉慶初年",②晚於田霢《妝史》。王氏
《奩史》中有的地方,輯録信息的起止點,與《妝史》完全吻合。

　　3.《妝史》有文獻輯佚價值。加本上的劉崎跋語云該書:"采擷雖未若《奩
史》之富贍,搜稽古書多有今所不存之本,亦是供博識者欣賞焉。"具體來説,
《妝史》對《二儀實録》《東宮舊事》等散佚書籍都具有一定輯佚價值。

　　4.《妝史》是一小型專題類書。以類相從的編纂方式,自明代始,就爲人喜
聞樂見,也爲書坊所喜愛。該書從經書、史書、子書、文集中搜集有關女性妝飾
的典故、詩句等。雖然田霢在《凡例》中稱:"凡女子臨妝必先乎鏡,故曰妝臺、
曰鏡臺,特首標之,餘俱排比直書,不復分類。"但實際上,田氏在編纂中,有清

---

① 　劉咏聰撰《〈奩史〉初探——兼論類書中女性史料之輯録》,《第二屆明清史國際學術討論
會論文集》,天津人民出版社,1993 年,第 193 頁。

② 　馮爾康著《清史史料學》下,故宮出版社,2013 年,第 473 頁。

晰的分類意識，今據内容分爲典制、①鏡類、妝類、粉類、額類、眉類、黛類、目類、唇類、口類、脂類、耳類、珥類、瑙類、環類、髮類、澤類、梳類、冠類、巾類等。該書是以女性妝飾爲主題，非科舉時文類，没有明確的功利性的適用範圍，是隨性、遣悶輯録之作，難免就帶有些遊戲的意味。

5.《妝史》雖爲休閑之作，但田霢的編纂態度是嚴謹的。田霢雖在《凡例》中稱該書没有分類，但在輯録中，田霢有意地按類編纂，並注明出處，秉持了彼時漸興的嚴謹學術態度。他在《凡例》中自云："史中故實語義不敢妄加增改，衛正叔所謂以人書爲我書也。"明代後期學術有疏漏之弊。圖書引文多不標出處。②清初顧炎武、朱彝尊等大儒針對此陋習都有糾弊之舉。顧炎武《日知録·述古》："凡述古人之言，必當引其立言之人。古人又述古人之言，則兩引之。不可襲以爲己説也。"③朱彝尊《曝書亭集·日下舊聞序》："昔衛正叔嘗纂《禮記集説》矣，其言病世儒剿取前人之説以爲己出，而曰他人著書，惟恐不出於己。予此編，惟恐不出於人。彝尊不敏，竊取正叔之義，至旁及稗官小説、百家二氏之書。或有未足盡信者，世之君子毋以擇焉不精罪我，斯幸矣。"④田霢也受到了顧氏、朱氏這種引書觀念的影響，在《妝史》的編纂中貫穿了同樣的學術認識和態度，條文後標注出處。

此次整理以國圖本爲底本，以加拿大不列顛哥倫比亞大學館藏本爲校本。作以下整理説明：

1. 雖然田霢自敘云"不復分類"，但也大體上按照妝飾類別綴集，故今爲便於閲讀，在各類前加一小標題，點明主旨。因考慮到制度具有總括性，此次整理將"典制"部分調整到原第一類"鏡類"前。

2. 對於避諱字，一律回改。對於異體字和新舊字形，也作了規範化處理。

3. 書名説明：《二儀録》，原名《二儀實録》或訛爲《二儀寶録》，簡稱《實録》或《二儀録》。原文中保持原樣，校注統一爲《二儀實録》。《幽怪録》，原名《玄

---

① "典制"，原在"鏡類"下，今據類型調置"鏡類"上。

② 曹之著《中國古籍編撰史》，武漢大學出版社，2015 年，第 660 頁。

③ 顧炎武著，黄汝成集釋，欒保群、吕宗力校點《日知録集釋》下，上海古籍出版社，2014 年，第 458 頁。

④ 朱彝尊《曝書亭集》，商務印書館，1935 年，第 595 頁。

怪録》，唐牛僧孺撰，宋代因避趙匡胤始祖玄朗之諱，改名《幽怪録》，本次整理統一回改爲《玄怪録》。《東宮舊事》和《東宮故事》爲同一書，統一定爲《東宮舊事》。《癸辛雜志》和《癸辛雜識》，注中統一爲《癸辛雜識》。《致虛雜俎》和《致虛閣雜俎》統一爲《致虛閣雜俎》。《瑯嬛記》和《琅環記》統一爲《琅嬛記》。《女史》，清王初桐《奩史》中是注爲《女紅餘志》，但這有可能是作者田霢輯録自明趙世傑編《古今女史》，故現保留原貌。此外，書名僅"傳""集""録"或"記"一字之差者，保留原貌。

4. 文中加拿大不列顛哥倫比亞大學圖書館藏本均簡稱"加本"。

5. 爲避免重復囉嗦，對於各個正史以及唐宋四大類書等編者衆多的名著均不著録撰者信息。引書第二次出現，作者名前也不著時代。現代人的研究成果直接引用，不著時代。

6. 增補缺字、缺句。國圖本有多種脱落形式。脱字，如"多以麝香色爲鏤金羅爲衣裙"一條，"色"字脱，今補。有些因爲影響閱讀，爲便於理解，以括注()的形式補字，如(武)帝。

脱句，如妝類"北苑妝，隋煬帝時""大小各别"，原脱，今據加本補；整條脱落，如"宋以面油爲玉龍膏，太宗始合此藥，以白玉碾龍合子貯之，因以名焉"，國圖本脱落，今據加本補。

此外加本上還有收藏者的朱校，或改正錯字，或補上脱漏。如"耳類"中"妾似生來無耳"，"耳"上脱"兩"字，朱校補齊，作"妾似生來無兩耳"，今補。該書在徵引作者書名上也有脱誤，如"傅玄《鏡賦》"一條，"傅"下脱"玄"字。又，"王符《潛夫論》"一條，"王"下脱"符"字。今補。

7. 糾正書中錯誤。

第一，糾正正文錯誤。例如，《眉類·桂葉眉》原文："李白詩：'注口櫻桃小，添眉桂葉濃。'"其中，"李白"應爲"李賀"，出自李賀《惱公》。今改正。

《脂類·面脂》原文："梁武帝詩：'三月桃花合面脂。'其中，"梁武帝"誤，應爲"梁元帝"。《藝文類聚》卷三二《人部》一六載梁元帝《春别應令》："三月桃花合面脂，五月新油好煎澤。"今據改。

《環類·金環》原文："丁有女子臂繞。"《南史·武丁貴嬪》作"下有女子擘繨"，其中"丁"誤，當作"下"；"臂繞"誤，當作"擘繨"。今據改。

此外，本次整理根據今人研究成果，指出正文字詞、文義的錯訛處。例如，

《妝類》"鮮妝帕服"條云："婦人施粉黛花鈿，著好衣裳，謂之鮮妝帕服。"此條引自《釋常談·鮮妝帕服》。《辭源》和林劍鳴、吳永琪主編《秦漢文化史大辭典》沿用此意，但語義誤。今據蔣金德《讀新版〈辭源〉札記》校注説明："按：《釋常談》分釋'鮮妝帕服'爲'施粉黛花鈿'與'著好衣服'，《辭源》從之，釋'帕服'爲'盛裝'，於義未安。'帕'無'盛'、'好'義。'服'，房六切；'腹'，方六切，二字同屬屋韻，聲母又同爲輕唇音，僅有濁清之分而已，又形亦近，'帕服'當爲'帕腹'。漢劉熙《釋名·釋衣服》：'帕腹，横帕其腹也。'即兜肚。'帕腹'本有多種書寫形式，而其義則存於聲。"陳鶴歲著《她物語——漢字與女性物事》亦云："帕服就是横裹在腹部的一塊布帕。"

第二，糾正引書錯誤。例如，《脂類·唇脂》："唇脂，以丹作之，象唇赤也。"出處誤作"世説"，今據清文淵閣四庫全書本《天中記》改作《釋名》。

第三，糾正人名誤作書名。例如，《襦類·珠襦》原文："珠襦，昌邑王被廢，太后被珠襦，盛服坐武帳中，王前聽詔。如淳曰：'以珠飾襦。'《晋書》曰：'貫珠爲襦。'"其中，"晋書"據《漢書》改爲"晋灼"。此條見於《太平御覽》卷六九五《服章部》引《漢書》，但今本《漢書·霍光傳》云："太后被珠襦，盛服坐武帳中，侍御數百人皆持兵，期門武士陛戟，陳列殿下。群臣以次上殿，召昌邑王伏前聽詔。"如淳注曰："以珠飾襦也。"晋灼注曰："貫珠以爲襦，形若今革襦矣。"師古注曰："晋説是也。"故知《太平御覽》此條誤將"晋灼"誤作"晋書"。今改。

第四，糾正正文、注釋的混淆。例如，《袜類》"楊太真"條原文："楊太真私安禄山，爲禄山爪傷胸乳，爲訶子束胸。世紀。"在此，"世紀"二字誤作正文。顧起元《説略》："今襦裙在内有袖者曰主腰，領襟之緣上綉蒲桃花，言其花朵朵圓如蒲桃也。又觀胡侍《墅談》云：'《建炎以來朝野雜記》云乾道《邸報》：臨安府浙漕司所進成恭后御衣之目，有粉紅紗抹胸，真紅羅裹肚。乃知抹胸、裹肚之制，其來不近世紀。'"《妝史》應該是在原文殘缺的情况下誤把正文"世紀"作爲出處的注。今指出。

第五，糾正斷句錯誤。例如，《珠履》"方珠履"條，"方珠履"，並無此物，爲作者田霡斷句錯誤。宋陳仁玉《賈雲華還魂記》："且夫人勤勵，治産有方，珠履玳簪不減昔時之豐盛，鐘鳴鼎食宛如向日之繁華。"今指出。

8. 删除衍字。例如，《足類·綵縷》原文："《七林》美咏美人足飾。""林"下衍"美"字。明彭大翼《山堂肆考》："《七林》咏美人足飾曰……"今改。

9. 正倒字。例如,《衣類·綻衣》中"政和公主",應作"和政公主"。《衣類》"垂鬟黛接",應作"垂鬟接黛"。《帔類·紅圈帔》中"燈影記",應爲"影燈記"。《環類》"五色玉文環",應作"五色文玉環"。《巾類·盤巾》中"年少兒女重鞦韆",應作"少年兒女重鞦韆"。等等。

10. 此次整理的注釋部分,不僅引證《漢書》《後漢書》《南史》《中華古今注》《丹鉛總録》等古書,解釋妝飾、服飾典故,還采用了今人關於古代妝飾、服飾研究的相關成果,例如,李芽著《中國歷代女子妝容》、徐家華著《漢唐盛飾·唐代服飾》、王鳴著《中國服裝簡史》以及王雲路著《中古詩歌語言研究》等,詳細地揭示古代服制、服飾、妝飾的内容及其演變,有助於讀者閱讀理解各種各類服飾名詞和歷史故事。同時,通過引證今人的服飾研究成果,便於讀者了解古代服飾文化、民俗文化。

自　敘

　　香城居士年七十有三。溽暑時淫雨經旬,除搖扇飲水,別無適情事。忽憶十年前欲著《妝史》,僅得百餘條。檢破簏中,其稿尚存,因廣搜博采以充之。筆架珊瑚,細寫香奩錦字;目凝珠翠,恍入南部妝樓。閱半載而成,書分兩卷,以名史。雖鴉黃蟬綠,①非老人所宜言。然名姝麗姬,藉爲適情之具,正不當見於少年時也。雍正三年旃蒙大荒落,②律中夷則,③德州田霡自敘。

---

　　①　"鴉黃蟬綠",鴉黃,又稱作額黃、鵝黃、蕊黃,舊時婦女化妝塗額的黃粉。盧照鄰《長安古意》:"片片行雲著蟬鬢,纖纖初月上鴉黃。鴉黃粉白車中出,含嬌含態情非一。"田霡《鬲津草堂詩集·含章殿》:"梅花點額作新妝,事出天然見壽陽。引得人間花面女,爭塗粉白與鴉黃。"○"蟬綠",即蟬鬢,兩鬢薄如蟬翼,故代稱女子的髮鬢。李賀《夜來樂》:"新客下馬故客去,綠蟬秀黛重拂梳。"納蘭性德《浣溪沙》:"睡起惺忪强自支,綠傾蟬鬢下簾時,夜來愁損小腰肢。"

　　②　"旃蒙大荒落",即乙巳年。《爾雅·釋天》:"太歲在甲曰閼逢,在乙曰旃蒙,在丙曰柔兆,在丁曰强圉,在戊曰著雍,在己曰屠維,在庚曰上章,在辛曰重光,在壬曰玄黓,在癸曰昭陽。太歲在寅曰攝提格,在卯曰單閼,在辰曰執徐,在巳曰大荒落,在午曰敦牂,在未曰協洽,在申曰涒灘,在酉曰作噩,在戌曰閹茂,在亥曰大淵獻,在子曰困敦,在丑曰赤奮若。"

　　③　"律中夷則",孟秋之月。《禮記·月令》:"孟秋之月,日在翼,昏建星中,旦畢中。其日庚辛,其帝少皞,其神蓐收。其蟲毛,其音商,律中夷則。"故知自敘作於 1725 年秋。

凡　例

一、是集自后嬪命婦以及婦人女子，半自諸史采出，故以史名。

一、藏書不富，就架上古今書所有者，摘取成編，未免挂一漏萬。

一、古來女子甚多，無涉於妝者不録。

一、史中故實語義不敢妄加增改，衛正叔所謂以人書爲我書也。①

一、史中女子不論貴賤、貧富、美惡，凡有妝飾者，概行收入。

一、史中妝具繁多，凡女子臨妝必先乎鏡，故曰妝臺、曰鏡臺，特首標之，餘俱排比直書，不復分類。

---

① “衛正叔”，即衛湜，南宋人，曾著《禮記集説》，輯録《禮記》諸家傳注。其《禮記集説・自序》：“竊謂他人著書，惟恐不出於己。予之此編，惟恐不出於人。”

上　卷

　　《易》曰："坤道成女。"①《詩》曰："乃生女子。"②《禮》："女子十五而笄。"③《禮·雜記》："女雖未訓嫁，年二十而笄。"④笄，簪也，長一尺二寸，所以固髮者。⑤《二儀録》："自燧人氏而婦人始束髮爲笄。笄者，繼也，言女必有繼於人也。但以髮相繼而無物繫，至女媧氏以羊毛爲繩，向後繫之，以荆杖及竹爲笄，用貫其髮，而未有梳。至赫胥氏造梳，以木爲之，二十齒。堯以桐爲笄，⑥橫貫其髮。後聖易之以絲及五色絹，名曰頭繩。音纚。舜加女人首飾，釵雜以牙、玳瑁爲之。

---

　　①　"坤道成女"，《周易·繫辭上》："乾道成男，坤道成女。"孔疏："道謂自然而生，故乾得自然而爲男，坤得自然而成女。必云成者有故，以乾因陰而得成男，坤因陽而得成女，故云成也。"

　　②　"乃生女子"，《詩經·小雅·斯干》："乃生女子，載寢之地。載衣之裼，載弄之瓦。無非無儀，唯酒食是議，無父母詒罹。"孔疏："毛以爲，前夢虺蛇，今乃生女子矣。生訖，則寢卧之於地以卑之，則又衣著之以裼衣，則玩弄之以紡磚，習其所有事也。此女子至其長大，爲行謹慎，無所非法，質少文飾，又無威儀，唯酒事。於是乃謀議之，無於父母而遺之以憂也。若婦禮不謹，爲夫所出，是遺父母以憂。言能恭謹，不遺父母憂也。"

　　③　"女子十五而笄"，《禮記·內則》："女子十年不出，姆教婉娩聽從，執麻枲，治絲繭，織紝組紃，學女事，以共衣服，觀於祭祀，納酒漿籩豆菹醢，禮相助奠。十有五年而笄，二十而嫁，有故，二十三年而嫁。聘則爲妻，奔則爲妾。"鄭注："十五而笄，謂應年許嫁者，女子許嫁，笄而字之。其未許嫁，二十則笄。"

　　④　"女雖未訓嫁"句，《禮記·雜記下》："女雖未許嫁，年二十而笄。"鄭注："雖未許嫁，年二十亦爲成人矣。禮之，酌以成之。言婦人執其禮，明非許嫁之笄。"

　　⑤　"笄，簪也"，清任啓運《禮記章句》卷二之一："笄，簪也，骨爲之，長六寸者，以固髻。長尺二寸者，以固被，所謂衡笄也。"

　　⑥　"桐"，加本作"銅"。

周文王於髻上加珠翠翹花，傅之鉛粉。其髻高，名曰鳳髻。又有雲髻。"①至此而妝尚焉。余集古來女子妝飾，分爲二卷，以《妝史》名之。

典　制

《儀禮·士昏禮》："女次，純衣纁袡，②立於房中，南面。姆纚、笄、宵衣，在其右。女從者畢袗玄，③纚笄，被顈黼，在其後。"④又"夙興，婦沐浴，以見舅姑"。⑤又《特牲饋食禮》：主婦"宵衣纚笄"。⑥《女孝

---

①　"自燧人氏……又有雲髻"句，明顧起元《說略》引《二儀實錄》曰："自燧人氏而婦人始束髮爲髻。髻者，繼也。言女必有繼於人也。但以髮相繼而無物繫縛，至女媧氏以羊毛爲繩子，向後繫之，以荆梭及竹爲笄，用貫其髻髮，而未有梳。至赫胥氏造梳，以木爲之，二十齒。至黄帝有棟宇，而去穴處皮毛之弊。堯以桐爲笄，横貫其髮。後聖易之以絲及五色絹，名曰頭繝。舜加女人首飾，釵雜以牙、玳瑁爲之。周文王於髻上加珠翠翹花，傅之鉛粉。其髻高，名曰鳳髻。又有雲髻，步步而摇，故曰步摇。"○"珠翠"，徐連達著《隋唐文化史》第二章《衣冠服飾》："婦女頭上飾物亦有用貴重的珍珠、翡翠之類的，以表示身份的高貴。此類飾物通稱爲'珠翠'或'朱翠'。盧綸《王評事駙馬花燭》詩'步障三千無間斷，幾多珠翠落香塵'，又韓愈《短燈檠歌》'長檠高張照朱翠'，俱是形容婦女頭上的朱翠妝飾。"○"鉛粉"，陳東原著《中國婦女生活史·漢代的婦女生活》："脂粉的發明，傳說甚早。《中華古今注》說'三代以鉛爲粉；秦穆公女弄玉有容德，感仙人蕭史，爲燒水銀作粉與塗，亦名飛雲丹。'又說：'燕脂起自紂，以紅藍花汁凝成胭脂，以燕國所生，故曰燕脂，塗之作桃花妝。'此等說法雖不可信，然在漢代，脂粉確已通行；漢武且日給官人螺子黛以畫翠眉，妝飾更有進步。"
②　"袡"，原作"袖"，加本同，今據《儀禮·士昏禮》改。
③　"畢袗玄"，此三字下原有"纁"字，加本同，衍，今據《儀禮·士昏禮》刪。
④　"女次……在其後"句，《儀禮·士昏禮》："主人筵于户西，西上，右几。女次，純衣纁袡，立于房中，南面。姆纚笄宵衣，在其右。女從者畢袗玄，纚笄，被顈黼，在其後。鄭注："次，首飾也，今時髲也。《周禮·追師》掌'爲副、編、次'。""純衣，絲衣。女從者畢袗玄，則此亦玄矣。袡，亦緣也。袡之言任也。以纁緣其衣，象陰氣上任也。凡婦人不常施袡之衣，盛昏禮，爲此服。《喪大記》曰'復衣不以袡'，明非常。"
⑤　"夙興，婦沐浴，以見舅姑"，《儀禮·士昏禮》："夙興，婦沐浴。纚、笄、宵衣以俟見。質明，贊見婦于舅姑。席于阼，舅即席。席于房外，南面，姑即席。鄭注："夙，早也，昏明日之晨。興，起也。俟，待也。待見於舅姑寢門之外。古者命士以上，年十五，父子異宫。"
⑥　"主婦宵衣纚笄"，《儀禮·特牲饋食禮》："主婦纚笄，宵衣，立于房中，南面。主人及賓、兄弟、群執事，即位于門外，如初。宗人告有司具。主人拜賓如初，揖入，即位，如初，佐食北面立於中庭。鄭注："主婦，主人之妻。雖姑存，猶使之主祭祀。纚笄，首服。宵，綺屬也，此衣染之以黑，其繒本名曰宵。《詩》有'素衣朱宵'，《記》有'玄宵衣'，凡婦人助祭者同服也。《内則》曰：'舅没則姑老，冢婦所祭祀賓客，每事必請於姑。'"

經》："女子之事夫也，纚笄而朝，則有君臣之嚴。"①

　　周制，追師，掌王后之首服，爲副、編、次，追衡、笄，爲九嬪及内外命婦之首服。②注：副，覆也，所以覆首。衡、笄皆以玉爲之。

　　既笄而燕居，則去笄而分髮爲鬌紒也。③《禮注》。

　　副笄，《詩經》："君子偕老，副笄六珈。"④

　　女子未許嫁則未笄，但結髮爲總角也。⑤朱子《詩注》。

　　女子及笄曰上頭，而娼女初薦寢於人亦曰上頭。花蕊夫人《宮詞》："新賜雲鬟使上頭。"⑥《明百家説》。

　　①　"女子之事夫"句，見於唐陳邈妻鄭氏《女孝經·紀德行章》："大家曰：女子之事夫也，纚笄而朝，則有君臣之嚴。"清陳立《白虎通疏證·嫁娶》：婦事夫，"雞初鳴，咸盥漱，櫛、縰笄總而朝，君臣之道也"。疏證："《詩·雞鳴》云'雞既鳴矣'，傳：'東方明，則夫人纚笄而朝。'《疏》引《列女傳》：'魯師氏之母齊姜，戒其女云：平旦纚笄而朝，則有君臣之嚴。'又云：'莊二十四年《公羊》注其言與《列女傳》同。'知本《列女傳》文也。"

　　②　"服"，原無，加本同，今據《周禮·天官冢宰》補。○"周制"句，《周禮·天官冢宰》："追師掌王后之首服。爲副、編、次，追衡、笄，爲九嬪及外内命婦之首服，以待祭祀賓客。喪紀，共笄絰，亦如之。"鄭注："副之言覆，所以覆首爲之飾，其遺象若今步繇矣，服之以從王祭祀。編，編列髮爲之，其遺象若今假紒矣，服之以桑也。次，次第髮長短爲之，所謂髲髢，服之以見王。王后之燕居，亦纚笄總而已。追猶治也。《詩》云'追琢其章'。王后之衡笄皆以玉爲之。唯祭服有衡，垂于副之兩旁，當耳，其下以紞縣瑱。《詩》云：'玼兮玼兮，其之翟也。鬒髮如雲，不屑髢也，玉之瑱也。'是之謂也。笄，卷髮者。外内命婦衣鞠衣、襢衣者服編，衣褖衣者服次。外内命婦非王祭祀賓客佐后之禮，自於其家則亦降焉。《少牢饋食禮》曰'主婦髲髢衣移袂'，《特牲饋食禮》曰'主婦纚笄宵衣'是也。《昏禮》：'女次純衣。'攝盛服耳，主人爵弁以迎，移袂，褖衣之袂。凡諸侯夫人於其國，衣服與王后同。"

　　③　"既笄而燕居"句，《禮記·雜記下》："女雖未許嫁，年二十而笄，禮之，婦人執其禮。燕則鬈首。"孔疏："既笄之後，尋常在家燕居，則去其笄而鬈首，謂分髮爲鬌、紒也。此既未許嫁，雖已笄，猶爲少者處之。"

　　④　"君子偕老，副笄六珈"，見於《詩經·鄘風·君子偕老》。毛傳："能與君子俱老，乃宜居尊位，服盛服也。副者，后夫人之首飾，編髮爲之。笄，衡笄也。珈，笄飾之最盛者，所以別尊卑。"鄭箋："珈之言加也。副，既笄而加飾，如今步搖上飾。""六珈"，爲侯伯夫人之頭飾。笄上加玉等飾物稱"珈"，一般用玉雕鏤成熊、虎、赤羆、天鹿、辟邪、南山豐大特六種獸形。

　　⑤　"女子未許嫁則未笄"句，《詩經·衛風·氓》："總角之宴，言笑晏晏。"宋朱熹《詩集傳》："總角，女子未許嫁則未笄，但結髮爲飾也。"

　　⑥　"女子及笄曰上頭"句，明田汝成《西湖遊覽志餘》卷二五《委巷叢談》："女子及笄曰上頭，而娼女初薦寢於人亦曰上頭。花蕊夫人《宮詞》：'新賜雲鬟使上頭。'"花蕊夫人《宮詞》之三〇："年初十五最風流，新賜雲鬟使上頭。"

晋制，二千石夫人紺繒幗，黄金龍首衔白珠，魚須擿長一尺爲簪，簪珥。①《輿服志》。

金制，婦人服襜裙，多以黑紫，上編綉全枝花，周身六襞積。上衣爲之團衫，直領、左衽、披縫，兩旁前拂地，後曳地尺餘。帶色用紅黄，前雙垂至足。②《金史》。

元制，后妃侍從二百八十人，冠步光泥金帽，衣翻鴻獸鉋袍。妃二百人，冠懸梁七曜巾，衣雲肩絳繒袍。嬪八十人，冠文縠巾，衣青絲縷金袍。並謂之"控鸞昭儀"。③

皇后亦著紫金百鳳衫，杏黄金縷裙。上戴百寶花髻，下穿紅鳳花靴。此乙辛害懿德皇后構詞也。④《焚椒録》。

順帝荒於游宴，以宫女三聖奴、妙樂奴、文殊奴等一十六人按舞，名十六天魔，首垂髮數辮，戴象牙佛冠，身披瓔珞、大紅銷金長裙、金雜襖、雲肩、合袖天衣、綬帶鞋襪，各執加巴剌般之器，内一人執鈴杵奏樂。又宫女一十一人，練槌髻，勒帕，常服，或用唐帽、窄衫。所奏

①　"晋制"句，《晋書·輿服志》："公特進侯卿校世婦、中二千石、二千石夫人紺繒幗，黄金龍首衔白珠，魚須擿長一尺爲簪珥。""紺繒幗"，指巾幗。徐静主編《中國服飾史》第八章《漢代服飾》："漢代命婦在正規場合，多梳剪氂幗、紺繒幗、大手髻等髮式，這裏的幗，指的是'巾幗'，是古代婦女的一種假髻。這種假髻，與一般意義上的假髻有所不同。一般的假髻是在本身頭髮的基礎上增添一些假髮編成的髮髻，而幗則是一種貌似髮髻的飾物，多以絲帛、氂毛等製成假髮，内襯金屬框架，用時只要套在頭上，再以髮簪固定即可。從某種意義上説，它更像一頂帽子。如廣州市郊東漢墓出土的一件舞俑，頭上戴有一個特大的'髮髻'，髮上插髮簪數枝，在'髮髻'底部近額頭處，有一道明顯的圓箍，當是著巾幗的形象。"

②　"金制"句，《金史·輿服志》："婦人服襜裙，多以黑紫，上編綉全枝花，周身六襞積。上衣謂之團衫，用黑紫或皂及紺，直領，左衽，披縫，兩傍復爲雙襞積，前拂地，後曳地尺餘。帶色用紅黄，前雙垂至下齊。"

③　"元制"句，清魏源《元史新編》："武宗后妃侍從各有定制，后侍從二百八十人，冠步搖泥金帽，衣翻鴻獸錦袍。妃侍從二百人，冠懸梁七曜巾，衣雲肩絳繒袍。嬪侍從八十人，冠文縠巾，衣青絲縷金袍。並謂之控鸞昭儀。"

④　"皇后亦著紫金百鳳衫"句，遼王鼎《焚椒録》："皇后向簾下目之，遂隔簾與惟一對彈。及昏，命燭，傳命惟一去官服，著綠巾金抹額窄袖紫羅衫，珠帶烏靴，皇后亦著紫金百鳳衫，杏黄金縷裙。上戴百寶花髻，下穿紅鳳花靴，召惟一更入内帳，對彈琵琶，命酒對飲，或飲或彈。"今按：此文傳爲大康元年耶律乙辛《奏懿德皇后私伶官疏》語。耶律乙辛入《遼史·奸臣傳》。王鼎《焚椒録》録此文，是爲懿德皇后作辯誣文章。

樂用龍笛、頭管、①小鼓、箏、琵琶、胡琴、響板，拍之。②以宦者長安迭
不花管領。③《元史》。按：《少室山房筆叢》云：“天魔舞，唐時樂，王建
《宮詞》：‘十六天魔舞袖長。’不始元末也。”④

---

　　① “龍笛、頭管”，加本作“龍頭笛管”。《元史·禮樂志·宴樂之器》：“龍笛，制如笛，七孔，横吹之，管首制龍頭，銜同心結帶。”“頭管，制以竹爲管，卷蘆葉爲首，竅七。”

　　② “拍之”，《元史·順帝本紀》：“所奏樂用龍笛、頭管、小鼓、箏、篥、琵琶、笙、胡琴、響板、拍板。”

　　③ “順帝……迭不花管領”句，《元史·順帝本紀》：“時帝怠於政事，荒於游宴，以宮女三聖奴、妙樂奴、文殊奴等一十六人按舞，名爲十六天魔，首垂髮數辮，戴象牙佛冠，身被瓔珞、大紅銷金長短裙、金雜襖、雲肩、合袖天衣、綬帶鞋襪，各執加巴刺般之器，内一人執鈴杵奏樂。又宮女一十一人，練槌髻，勒帕，常服，或用唐帽、窄衫，所奏樂用龍笛、頭管、小鼓、箏、篥、琵琶、笙、胡琴、響板、拍板。以宦者長安迭不花管領，遇宫中贊佛，則按舞奏樂。宮官受秘密戒者得入，餘不得預。”○“雲肩”，周啓澄、趙豐、包銘新主編《中國紡織通史》第三十一章《五代至明清服飾》：“元代婦女有在脖子上戴雲肩的，覆蓋肩、胸和背。雲肩使用者主要是舞女和宮女。楊子器《元宫詞》曰：‘金綉雲肩翠玉纓。’《元氏掖庭記》載：‘帶雲肩迎風之組。’可見金代已有雲肩。”邢樂、梁惠娥、劉水《民間服飾雲肩中人物紋樣的語義考析》(《藝术設計研究》2015 年第 1 期)：“《元史·輿服一》卷七十八·志第二十八‘儀衛服色’中提及：‘雲肩，制如四垂雲，青緣，黃羅五色，嵌金爲之’。明代亦有這類服飾稱之爲圍肩，如崇禎《松江府志》記載：‘女子衫袖如男子，衣領緣用綃帕，如蓮葉之半覆於肩，曰圍肩，間墜以金珠。’至清代又稱雲肩，並有詳細定義和細節描述。《清稗類鈔·服飾》記載：‘雲肩，如女蔽諸肩際以爲飾者。’雲肩最初的形制爲如意雲式，以錦製成，飾有墜綫，並以雲紋織成的紋綉爲飾，披於肩上，故稱‘雲肩’。又葉夢珠《閲世編》也進一步對雲肩的大小、樣式、穿著場合等進行了描述：‘内裝飾領，向有三等：大者裁白綾爲樣，披及兩肩，胸背刺綉花鳥，綴以金珠、寶石、鐘鈴，令行動有聲，曰宮裝；次者曰雲肩；小者曰閣鬢，其綉文綴裝則同。近來宮裝，惟禮服用之，居常但用閣鬢而式樣亦異，或剪綵爲金蓮花，結綫爲纓絡樣，扣於領而倒覆於肩，任意裝之，尤覺輕便。’此段記載了清初對不同肩飾物的描述界定，雲肩的工藝與裝飾精美程度是僅次於宮廷所用服飾外最華麗繁瑣的一種。”

　　④ “天魔舞，唐時樂……不始元末也”句，見於明王圻《續文獻通考》。“十六天魔舞袖長”，元薩都剌刺《上京雜咏二首》：“紅簾高卷香風起，十六天魔舞袖長。”明胡應麟《少室山房筆叢》甲部《丹鉛新録》二：“天魔隊。《宣和畫譜·拂林圖》，蓋如唐人胡旋舞、元末天魔隊耳。天魔舞亦唐時樂，王建《宮詞》十六‘天魔舞袖長’，不始元末也。”“天魔舞”，王伽娜《元大都音樂研究》第二章《元大都宮廷音樂》：“《十六天魔舞》及其音樂來源於河西地區，是贊佛的法樂，非蒙古族的傳統樂舞。河西地區由西夏人統治，早先信奉原始巫術，後來纔崇信佛教。佛教中早有《十六天魔舞》的前身，如榆林窟三窟西夏壁畫中的《樂舞圖》描繪了舞者和樂隊三四人，在狹小的有欄杆的密室裏起舞。兩舞女上身半裸，斜披綢帶，露一肩，下著短裙長褲，戴冠，頸部、手臂有瓔珞、臂釧、手鐲等裝飾品。二人各持長長的飄帶，赤足，左邊舞者吸右腿，右邊舞者吸左腿，相對而舞。從裝束和舞姿看來，都與後來的《十六天魔舞》有著很多的相似之處。由此可以説明，《十六天魔舞》是一種贊佛舞蹈，來自於河西地區西夏國佛教密宗，並非元順帝創造，此舞在唐朝時傳入中原地區，在成吉思汗西征時傳入蒙古宮廷。《十六天魔舞》最開始只在佛事活動的時候纔表演，但到了元順帝執政時期，它不僅用於贊佛表演，而且還作爲一種‘娛人’的舞蹈出現在宮廷之中。”

《元史·禮樂志》:"壽星隊:次八隊,婦女二十人,冠鳳翹冠,翠花鈿,服寬袖衣,加雲肩、霞綬、玉佩。"①張翥詩:②"畫壁仙妝剥鳳翹。"③

遼制,小祀,皇后戴紅帕,服絡縫紅袍,懸玉佩,雙同心帕,絡縫烏靴。④臣僚命婦服飾,⑤各從本部旗幟之色。⑥《遼史》。

命婦司飾三人,掌簪珥花嚴,典櫛三人,掌巾櫛膏沐。⑦《隋書》。

鄧太后每有宴會,⑧諸姬貴人競自修整,簪珥光彩,袿裳鮮明。而后獨著素妝,服無飾,其衣有與陰后同色者,⑨即時解易。⑩《後漢書》。

漢梁冀妹瑩迎爲后,后服紺上玄下,⑪假髻步搖,八雀九華,十二

───────────

①　"壽星隊……玉佩"句,《元史·禮樂志》:"壽星隊:引隊……次二隊……次八隊,婦女二十人,冠鳳翹冠,翠花鈿,服寬袖衣,加雲肩、霞綬、玉佩,各執寶蓋,舞唱前曲。"吕建文編著《中國古代宴飲禮儀》第三章《中國古代的宴樂與宴會》:"'壽星隊'用於天壽節的宴飲活動,依演出次序亦分成引隊和十個分隊。引隊冠服與'樂音王隊'相同,爾後表演的項目有男女獨舞,女子獨唱,男女八人舞及女子二十、三十人的群舞和裝扮成烏鴉、龜、鶴的舞蹈。"

②　"張翥",原作"陳旅",加本同,今據《草堂雅集》改。今按:陳旅著有《安雅堂集》。

③　"畫壁仙妝剥鳳翹",元顧瑛輯《草堂雅集》卷六張翥《石頭城次薩天錫韻》:"壞陵鬼剽傳金碗,畫壁仙妝剥鳳翹。"

④　"絡",加本作"絳"。

⑤　"婦服",加本作"服婦"。

⑥　"小祀……各從本部旗幟之色"句,《遼史·儀衛志》:"祭服:遼國以祭山爲大禮,服飾尤盛。大祀,皇帝服金文金冠,白綾袍,紅帶,懸魚,三山紅垂。飾犀玉刀錯,絡縫烏靴。小祀,皇帝硬帽,紅克絲龜文袍。皇后戴紅帕,服絡縫紅袍,懸玉佩,雙同心帕,絡縫烏靴。臣僚、命婦服飾,各從本部旗幟之色。"

⑦　"命婦司飾三人"句,《隋書·后妃傳》:"又采漢、晋舊儀,置六尚、六司、六典,遞相統攝,以掌宮掖之政。一曰尚宮,掌導引皇后及閨閣廩賜。管司令三人,掌圖籍法式,糾察宣奏;典琮三人,掌琮璽器玩。二曰尚儀,掌禮儀教學。管司樂三人,掌音律之事;典贊三人,掌導引内外命婦朝見。三曰尚服,掌服章寶藏。管司飾三人,掌簪珥花嚴;典櫛三人,掌巾櫛膏沐。"

⑧　"宴",加本作"燕"。

⑨　"其",加本作"具",屬上讀。

⑩　"鄧太后每有宴會……即時解易"句,《後漢書·鄧皇后紀》:"每有宴會,諸姬貴人競自修整,簪珥光采,袿裳鮮明,而后獨著素,裝服無飾。其衣有與陰后同色者,即時解易。"○"袿",顔師古注:"《説文》曰:簪,笄也。珥,瑱也,以玉充耳。《釋名》曰:婦人上服曰袿。"

⑪　"后",加本無此字。

鐷，加以翡翠朱舄袜。①《漢雜事秘辛》。袜，音襪。②

石虎大會，宮人數千，侍列左右，悉服飾金銀熠熠。女妓數百，衣皆絡以珠璣。③《鄴中記》。

季龍又常以女弟一千人爲鹵薄，皆著紫綸巾、熟錦褲、金銀縷帶，④五文織成靴，游臺上。《鄴中記》。

玄宗思念楊貴妃，方士楊通幽，跨海至蓬壺。抽簪叩玉妃太真院，求見，玉妃出，冠金蓮，帨紫綃，佩紅玉，拽鳳舄，揖方士，問皇帝安否。⑤《太真外傳》

織女衣玄綃之衣，曳霜羅之帔，戴翠翹鳳凰之冠，躡瓊文九章之履。⑥宋張君房《織女星傳》。

---

① "袜"，加本作"秝"。

② "袜"，加本作"秝"。"后服紺上玄下"句，見於無名氏《漢雜事秘辛》。"舄袜"，即鞋襪，足衣。《周禮·天官屨人》注："王吉服有九，舄有三等。赤舄爲上，冕服之舄。《詩》云'王錫韓侯，玄衮赤舄'，則諸侯與王同。下有白舄、黑舄。王后吉服六，唯祭服有舄。玄舄爲上，褘衣之舄也。下有青舄、赤舄。"

③ "石虎大會"句，晉陸翽《鄴中記》："石虎大會，禮樂既陳，於閣上作女伎數百，衣皆絡以珠璣。"○"珠璣"，珠寶。唐羅鄴《長城》："珠璣旋見陪陵寢，社稷何曾保子孫。"

④ "縷"，加本作"鏤"。○"綸巾"，王暢《魏晉南北朝時期的巾子與雅士風度》（杜海斌主編《唐潮集錦》）："綸巾是幅巾中的一種，也稱'諸葛巾'，流行於三國及兩晉，相傳爲三國時期諸葛亮所創。……綸巾又可分爲白綸巾、紫綸巾等，但顏色以白爲貴，取其高雅潔淨之意，顯得超凡脫俗。……當時名士頭戴白綸巾來表示自己的儒雅。但當時不但男子著巾，女子也常戴綸巾，《晉書·石季龍載記》中這樣記載：'季龍常以女騎一千爲鹵簿，皆著紫綸巾，熟錦褲，金銀鏤帶，五文織成靴，游于戲馬觀。'白綸巾、紫綸巾的顏色和材料可能會有所不同，但式樣應該會很相近。從山東沂南漢魏墓出土的石刻及河南洛陽小屯晉墓出土的陶俑中，也可以看到頭戴綸巾的男女形象。"

⑤ "玄宗思念楊貴妃"句，宋樂史《楊太真外傳》："有道士楊通幽自蜀來，知上皇念楊貴妃，自云：'有李少君之術。'上皇大喜，命致其神。方士乃竭其術以索之，不至。又能遊神馭氣，出天界、入地府求之，竟不見。又旁求四虛上下，東極、絕大海，跨蓬壺。忽見最高山，上多樓閣。泊至，西廂下有洞戶，東向，闔其門，額署曰'玉妃太真院'。方士抽簪叩扉，有雙鬟童女出應問，方士造次未及言，雙鬟復入。俄有碧衣侍女至，詰其所從來。方士因稱天子使者，且致其命。碧衣云：'玉妃方寢，請少待之。'逾時，碧衣延入，且引曰：'玉妃出。'冠金蓮，帨紫綃，佩紅玉，拽鳳舄，左右侍女七八人。揖方士，問皇帝安否，次問天寶十四載以還事。"

⑥ "織女衣玄綃之衣"句，前蜀牛嶠《靈怪錄》：太原郭翰"仰視空中，見有人冉冉而下，直至翰前，乃一少女也。明豔絕代，光彩溢目。衣玄綃之衣，曳霜羅之帔，戴翠翹鳳凰之冠，躡瓊文九章之履。……女微笑曰：吾天上織女也。"

　　王母著金褡襴，帶靈飛大綬，腰佩分景之劍，頭挽太華髻，戴太真晨纓之冠，履玄璃鳳文之舄。①《漢武内傳》。

　　上元夫人頭作三角髻，餘髮散垂至腰。服青霜之袍，戴九雲夜光之冠，曳六出火玉之佩，垂鳳文林華之綬，腰流黃揮精之劍。②《漢武内傳》。

　　石崇婢妾豔者千餘人，擇數十人妝飾一等，使忽視不相分別。刻玉爲蛟龍佩，縈金爲鳳皇釵，③結袖繞楹而舞。④《綠珠傳》。

　　紅綫入魏城，梳烏蠻髻，貫金雀釵，衣紫綉短袍，繫青絲絇履，胸前佩龍文匕首，額上書太乙神名，再拜而行，倏忽不見。⑤《劍俠傳》。

---

　　①　“王母著金褡襴”句，舊題漢班固《漢武帝内傳》：“王母上殿，東向坐，著黃金褡襴，文采鮮明，光儀淑穆，帶靈飛大綬，腰佩分景之劍，頭上太華髻，戴太真晨嬰之冠，履玄璃鳳文之舄。”李錦山《魯南漢畫像石研究》第九章《魯南畫像石反映的西王母崇拜》：“太華髻、太真冠、華勝，爲西王母髮式或冠飾。魯南漢畫像石上，西王母或雲髻高聳，或頭戴華冠，以杖形玉勝爲首飾，重在突出其仙真形貌。”武利華著《徐州漢畫像石通論》第九章《西王母與昆侖神話》：“從河南畫像磚、壁畫及魯南、蘇北畫像石上的西王母頭飾的變化來看，早期西王母的頭上幾乎都戴勝。晚期的西王母的頭飾，向華麗的髮髻方向發展，《漢武内傳》中王母的形象是‘頭上太華髻，戴太真晨嬰之冠……視之可年三十許，修短得中，天姿掩藹，容顔絶世’。儘管《漢武内傳》托名班固所著，後人認爲成書年代應當是魏晋時期，但是王母的故事受著東漢以來人們傳説的影響，其描寫的西王母應該是當時人們心目中的形象。”

　　②　“上元夫人頭作三角髻”句，《漢武帝内傳》：“夫人年可二十餘，天姿精耀，靈眸絶朗，服青（一作赤）霜之袍，雲彩亂色，非錦非綉，不可名字。頭作三角髻，餘髮散垂至腰，戴九靈（一作雲）夜光之冠，帶（一作曳）六出火玉之珮，垂鳳文林華之綬，腰流黃揮精之劍。”

　　③　“皇”，加本作“鳳”。

　　④　“楹”，加本作“檻”。○“石崇婢妾豔者千餘人”句，見於樂史《綠珠傳》。

　　⑤　“紅綫入魏城”句，唐袁郊《甘澤謡・紅綫》：“乃入閨房，飭其行具。梳烏蠻髻，攢金鳳釵，衣紫綉短袍，繫青絲輕履，胸前佩龍文匕首，額上書太乙神名。再拜而倏忽不見。”○“烏蠻髻”，許星、廖軍主編《中國設計全集》第八卷《服飾類編・容妝篇・髮型類》：“烏蠻髻原來是古代西南少數民族的髮式，在新疆阿斯塔那墓出土的文物中，就有表現梳著少數民族髮髻的人物形象。隋唐時期，隨著各民族之間交流的逐漸頻繁，中原婦女吸收了少數民族婦女的髮型，又經數次變化形成了烏蠻髻式。方亨咸《苗俗紀聞》説：‘婦人髻高一尺，膏以脂，光可鑒人，婀娜及額，纇疊而鋭，倘所謂烏蠻耶。’本案例是唐代婦女流行的烏蠻髻，其與當時盛行的倭墮髻的樣式比較相近。其梳理的方法是，先把部分頭髮聚攏在腦後，蓬鬆地梳束於頭頂，再挽結成一個椎形髻，向前傾於額上，又因其兩邊的鬢髮寬大，所以需用膠狀物定型，而髮髻大者更需添加假髮以擴大髮型。倭墮髻把大部分的頭髮梳攏在頭上，再向前或向側面傾斜，而烏蠻髻則取部分頭髮結於頭頂，再向前部傾斜。其餘的頭髮或加飾假髮後向内反挽，垂於面頰兩側，或齊耳剪去餘髮。在唐李憲墓的石槨上刻有梳烏蠻髻的少女形象，該少女的髻上還戴有花朵作爲裝飾。”

鏡　類

鏡，景也，有光景也。《釋名》。

李月素大鏡名正衣，小鏡名約黃，中鏡名圓冰。①

妝鏡銘曰："當眉寫翠，對臉傅紅。如珠出匣，似月停空。綺窗綉幌，俱涵影中。"②

淑文所寶，有對鳳垂龍玉鏡臺。淑文名婉，姓李氏，賈充妻。③

菱花鏡，飛燕始加大號，婕妤奏上三十六物以賀，有七尺菱花鏡一奩。④《飛燕外傳》。

理鏡，越有美女二人，一名夷光，一名修明，以貢於吳庭，處以椒華之房，二人當軒並坐，理鏡靚妝於珠幌之內。⑤《拾遺記》。

妝鏡，杜牧《阿房宮賦》："明星熒熒，開妝鏡也。"

---

①　"李月素大鏡名正衣"句，見於元龍輔《女紅餘志·鏡》。

②　"妝鏡銘曰"句，周紹良主編《全唐文新編》卷一二九《鏡銘》文同，繫於前蜀後主王衍名下。清王士禎《池北偶談》卷一五："《學齋占畢》載，鳳州有遁赤山，景德中，軍人入一洞穴中，有石鏡臺一，鏡圍五寸，背鑄水族，回環有銘三十二字，云：'煉形神冶，瑩質良工。當眉寫翠，對臉傅紅。如珠出匣，似月停空。綺窗綉幌，俱涵影中。'方取鏡，聞洞後有風雨聲。此鏡萬曆中膠州趙氏自汴京得之，海壑翁完璧自爲記。按：宋張君房《麗情集》載，王蜀時，天雄軍節度使王承休妻嚴氏有美色，王衍愛幸之，賜以妝鏡。其銘同。"今按：此銘文內容多見於隋唐古鏡，文字略異。

③　"淑文所寶"句，見於龍輔《女紅餘志·玉鏡臺》。南朝齊謝朓《鏡臺》："對鳳懸清冰，垂龍挂明月。"

④　"菱花鏡"句，明顧元慶《顧氏文房小說》輯漢伶玄《飛燕外傳》："帝言，始加大號。婕妤奏書於后曰：'天地交暢，貴人姊及此令吉，光登正位，爲先人休，不堪喜豫。謹奏上二十六物以賀：金屑組文茵一鋪，沉水香蓮心碗一面，五色同心大結一盤，鴛鴦萬金錦一匹，琉璃屏風一張，枕前不夜珠一枚，含香綠毛狸藉一鋪，通香虎皮檀象一座，龍香握魚二首，獨搖寶蓮一鋪，七出菱花鏡一奩，精金彄環四指，若亡絳綃單衣一襲，香文羅手藉三幅，七回光雄肪髮澤一盎，紫金被褥香爐三枚，文犀辟毒箸二雙，碧玉膏奩一合。'使侍兒郭語瓊拜上。后報以雲錦五色帳，沉水香玉壺。婕妤泣怨帝曰：'非姊賜我，死不知此器。'"今按："三十六物"，當作"二十六物"。○"菱花鏡"，省稱"菱鏡""菱鑑"，青銅鏡名。鏡邊作六瓣或八瓣菱花式樣，亦有鏡背面飾以菱花者。菱，水生，故取形以喻明如清水。又，舊說銅鏡映日則其光影如菱花，故多製鏡爲菱花形。隋唐之際即已流行，後亦爲女子妝鏡之代稱。

⑤　"理鏡"句，晉王嘉《拾遺記·周靈王》："越謀滅吳，蓄天下奇寶、美人、異味進於吳。殺三牲以祈天地，殺龍蛇以祠川岳。矯以江南億萬戶民，輸吳爲傭保。越又有美女二人，一名夷光，二名修明（即西施、鄭旦之別名），以貢於吳。吳處以椒華之房，貫細珠爲簾幌，朝下以蔽景，夕卷以待月。二人當軒並坐，理鏡靚妝於珠幌之內。竊窺者莫不動心驚魄，謂之神人。"

粉鏡，司空圖詩：“穠豔三千臨粉鏡。”①

菱花鏡，寇平叔春閨詞：“屏山半掩餘香裊”，“菱花塵滿慵
將照”。②

鏡臺出魏宫中，有紈銀參帶鏡臺一，純銀七子，貴人公主鏡臺四。
魏武《雜物疏》。③

鏡臺，庾信《鏡賦》：“鏡臺銀帶，本出魏宫。”

玉鏡臺，《世説》：“温嶠姑有女，托嶠覓婿。嶠曰：‘佳婿難得，但
得如嶠何如？’姑曰：‘何敢希汝比也。’因下玉鏡臺一枚。既婚，交禮，
女大笑曰：‘我固疑是老奴。’”④

張夫人詩：“鸞鏡未安臺，蛾眉已相向。”⑤

宋褘侍女數百，挂鏡皆用珊瑚枝。⑥

---

① “粉鏡”句，唐司空圖《力疾山下吴村看杏花十九首》其十：“穠豔三千臨粉鏡，獨悲掩面李
夫人。”

② “寇平叔春閨詞”句，宋寇準《踏莎行·春暮》：“春色將闌，鶯聲漸老，紅英落盡青梅小。
畫堂人静雨濛濛，屏山半掩餘香嫋。密約沉沉，離情杳杳，菱花塵滿慵將照。倚樓無語欲銷魂，長
空黯淡連芳草。”

③ “子”，原作“寸”，今據唐《初學記》引魏武《雜物疏》改。○“鏡臺出魏宫中”句，《初學記》
卷二五《器物部》：“魏武《雜物疏》曰：‘鏡臺出魏宫中，有純銀參帶鏡臺一，純銀七子，貴人公
主鏡臺四。’”何寶通《中國傳統家具圖史》第四章《三國、晉、南北朝時期家具》：“東晉畫家顧
愷之的《女史箴圖》局部，刻畫了宫廷仕女梳妝情境。除裝有化妝品的奩盒之外，其中的鏡臺
是化妝時重要的用具。從畫中可以看出，鏡臺由底部臺座、燈杆、盒、圓鏡組成，具有强烈的
時代感。”

④ “玉鏡臺”句，南朝宋劉義慶《世説新語·假譎》：“温公喪婦。從姑劉氏，家值亂離散，唯
有一女，甚有姿慧。姑以屬公覓婚，公密有自婚意，答云：‘佳婿難得，但如嶠比，云何？’姑云：‘喪
敗之餘，乞粗存活，便足慰吾餘年，何敢希汝比？’卻後少日，公報姑云：‘已覓得婚處，門地粗可，婿
身名宦盡不減嶠。’因下玉鏡臺一枚。姑大喜。既婚，交禮，女以手披紗扇，撫掌大笑曰：‘我固疑
是老奴，果如所卜！’玉鏡臺，是公爲劉越石長史，北征劉聰所得。”

⑤ “張夫人詩”句，張夫人，唐吉中孚妻張氏，生卒不詳，山陽人，工於詩，尤善歌行，詩名甚
著。《拜新月》：“拜新月，拜月妝樓上，鸞鏡未安臺，蛾眉已相向。”

⑥ “宋褘侍女數百”句，見於龍輔《女紅餘志·珊瑚》。宋褘，西晉人，石崇愛妾緑珠弟子。
有國色，善吹笛。後入晉明帝宫中。帝疾篤，乃出之。○“珊瑚枝”，《世説新語·汰侈》：“武帝，
愷之甥也，每助愷。嘗以一珊瑚樹高二尺許賜愷。枝柯扶疏，世罕其比。愷以示崇。崇視
訖，以鐵如意擊之，應手而碎。愷既惋惜，又以爲疾己之寶，聲色甚厲。崇曰：‘不足恨，今還
卿。’乃命左右悉取珊瑚樹，有三尺、四尺，條幹絶世、光彩溢目者六七枚，如愷許比甚衆。愷
惘然自失。”

妝 類

神妝，楊太真妝束每件呼之，人謂之神妝。①

碎妝，《中華古今注》：“後周宮人，帖五色雲母花，作碎妝以侍宴。”②

飛霞妝，《日札》云：“美人妝，面既傅粉，復以胭脂調勻掌中，施之兩頰。濃者爲酒暈妝，淺者爲桃花妝，薄薄施朱以粉罩之，爲飛霞妝。梁簡文詩：‘分妝間淺靨，繞臉傅斜紅。’”③

豔妝，陳陶詩：“漢宮新燕矜蛾眉，春臺豔妝蓮一枝。”④

曉霞妝，《採蘭雜志》：“夜來初入魏宮，一夕文帝在燈下咏，以水晶七尺屏風障之，夜來至，不覺面觸屏上，傷處如曉霞將散，自是宮人俱用胭脂仿畫，名曉霞妝。”⑤

---

① “神妝”句，宋無名氏《採蘭雜志》：“首飾神曰妙好，衣服神曰厭多。昔楊太真妝束，每件呼之，人謂之神妝。”

② “侍”，加圖本作“待”。○“宴”，原作“晏”，今據五代馬縞《中華古今注》改。○“後周宮人”句，五代馬縞《中華古今注》：“至後周，又詔宮人帖五色雲母花子，作碎妝以侍宴。”○“碎妝”，李芽《中國歷代女子妝容》第五章《面飾考》：“有的女子甚至將各種花靨貼得滿臉皆是，尤以宮廷婦女爲常見。給人以支離破碎之感，故又稱爲‘碎妝’。五代後唐馬縞的《中華古今注》便記載道：‘至後周，又詔宮人帖五色雲母花子，作碎妝以侍宴。’便指的此種面妝。”

③ “美人妝……繞臉傅斜紅”句，明田藝蘅《留青日札·斜紅》：“美人妝，面既傅粉，復以胭脂調勻掌中，施之兩頰。濃者爲酒暈妝，淺者爲桃花妝，薄薄施朱以粉罩之，爲飛霞妝。梁簡文詩云：‘分妝間淺靨，繞臉傅斜紅。’則斜紅繞臉即古妝也。”梁簡文帝《豔歌行》：“分妝間（一作開）淺靨，繞臉傅斜紅。”○“酒暈妝”“桃花妝”“飛霞妝”，李芽《中國古代妝容配方》：“關於傅搽胭脂的方法，多和妝粉一並使用，據《妝臺記》云：‘美人妝面，既敷粉，復以燕支暈掌中，施之兩頰，濃者爲酒暈妝；淺者爲桃花妝；薄薄施朱，以粉罩之，爲飛霞妝。’這裏的‘酒暈妝’和‘桃花妝’都是在敷完妝粉後，再把胭脂或濃或淡塗抹於兩頰之上。而‘飛霞妝’則是先施淺朱，然後以白粉蓋之，有白裏透紅之感。因色彩淺淡，接近自然，故多見於少婦使用。”○“傅”，拂。王雲路《中古詩歌語言研究·妝飾類詞語的同步構詞》：“與‘拂’義同而音近的是‘傅’。”

④ “漢宮新燕矜蛾眉”句，唐陳陶《獨搖手》：“漢宮新燕矜蛾眉，春臺豔妝蓮一枝。”

⑤ “夜來初入魏宮”句，見於《採蘭雜志》，亦見於唐張泌《妝樓記·曉霞妝》。“夜來”，晋王嘉《拾遺記》：“文帝所愛美人，姓薛名靈芸，常山人也。……時文帝選良家子女，以入六宮。習以千金寶賂聘之，既得，乃以獻文帝。……改靈芸之名曰‘夜來’，入宮後居寵愛。外國獻火珠龍鸞之釵。帝曰：‘明珠翡翠尚不能勝，況乎龍鸞之重！’乃止不進。夜來妙於針工，雖處於深帷之內，不用燈燭之光，裁製立成。非夜來縫製，帝則不服。宮中號爲‘針神’也。”○“曉霞妝”，李芽《中國古代妝容配方》：五代南唐張泌《妝樓記》中記載，魏文帝曹丕的宮女薛夜來無意撞到屏風，鮮血直流，痊癒後留下兩道傷痕，美豔，其他宮女見而生羨，效仿，用胭脂在臉頰上畫上這種血痕，取名曰“曉霞妝”，形容若曉霞之將散。後演變成了特殊的面妝——斜紅。“可見，斜紅在其源起之初，是出於一種缺陷美。”

春妝，王維詩："同心勿遽游，幸待春妝竟。"①

仙蛾妝，《漢武故事》："一畫連心細長，謂之連頭眉，又曰仙蛾妝。"

慵來妝，《酉陽雜俎》："趙合德每沐以九回香膏髮，爲薄眉，號遠山黛。施小朱，號慵來妝。"②

京兆妝，陳後主詩："游俠幽并客，當壚京兆妝。"③

殘妝，《太真外傳》："上皇登沉香亭，詔妃子，妃子時卯醉未醒，命力士使侍兒扶掖而至，妃子醉顏殘妝，鬢亂釵橫，不能再拜，上皇笑曰：'是豈妃子醉，真海棠睡未足耳。'"

佛妝，胡婦面塗黃，謂之佛妝。《韻粹》。彭汝礪詩："墨吏矜夸是佛妝。"④

啼妝，宋彭乘對句曰："啼妝露著花。"⑤

樓上妝，梁簡文詩："恥學秦羅髻，羞爲樓上妝。"⑥

---

① "待"，原作"侍"，今據《全唐詩》卷一二五王維《扶南曲歌詞五首》改。

② "趙合德每沐以九回香膏髮"句，伶玄《飛燕外傳》："合德新沐，膏九回沉水香。爲卷髮，號新髻；爲薄眉，號遠山黛；施小朱，號慵來妝。"

③ "游俠幽并客"句，見於南朝陳後主《洛陽道四首》其四。

④ "吏"，原作"史"，今據清文淵閣四庫全書本《鄱陽集》改。○"墨吏矜夸是佛妝"句，見於宋彭汝礪《燕姬》詩："有女夭夭稱細娘，真珠絡髻面塗黃。南人見怪疑爲瘴，墨吏矜夸是佛妝。""佛妝"，徐連達《遼金元社會與民俗文化》第二章《衣冠服飾》："婦女化妝在遼代有'佛妝'的習俗。所謂佛妝即是以黃色顏料塗面。《使遼錄》記載説：'胡婦以黃物塗面如金，謂之佛妝。'據史料記載，早在南北朝時期，周宣帝後宮婦人即有塗黃的習慣。宣帝曾下詔禁天下婦人施粉黛。除宮人之外，皆黃眉墨妝。可見北方民族塗黃有悠久的歷史傳統。到了唐代，黃眉墨妝則已成爲婦人時髦打扮，稱爲'時世妝'。唐段成式《酉陽雜俎》便載有'黃星靨'的面妝。遼代燕京風俗把有姿色、面上塗黃的女子稱爲'細娘'。宋人彭汝礪有詩道：'有女夭夭稱細娘，真珠絡髻面塗黃。南人見怪疑爲瘴，墨吏矜夸是佛妝。'這是咏遼代婦女黃妝塗面已成習俗，可是從南人看來，則是少見多怪，竟驚駭得疑爲瘴癘所染的病態模樣。不同的時俗、地區在視覺上感觸的差異竟如此之大。"

⑤ "啼妝露著花"句，宋惠洪《冷齋夜話》："魯直使余對句，曰：'呵鏡雲遮月。'對曰：'啼妝露著花。'"

⑥ "恥學秦羅髻"句，見於梁簡文帝《倡婦怨情十二韻》。"秦羅髻"，指倭墮髻。《陌上桑》："秦氏有好女，自名爲羅敷。……頭上倭墮髻，耳中明月珠。""樓上妝"，《古詩十九首》："盈盈樓上女，皎皎當窗牖。娥娥紅粉妝，纖纖出素手。"

可憐妝，梁簡文詩："麗姬與妖嬙，共拂可憐妝。"①

暮妝，令嫻《答徐悱詩》有云："落日照靚妝，開簾對春樹。"一日薄暮，令嫻忽作新妝，夫喜曰："照靚妝，不若更新妝佳也。"令嫻大笑，爲之罷妝。②《女史》。

時世妝，唐崔樞夫人，治家嚴肅，容儀端麗，不許群妾作時世妝。③

後漢梁冀妻孫壽美，善爲妖態，作愁眉、啼妝、墮馬髻、折腰步、齲齒笑，以爲媚惑。④

---

① "麗姬與妖嬙"句，梁簡文帝《戲贈麗人》："麗姐與妖嬙，共拂可憐妝。同安鬟裏撥，異作額間黃。""額間黃"，徐曉慧《六朝服飾研究》第四章《宗教與六朝服飾》："額黃，又叫'鵝黃''鴉黃''約黃''貼黃'等，是一種將額部塗成黃色的女子面部妝飾形式，南朝梁簡文帝《戲贈麗人》詩曰：'麗姐與妖嬙，共拂可憐妝。同安鬟裏撥，異作額間黃。'指的就是額黃這種妝飾。《辭源》中對'額黃'一條解釋說：'額黃：六朝婦女施於額上的黃色塗飾，相沿至唐，也稱額山。'郭沫若先生認爲這種'額黃'妝的起源應與戰國時期死者的'覆面'有關，但目前通行的説法認爲額黃起源於魏晉南北朝之際，'婦女匀面，古唯施朱傅粉而已，至六朝乃兼尚黃'，而且婦女額部塗黃與佛教的傳播有一定的關係。如高春明和周汛在《中國歷代婦女妝飾》一書中就持此種觀點，認爲女性額部塗黃是南北朝以後流行起來的一種風習，且與佛教的流行有關。他們認爲，南北朝時期佛教盛行，婦女從塗金的佛像上受到啓示，也將自己的額頭塗成黃色，久而久之，便形成了額黃的面部妝飾形式，額部飾黃有兩種方法，一是染畫，一是粘貼，除了用染畫的形式把黃色顏料塗於額間，另一種則是用黃色硬紙或金箔剪成各種花樣，使用時用粘性物質粘貼於額上，由於可以剪成各種花樣，故又稱'花黃'，一說花黃爲花鈿的一種，如陳後主叔寶《采蓮曲》云：'隨宜巧注口，薄落點花黃。'"

② "暮妝……爲之罷妝"句，見於龍輔《女紅餘志》。"暮妝"，唐司空曙《擬百勞歌》："誰家稚女著羅裳，紅粉青眉嬌暮妝。"

③ "唐崔樞夫人"句，見於宋曾慥《類說》。清褚人獲《堅瓠集·婦人朱粉》："白香山有《時世妝歌》。時世妝出自宮中，傳徧四方。唯崔樞夫人治家嚴肅，貴賤皆不許時世妝。至後周禁天下婦人，皆不得粉黛，唯黃眉墨妝而已。"○"時世妝"，唐白居易《時世妝》："時世妝，時世妝，出自城中，傳四方。時世流行無遠近，腮不施朱面無粉。烏膏注脣脣似泥，雙眉畫作八字低。妍蚩黑白失本態，妝成盡似含悲啼。圓鬟無鬢堆髻樣，斜紅不暈赭面狀。昔聞披髮伊川中，辛有見之知有戎。元和妝梳君記取，髻堆面赭非華風。"徐連達《隋唐文化史》第二章《衣冠服飾》："盛唐時流行細而淡的長眉，當時稱爲'時世妝'，亦稱'蛾眉妝'。杜甫咏虢國夫人詩有'淡掃蛾眉朝至尊'的形容。這是淡而細的長眉。白居易描寫上陽宮人詩有'青黛點眉眉細長，天寶末年時世妝'，也是這種細淡長眉的寫真。"

④ "後漢梁冀妻孫壽美"句，《續漢書·五行志》："桓帝元嘉中，京都婦女作愁眉、啼妝、墮馬髻、折要步、齲齒笑。所謂愁眉者，細而曲折。啼妝者，薄拭目下，若啼處。墮馬髻者，作一邊。折要步者，足不在體下。齲齒笑者，若齒痛，樂不欣欣。始自大將軍梁冀家所爲，京都歙然，諸夏皆放效。"

節暈妝，《中華古今注》：“隋大業中，宮人梳奉仙髻，節暈妝。”①

梁元帝徐妃，諱昭佩，無寵。每知帝至，必爲半面妝以俟，以帝眇一目也，帝見之，大怒而出。②《南史》。

紅粉妝，晋《子夜歌》：“三伏何時過，許儂紅粉妝。”③

美人妝，王昌齡詩：“芙蓉不及美人妝，水殿風來珠翠香。”④

金陵女子能作醉來妝。《妝樓記》。

斜紅繞臉，蓋古妝也。《妝樓記》。⑤

隔簾妝，賈至詩：“隔簾妝隱映，向席舞低昂。”⑥

燈下妝，張籍詩：“桃溪柳陌好經過，燈下妝成月下歌。”⑦

---

①　“隋大業中”句，馬縞《中華古今注》：“隋大業中，令宮人梳朝雲近香髻、歸秦髻、奉仙髻、節暈妝。”○“節暈妝”，李芽《中國歷代妝飾》第六章《隋唐五代時期的妝飾文化》：“隋代宮廷婦女還流行一種面妝，名‘節暈妝’。也是以脂粉塗抹而成，色彩淡雅而適中，和桃花妝相類似，均屬於紅妝一類。”

②　“梁元帝徐妃”句，《南史·元帝徐妃傳》：“妃無容質，不見禮，帝三二年一入房。妃以帝眇一目，每知帝將至，必爲半面妝以俟，帝見則大怒而出。”

③　“妝”，加本作“粧”。見於宋郭茂倩《樂府詩集》所收“晋宋齊辭·子夜四時歌”《夏歌》二十首其一九。○“紅粉妝”，李芽《中國歷代妝飾》第六章《隋唐五代時期的妝飾文化》：“由於唐代是一個崇尚富麗的朝代，因此，濃豔的‘紅妝’是此時最爲流行的面妝。不分貴賤，均喜敷之。唐李白《浣紗石上女》詩云：‘玉面耶溪女，青娥紅粉妝。’唐崔顥《雜詩》中也有：‘玉堂有美女，嬌弄明月光。羅袖拂金鵲，綵屏點紅妝。’唐董思恭《三婦豔詩》中同樣寫有：‘小婦多恣態，登樓紅粉妝。’就連唐代第一美女楊貴妃也一度喜歡紅妝。五代王仁裕在《開元天寶遺事》中便記載：“（楊）貴妃每至夏日……每有汗出，紅膩而多香，或拭之於巾帕之上，其色如桃紅也。’唐代婦女的紅妝，實物資料非常之多。有許多紅妝甚至將整個面頰，包括上眼瞼乃至半個耳朵都敷以胭脂，無怪乎不僅會把拭汗的手帕染紅，就連洗臉之水也會猶如泛起一層紅泥呢。”

④　“芙蓉不及美人妝”句，見於唐王昌齡《西宮秋怨》。

⑤　“斜紅”，許星、廖軍主編《中國設計全集》第八卷《服飾類編·容妝篇》：“斜紅是古代婦女在面頰上的一種特殊妝飾，又稱‘曉霞妝’。其一般多描繪在顴骨外上側近太陽穴的部位，左右各繪一道；這種妝飾多用紅色繪製，而圖案的形狀多爲月牙形，如新月形、曲花形、半月形、月牙形和弦月形等以及其他隨意的妝點。有的還故意被描繪成殘破狀，看上去如同兩道傷痕隱約附著於白淨的臉上，其顯示出殘缺之美感。”李芽《中國古代妝容配方》第五章《面飾》：斜紅，形象古怪，立意稀奇，“其俗始於三國時。南朝梁簡文帝《豔歌篇》中曾云：‘分妝間淺靨，繞臉傅（敷）斜紅。’便指此妝。”

⑥　“隔簾妝隱映”句，見於唐賈至《侍宴曲》。

⑦　“桃溪柳陌好經過”句，唐張籍《無題》（一作劉禹錫詩，題云《踏歌詞》）：“桃溪柳陌好經過，燈下妝成月下歌。爲是襄王故宮地，至今猶有（一作自）細腰多。”

宋理宗朝，宮中以粉點眼角，名曰淚妝。①

理妝，侯氏詩：“睽違已是十秋强，對鏡那堪重理妝。”②

古妝，歐陽修詩：“看花游女不知醜，古妝野態争花紅。”③

萬妝，秦觀詩：“安得萬妝相向舞，酒酣聊把作纏頭。”④

諺曰：“白頭花鈿面，不若徐妃半妝。”⑤《釵小志》。

唐妝，王安中詩：“秦曲移筝柱，唐妝儼鬢蟬。”

楚妝，薩都剌詩：“越女能淮語，吳姬學楚妝。”⑥

醉妝，《五代史》：“王衍後宫皆戴金蓮花冠，衣道士服，酒酣免冠，其髻鬓然，更施朱粉，⑦號醉妝，國中皆效之。”

嚴妝，羅虬詩：“憑君細看紅兒貌，最稱嚴妝待曉鐘。”⑧

---

① “宮中以粉點眼角，名曰淚妝”，見於元李有《古杭雜記》：“理宗朝，宮中繫前後掩裙，名曰上馬裙。又故以粉點於眼角，名曰淚妝。”五代王仁裕《開元天寶遺事》：“宮中妃嬪輩施素粉於兩頰，相號爲‘淚妝’。識者以爲不祥，後果禄山之亂。”○“淚妝”，徐家華《漢唐盛飾·唐代服飾》：“唐代眼妝中比較有特點的要算是淚妝和血暈妝了。東漢時期一度流行的啼妝，即用油膏薄拭目下，如涕泣之狀。到了唐代，這種眼妝仍然盛行，名曰‘淚妝’。《宋史·五行志三》中記載：‘宮妃……粉點眼角，名淚妝。’可見，當時的淚妝是以白粉抹頰或點染眼角，而非油膏。”王鳴《中國服裝簡史》第六章《隋唐五代服裝》：“在長安地區，婦女間曾流行的‘淚妝’‘啼妝’，因其‘狀似悲啼者’而得名。這兩種妝面由西北少數民族傳來，即兩腮不施紅粉，只以黑色的膏塗在唇上，兩眉畫‘八字形’，頭梳圓環椎髻，有悲啼之狀。這種妝到宋朝時已少見。”

② “睽違已是十秋强”句，宋陳應行《吟窗雜録》卷三一《侯氏》：“夫張睽戍邊十餘年，侯氏綉回文作龜形詩上進：‘睽離已是十秋强，對鏡那堪重理妝。聞雁幾回修尺素，見霜先爲製衣裳。開箱疊練先垂淚，拂杵調砧更斷腸。綉作龜形朝天子，願教征客早還鄉。’”

③ “看花游女不知醜”句，見於宋歐陽修《豐樂亭小飲》。

④ “安得萬妝相向舞”句，見於宋秦觀《秋日》。

⑤ “白頭花鈿面”句，唐朱揆《釵小志》：“諺曰：‘白頭花鈿滿面，不若徐妃半妝。’”○“半妝”，半面妝。《南史·元帝徐妃傳》載，徐妃以梁元帝眇一目，“每知帝將至，必爲半面妝以俟，帝見則大怒而出”。

⑥ “越女能淮語”句，見於元薩都剌《江館寫事》。

⑦ “朱粉”，原作“米粉”，加本同，今據《新五代史·前蜀世家》改。《新五代史·前蜀世家》：“而后宫皆戴金蓮花冠，衣道士服，酒酣免冠，其髻鬓然，更施朱粉，號‘醉妝’，國中之人皆效之。”

⑧ “鐘”，加本作“鏡”。○“憑君細看紅兒貌”句，唐羅虬《比紅兒詩》：“檻外花低瑞露濃，夢魂驚覺暈春容。憑君細看紅兒貌，最稱嚴妝待曉鐘。”今按：《比紅兒詩》是組詩，共有一百首。○“嚴妝”，莊重端正的梳妝。漢樂府《孔雀東南飛》：“雞鳴外欲曙，新婦起嚴妝。”

臨妝，上官儀詩：“霧掩臨妝鳳，風驚入鬢蟬。”①

臨安婦人，低鬟，胡粉傅面，都作女郎妝，又類青樓倚門伎。《客越志》。

強妝，劉方平《銅雀妓詩》：“遣令奉君王，顰蛾強一妝。”

三月朔日，民間婦女，簪蓬於首，無貴賤皆然。清明後，千百成群，進香於道場山。迨日初夕，紅紫靚妝，半醉笑語步堤上，歸。《西吳枝乘》。②

檀妝，徐凝詩：“恃賴傾城人不及，檀妝唯約數條霞。”③

寶妝，元稹詩：“挑鬟玉釵髻，刺綉寶裝攏。”④

流香渠，靈帝宮人靚妝，解上衣，著內服，或共裸浴。⑤《南部烟花記》。

雅淡妝，《鶯鶯詩》：“殷紅淺碧舊衣裳，取次梳頭雅淡妝。”⑥《會真記》。

晨妝，韋莊詩：“金樓美人花屏開，晨妝未罷車聲催。”⑦

---

①　“霧掩臨妝鳳”句，見於上官儀《昭君怨》。

②　“枝”，加本作“伎”。○“三月朔日”句，明謝肇淛《西吳枝乘》：“湖州三月朔日，則民間婦女，簪蓬於首，無貴賤皆然。清明後，千百成群，進香於道場山。迨日初夕，紅紫靚妝，半醉笑語步堤上，歸。亦有進香於天竺者，間爲桑中之約。近來，衣冠遊女間相效矣。”

③　“唯”，加本作“惟”。唐徐凝《宮中曲二首》其一：“披香侍宴插山花，厭著龍綃著越紗。恃賴傾城人不及，檀妝唯約數條霞。”○“檀妝”，《丹鉛總錄》卷一七《身體類·檀色》：“畫家七十二色有檀色，淺赭所合。古詩所謂檀畫荔枝紅也。而婦女暈眉色似之。唐人詩詞多用之，試舉其略。徐凝《宮中曲》云：檀粧惟約數條霞。花間詞云：釦昏檀粉淚縱橫。又：臂留檀印齒痕香。又：斜分八字淺檀蛾。是也。又云：卓女燒春釀美，小檀霞。則言酒色似檀色。伊孟昌《黃蜀葵》詩：檀點佳人噴異香。杜衍《雨中荷花》詩：檀粉不勻香汗濕。則又指花色，似檀色也。”李芽《中國古代妝容配方》第二章《胭脂》：“還有將鉛粉和胭脂調和在一起，使之變成檀紅，即粉紅色，稱爲‘檀粉’，然後直接塗抹於面頰。五代鹿虔扆《虞美人》詞：‘不堪相望病將成，釦昏檀粉淚縱橫。’杜牧在《閨情》一詩中有‘暗砌勻檀粉’一句，均指此。它在化妝後的效果，在視覺上與其他方法有明顯的差異，因爲在傅面之前已經調合成一種顔色，所以色彩比較統一，整個面部的敷色程度也比較均勻，能給人以莊重、文靜的感覺。”

④　“裝”，國圖本作“妝”，加本同，今據元稹《春六十韻》詩改。○“挑鬟玉釵髻”句，《元氏長慶集》卷一三《春六十韻》：“酒愛油衣淺，杯夸瑪瑙烘。挑鬟玉釵髻，刺綉寶裝攏。”

⑤　“流香渠”句，王嘉《拾遺記》：“靈帝初平三年，遊於西園。起裸遊館千間，采綠苔而被階，引渠水以繞砌，周流澄澈。……宮人年二七以上，三六以下，皆靚妝，解其上衣，惟著内服，或共裸浴。西域所獻茵墀香煮以爲湯，宮人以之浴浣畢，使以餘汁入渠，名曰‘流香渠’。”

⑥　“淡妝”，加本作“妝淡”。

⑦　“金樓美人花屏開”句，見於唐韋莊《上春詞》。

姑臧太守張憲，使娟妓戴拂壺中錦仙裳，密粉淡妝，日侍閣下。《釵小志》。①

薄妝，沈約《麗人賦》：“來脫薄妝，去留餘膩。”②

華妝，陶潛《閑情賦》：“悲脂粉之尚鮮，或取毀於華妝。”③

内人妝，白居易詩：“窪銀中貴帶，昂黛内人妝。”④

婦人施粉黛花鈿，著好衣裳，謂之鮮妝帕服。⑤《釋常談》。

---

① “戴拂壺中”，今按：疑爲“戴拂壺巾”，“中”恐是“巾”之訛，《廣事類賦》引《姑臧記》作“戴拂壺巾”。○《釵小志》，加本作《南部烟花記》，朱校作《釵小志》。○“姑臧太守張憲”句，朱揆《釵小志·鳳窠群女》：“姑臧太守張憲，使倡妓戴拂壺中錦仙裳，密粉淡妝，使（一作便）侍閣下。”唐馮贄《雲仙雜記》卷一同文，但“密粉”作“密扮”。

② “薄妝”，南朝梁張率《日出東南隅》：“雖資自然色，誰能棄薄妝。施著見朱粉，點畫示頳黃。”前蜀李珣《浣溪沙》其一：“入夏偏宜澹薄妝，越羅衣褪鬱金黃。”

③ “華妝”，《列仙傳》：“江妃二女皆麗服華妝，佩兩明珠，大如雞卵。”

④ “窪銀中貴帶”句，見於白居易《渭村退居寄錢翰林》。○“内人妝”，宮女的妝飾。王書奴《中國娼妓史》第五章《官妓鼎盛時代》：“娼妓對於宮披妝飾，是極端慕效的。元稹詩所謂‘巧樣新妝’，所謂‘緩行輕踏皺紋靴’，與《大唐新語》說‘士流妻，或衣丈夫靴’，《唐書》說‘宮人衣丈夫衣而靴’的話，若合符契，不是顯然證據嗎？又司空圖詩云：‘處處亭臺止壞牆，軍營人學内人妝。’‘軍營人’即營妓，‘内人’即宮中妃嬪。這又不是顯然證據嗎？娼妓慕效宮中裝飾，風氣至明代中葉猶然。”

⑤ “鮮妝帕服”，帕服，亦作“帕腹”。劉熙《釋名·釋衣服》：“帕腹，橫帕其腹也。抱腹，上下有帶，抱裹其腹上，無襠者也。心衣，抱腹而施鈎肩，鈎肩之間施一襠，以奄心也。”今按：此條引自宋佚名《釋常談》卷中《鮮妝帕服》，言“鮮妝帕服”是“婦人施粉黛花鈿，著好衣裳”。《辭源》和林劍鳴、吳永琪主編《秦漢文化史大辭典》沿用此意，語義恐誤。蔣金德《讀新版〈辭源〉札記》（浙江省語言學會編輯部、杭州大學學報編輯部同編《語言學年刊》）：“帕服。《巾部·帕服》：‘盛裝。宋缺名《釋常談·鮮妝帕服》：婦人施粉黛花鈿，著好衣服，謂之鮮妝帕服。《李夫人別傳》曰：……夫人曰：我以色事帝，……我若不起此疾，帝必追思我鮮妝帕服之時，是深囑托也。’按：《釋常談》分釋‘鮮妝帕服’爲‘施粉黛花鈿’與‘著好衣服’，《辭源》從之，釋‘帕服’爲‘盛裝’，於義未安。‘帕’無‘盛’、‘好’義。‘服’，房六切；‘腹’，方六切，二字同屬屋韻，聲母又同爲輕唇音，僅有濁清之分而已，又形亦近，‘帕服’當爲‘帕腹’。漢劉熙《釋名·釋衣服》：‘帕腹，橫帕其腹也。’即兜肚。‘帕腹’本有多種書寫形式，而其義則存於聲。如：‘襪腹’。《陳書·周迪傳》：‘迪性質樸，不事威儀，冬則短身布袍，夏則紫紗襪腹。’‘袙腹’。《晋書·齊王冏傳》：‘時又謠曰：著布袙腹，爲齊持服。’‘袙複’。《廣韻·陌韻》：‘袙，袙複。’此‘襪腹’、‘袙複’、‘袙腹’與‘帕腹’同，‘帕服’亦如之。就《李夫人別傳》語意分析，亦以釋‘帕腹’爲妥。李夫人‘以色事帝’，何所不至，有‘鮮妝’之時，亦有‘帕腹’之時，必如此，‘追思’之意方得完足。漢武帝追思李夫人賦有‘的容與以猗靡兮，縹飄姚虖愈壯’。亦有‘歡接狎以離别兮，宵寤夢之茫茫’之語，可參證。又《北齊書·徐之才傳》：‘郡廨遭火，之才起望，夜中不著衣，披紅帕出房，映光爲昂所見。功曹白請免職，昂重其才術，仍特厚云。’可見‘帕服’一詞早有用例，僅詞序顛倒耳。”

睡時妝，韓偓詩：“氤氲帳裏香，薄薄睡時妝。”①

芙蓉裝，鮑照《越女詞》：“越女芙蓉妝，浣紗清淺水。”②

明妝，李白詩：“吳刀剪綵縫舞衣，明妝麗服奪春暉。”③

故妝，梁簡文詩：“故妝猶累日，新衣製未成。”④

宿妝，何遜詩：“雀釵橫曉鬢，蛾眉豔宿妝。”⑤

不成妝，崔灝詩：“閑來鬥百草，度日不成妝。”⑥

北苑妝，隋煬帝時，建陽進茶油花子，大小各別，⑦宮嬪鏤金於面，皆以淡妝，以此花餅施於鬢上，⑧時號北苑妝。《烟花記》。⑨

素妝，《揮塵餘話》：“安妃素妝無珠玉，綽約若仙子。”⑩

房孺復妻崔氏，性忌，左右婢不得濃妝高髻，月給燕脂一豆，粉一

---

① “氤氲帳裏香”句，見於唐韓偓《春閨二首》其一。

② “女”，原作“水”，今據加本朱校改。

③ “舞”，原作“春”，今據四部叢刊影汲古閣本《樂府詩集》改。《樂府詩集》李白《白紵詞二首》其一：“吳刀剪綵（一作綺）縫舞衣，明妝麗服奪春暉。”

④ “故妝猶累日”句，梁簡文帝《秋閨夜思》：“故妝猶累日，新衣襞未成。欲知妾不寐，城外擣砧聲。”

⑤ “雀釵橫曉鬢”句，南朝梁何遜《嘲劉郎》：“雀釵橫曉鬢，蛾眉豔宿妝。稍聞玉釧遠，猶憐翠被香。”

⑥ “閑”，原作“間”，今據加本改。○“閑來鬥百草”句，見於唐崔顥《王家少婦》。

⑦ “北苑妝，隋煬帝時”“大小各別”，原皆脫，今據加本補。

⑧ “鬢”，加本作“髻”。○“花餅”，付黎明、許静著《宋代女性頭飾設計藝術探賾及其文化索隱》第二章《精彩紛呈的宋代女性頭飾》：“花餅是宋代女性面飾中的另一類型。人們將花料做成薄餅狀，繼而再於其上鏤出各種紋樣，用來裝飾女性面部。《宋史》中所記：‘諸王納妃……花粉、花冪、綿（眠）羊臥鹿花餅、銀勝、小色金銀錢等物。’其中的‘綿（眠）羊臥鹿’就是飾於面上的一種鏤畫花餅。花餅芬芳的特質使之具備了其他面飾所不具備的嗅覺功能，這一點對於好雅的宋人而言，吸引力可想而知。除了上述以外，鮮花花瓣、蜻蜓翅膀等在當時也曾作爲面飾妝點於女性的面部。”

⑨ “《烟花記》”，加本無。○“北苑妝”，下向陽、崔榮榮、張競瓊等《從古到今的中國服飾文明》第九編《千姿百態的歷史妝容》：“北苑妝。這種面妝是縷金於面，略施淺朱，以北苑茶花餅粘貼於鬢上。這種茶花餅又名‘茶油子’，以金箔等材料製成，表面縷畫各種圖紋。流行於中唐至五代期間，多施於宮娥嬪妃。唐代馮贄的《南部烟花記》中便有詳細記載：‘建陽進茶油花子，大小形制各別，極可愛。宮嬪鏤金於面，皆以淡妝，以此花餅施於鬢上，時號北苑妝。’亦有將茶油花子施於額上的，作爲花鈿之用。”

⑩ “安妃素妝無珠玉”句，宋王明清《揮塵餘話》引蔡元長《曲宴記》云：“上延元長等至玉華閣。安妃素妝無珠玉飾，綽約若仙子。元長前進再拜敘謝。妃答拜。元長又拜。妃命左右掖起。上手持大觥酌酒。命妃曰：‘可勸太師。’元長奏曰：‘禮無不報，不審酬酢可否。’於是持瓶（轉下頁）

錢。有一婢新買，妝稍佳，崔怒曰："汝好妝耶，我爲汝妝！"刻其眉，以青填之，灼其兩眼角，以朱傅之。及痂脱，瘢如妝焉。①《酉陽雜俎》。

劉禹錫《賜妙妓》詩："鬒鬖梳頭宮樣妝。""鬒鬖"，字亦作"低墮"，并上聲，《古今注》言即墮馬之遺傳也。②《本事詩》。鬒同鬊，烏果切。鬖音垂。

景陽妝，溫庭筠詩："景陽妝罷瓊宮暖，欲照澄明香步懶。"③

淡薄妝，羅虬詩："凝情盡日君知否，還似紅兒淡薄妝。"④

巧樣妝，吳鎮詩："有女聯翩巧樣妝，能將歌舞動君王。"⑤

晚妝，司空圖詩："晚妝留拜月，卷上水精簾。"⑥

今京師凡孟春之月，兒女多剪采爲花或草蟲之類，插首，曰：鬧嚷嚷。即古所謂"鬧妝"也。唐白樂天詩"貴主冠浮動，親王轡鬧

（接上頁）注酒，授使以進。"○"素妝"，馬大勇《紅妝翠眉：中國女子的古典化妝、美容》第一章《面妝：脂粉輕抹妝如畫》："白妝一類的妝容還有素妝，也就是素顏、素面，施加的白粉很淡，顯得清淺。宋代，李勝己的《浣溪沙》咏道：'淺著鉛華素净妝，翩躚翠袖拂雲裳，傍人作意捧金觴。'司馬光的《西江月》也深情地描寫了一位淡妝女郎留在他心裏的倩影：'寶髻鬆鬆挽就，鉛華淡淡妝成。青烟翠霧罩輕盈，飛絮游絲無定。'王明清的《揮塵後録》也説宋徽宗的安妃'素妝無珠玉，綽約若仙子'。當然白妝、素妝也還點朱唇、畫眉，也有加花子、面靨、斜紅等，加强了色彩的對比，豐富了妝容。"

① "燕"，加本作"胭"。○"房孺復妻崔氏"句，唐段成式《酉陽雜俎》："房孺復妻崔氏，性忌，左右婢不得濃妝高髻，月給燕脂一豆，粉一錢。有一婢新買，妝稍佳，崔怒謂曰：'汝好妝耶，我爲汝妝！'乃令刻其眉，以青填之，燒鎖梁，灼其兩眼角，皮隨手焦卷，以朱傅之。及痂脱，瘢如妝焉。"

② "劉禹錫《賜妙妓詩》"條，唐孟棨《本事詩》："劉尚書禹錫罷和州，爲主客郎中、集賢學士。李司空罷鎮在京，慕劉名，嘗邀至第中，厚設飲饌。酒酣，命妙妓歌以送之。劉於席上賦詩曰：'鬒鬖梳頭宮樣妝，春風一曲杜韋娘。司空見慣渾閑事，斷盡江南刺史腸。'李因以妓贈之。'鬒鬖'，字亦作'低墮'，並上聲，《古今注》言即墮馬之遺傳也。"

③ "景陽妝罷瓊宮暖"句，《全唐詩》卷五七五溫庭筠《照影曲》："景陽妝罷瓊窗暖，欲照澄明香步懶。橋上衣多抱彩雲，金鱗不動春塘滿。"○"景陽妝"，《南齊書·裴皇后傳》："上數遊幸諸苑囿，載宮人從後車。宮內深隱，不聞端門鼓漏聲，置鍾於景陽樓上，宮人聞鍾聲早起裝飾。"唐韓琮《牡丹》詩："雲凝巫峽夢，簾閉景陽妝。"

④ "凝情盡日君知否"句，見於羅虬《比紅兒詩》其二。

⑤ "有女聯翩巧樣妝"句，見於元吳鎮《周文矩十美圖》。

⑥ "晚妝留拜月"句，唐司空圖《偶書五首》其三："蜀妓輕成妙，吳娃狎共織。晚妝留拜月，卷上水精簾。"○"晚妝"，盧盛江、盧燕新《中國古典詩詞曲選粹·唐宋詞卷·玉樓春》："晚妝初了明肌雪，春殿嬪娥魚貫列。"注釋："晚妝：與晨妝不同，爲適應燈下效果，須濃重。"

妝"是已。①《余氏辨林》。

首飾類

大定中，婦人首飾，不許用珠翠鈿子等物，翠毛除許裝飾花環冠子，餘外並禁。②《金史》。

向見官妓舞柘枝，戴一紅物，體長而頭尖，儼如角形，想即是今之罟姑也。③《席上腐談》。

宣和未遠，婦人服飾集翠羽爲之。④《宋史新編》。

紹熙中，里巷婦人，以琉璃爲首飾。⑤《宋史新編》。

---

① "今京師凡孟春之月"句，明余懋學《余氏辨林》："今京師凡孟春之月，兒女多剪采爲花或草蟲之類，插首，曰：鬧嚷嚷，即古所謂鬧裝也。嚷與裝音近，故訛之也。唐白樂天有詩云'貴主冠浮動，親王轡鬧妝'是也。"今按："貴主冠浮動，親王轡鬧妝"句，見於白居易《渭村退居寄禮部崔侍郎翰林錢舍人》。"鬧嚷嚷"，又稱"鬧蛾"。徐吉軍著《南宋全史・思想、文化、科技和社會生活經驗》卷下："'鬧嚷嚷'，是一種用金銀絲或金銀箔製成蝶蛾形狀的首飾。花蝶是以羅絹或紙製成的蝴蝶形首飾，插在鬢髮上，婦人行走起來震顫不停，媚態頓生，范成大《上元紀吳下節物排諧體三十二韻》詩'桑蠶春繭勸，花蝶夜蛾迎'，並注云：'大白蛾花，無貴賤悉戴之，亦以迎春物也。'"

② "許用"，加本作"用許"。此條文見於《金史・輿服志》。

③ "向見官妓舞柘枝"句，見於宋俞琰《席上腐談》。今按："儼如角形"，一作"儼如靴形"。○罟姑，金元貴婦人所戴的一種高桶帽。清曹元忠《蒙韃備錄校注》："凡諸酋之妻，則有顧姑冠，用鐵絲結成，形如竹夫人，長三尺許，用紅青錦綉，或珠金飾之其上，又有杖一枝，用紅青絨飾。"注："顧姑，又有作罟姑者。元俞琰《席上腐談》載嚮見官妓舞柘枝，戴一紅物，體長而頭尖，儼如角形，想即是今之罟姑也。常熟張君鴻謂，罟姑當即顧姑。忠謂張說是也，故《欽定古今圖書集成・娼妓部》載，明李禎《至正妓人行》有'彩綫采絨綴罟罟'之句。"

④ "翠羽"，《宋史・五行志三》："時去宣和未遠，婦人服飾猶集翠羽爲之，近服妖也。"今按：《宋史・輿服五》："紹興五年，高宗謂輔臣曰：金翠爲婦人服飾，不惟靡貨害物，而侈靡之習，實關風化，已戒中外，及下令不許入宮門，今無一人犯者，尚恐士民之家，未能盡革，宜申嚴禁。仍定銷金及采捕金翠罪賞格。"《文獻通考》卷三一〇《物異考》一六："紹興初去宣和未遠，婦人服飾尚集翠羽爲之。與《唐志》百鳥毛織裙同占。二十七年，交趾貢翠羽數百，上命焚之通衢。（至是始立法，亦禁之。）光宗紹熙元年，里巷婦人初以琉璃釵爲首飾。《唐志》琉璃釵釧有流離之兆，亦服妖也。後連年有饑流之厄。"錢華《宋代婦女服飾考》（高洪興等編《婦女風俗考》）："翡翠製成的首飾叫翠翹，翡翠據《事物紀原》說是吐蕃傳入中國的。所以在唐代就很盛行。不過宋朝到南渡以後，只限用於貴族之家，士民之家都有明文禁止了。"

⑤ "以琉璃爲首飾"，《宋史・五行志三》："紹熙元年，里巷婦女以琉璃爲首飾……咸淳五年，都人以碾玉爲首飾。有詩云：京師禁珠翠，天下盡琉璃。"今按：齊東方、李雨生《中國古代物質文化史》（玻璃器皿卷）："根據文獻記載，至少從唐代開始民間便開始廣泛使用玻璃製作（轉下頁）

《藝文》：“陸離羽佩，錯雜花鈿，皆美人飾也。”①

郭代公愛姬，收妝具以染花盦。②《釵小志》。

面　　類

西施面，《淮南子》：“畫西施之面，美而不可說。”③

燕山良家仕族女子皆髡首，許嫁始留髮，冬月以括蔞塗面，④但加傅而不沐，至春暖方滌去，久不爲風日所侵，故潔白如玉也。《雞肋編》。

桃花面，隋文宮中紅妝，謂之桃花面。《妝臺記》。⑤

（接上頁）首飾，例如唐末‘世俗尚以琉璃爲釵釧，近服妖也。’南宋初‘紹熙元年，里巷婦女以琉璃爲首飾’，南宋末‘咸淳五年，都人以碾玉爲首飾，有詩云：京師禁珠翠，天下盡琉璃’。關於這次禁珠翠，俞德鄰的《佩韋齋輯聞》中有更爲詳細的記載：‘咸淳末，賈似道以太傅平章軍國重事，禁天下婦人不得以珠翠爲飾，時行在悉以琉璃代之，婦人行步，皆琅然有聲，民謠曰：‘滿頭多帶假，無處不瑠璃。’假，謂賈；瑠璃，謂流離也。’可見在宋人心目中，玻璃依然是珠翠替代品的不二之選。很多宋墓中都出土了玻璃首飾，多數是釵、簪、笄之類的挽髮用具。”

①　“陸離羽佩”句，南朝梁沈約《麗人賦》：“芳逾散麝，色茂開蓮。陸離羽佩，雜錯花鈿。”○“羽佩”，明彭大翼《山堂肆考》卷二三五《補遺》：“《藝文》：‘陸離羽珮，雜錯花鈿。’皆美人飾也。”黎經誥注《六朝文絜箋注》卷一賦《麗人賦》“陸離羽佩”云：“《楚辭》曰：‘高余冠之岌岌兮，長余佩之陸離。’又《九歌》曰：‘玉佩兮陸離。’王逸曰：‘陸離，參差衆貌。’羽佩者，交趾有鳥名翡翠，其羽可用爲飾，言佩之飾以羽毛者也。”○“花鈿”，即花釵，是以金翠珠寶等製成的花樣頭釵，也稱作“鈿（鏆）”“鈿朵”等。《玉篇·金部》：“鈿，金華也。”三國兩晉時期爲貴族女性的禮服頭飾，到唐代時已是普遍流行的日常頭飾。庾肩吾《和湘東王應令二首·冬曉》：“縈鬟起照鏡，誰忍插花鈿。”張涌泉主編《敦煌經部文獻合集·小學類韻書之屬（三）·大唐刊謬補闕切韻》：29 先，“鈿，金花鈿，婦人首□”。

②　“郭代公愛姬”句，朱揆《釵小志·染花盦》：“郭代公愛姬薛氏，貯食物以散風盦，收妝具以染花盦。”今按：“郭代公”，《舊唐書·郭元振傳》：“郭元振，魏州貴鄉人。舉進士，授通泉尉。”“花盦”，唐釋慧琳《一切經音義》卷二二《花嚴經卷》第三九“花盦香篋，嘘，鈿厠其間”云：“盦，力鹽反。篋，牽協反。《珠叢》曰：凡盛物小器皆謂之盦。‘盦’字又作籢。籢，篋也，並是竹器衣箱小者之類耳。”

③　“畫西施之面”句，漢劉安《淮南子·說山訓》：“畫西施之面，美而不可說；規孟賁之目，大而不可畏，君形者亡焉。”今按：“西施面”，《尸子》卷下：“人之欲見毛嬙、西施，美其面也。”

④　“括蔞塗面”，清文淵閣四庫全書本《雞肋編》卷上“面”下有“謂之佛粉”四字。括蔞塗面，即把括蔞搗成汁，一層層地涂於面部，形成金色面膜。張國慶主編《中國婦女通史》（遼金西夏卷）：“在遼代民間，中下層婦女們常用栝樓汁做美容面膜，被譽之爲‘佛裝（妝）’。”《契丹國志》卷二五《佛妝》即載：遼國婦女‘以黃物塗面如金，謂之佛妝’。”

⑤　“《妝臺記》”，加本無，朱校補。○“隋文宮中紅妝”句，隋宇文士及《妝臺記》：“隋文宮中梳九真髻，紅妝，謂之桃花面。”

胭脂面，白居易詩：“三千宮女胭脂面，幾個春來無淚痕。”①

半面，蘇軾《聽琵琶》詩：“數弦已品龍香撥，半面猶遮鳳尾槽。”②

昭君村至今生女必炙破其面。③《居士傳》。

粉面，項斯《古扇》詩：“似月舊臨紅粉面，有風休動麝香衣。”

遮面，王建詞：“團扇，團扇，美人病來遮面。”④

掩面，宋玉賦：“毛嬙障袂，不足程式。西施掩面，比之無色。”⑤

背面，蘇軾《續麗人行》詩：“君不見孟光舉案與眉齊，何曾背面傷春啼。”

綉面，白居易詩：“綉面誰家婢。”⑥

顧起元曰：“隋宮人面貼五色花子，乃仿於宋壽陽公主梅花落面事也。”⑦

小面，白居易詩：“小面琵琶奴。”⑧

宋淳化間，京師婦人競剪黑光紙團靨，又裝縷魚腮中骨，號“魚媚

---

① “三千宮女胭脂面”句，白居易《後宮詞》：“雨露由來一點恩，爭能遍布及千門。三千宮女胭脂面，幾個春來無淚痕。”

② “數弦已品龍香撥”句，見於宋蘇軾《宋叔達家聽琵琶》。

③ “昭君村至今生女必炙破其面”句，見於《唐逸士傳》：“昭君村至今生女必炙其面。”宋胡仔《苕溪漁隱叢話後集》卷四〇《麗人雜記》：“韓子蒼題昭君詩：‘寄語雙鬟負薪女，炙面謹勿輕離家。’余考《唐逸士傳》云：‘昭君村至今生女必炙其面。’白樂天詩：‘至今村女面，燒灼成瘢痕。’乃知炙面之事，樂天已先道之矣。”今按：白居易有詩《過昭君村》云：“至今村女面，燒灼成瘢痕。”

④ “團扇”句，唐王建《調笑令》：“團扇，團扇，美人病來遮面。玉顏憔悴三年，誰復商量管弦？弦管，弦管，春草昭陽路斷。”

⑤ “毛嬙障袂”句，戰國宋玉《神女賦》：“其像無雙，其美無極。毛嬙障袂，不足程式，西施掩面，比之無色。近之既妖，遠之有望。骨法多奇，應君之相。”

⑥ “綉面誰家婢”句，白居易《東南行一百韻》：“綉面誰家婢，鴉頭幾歲奴（一作女）。”

⑦ “仿”，加本作“眆”。○“隋宮人面貼五色花子”句，隋宇文士及《妝臺記》：“隋文宮中貼五色花子，則此前已有其制矣，乃仿於宋壽陽公主梅花落面事也。”○“花子”，徐連達《隋唐文化史》第二章《衣冠服飾》：“婦人臉部化妝不但用鉛粉、胭脂、黛青等塗抹、描畫，而且選用‘花子’、‘靨’、‘斜紅’來裝點臉部容顏，使自己的姿色更爲美麗、明豔。花子一稱‘花鈿’，點貼在兩眉當額之處。通常用金銀、珠翠、雲母與各色顏料調製合成後，剪成各種花樣粘貼在額上。臉部貼花子起源較早，相傳起於南朝宋武帝女兒壽陽公主。”

⑧ “小面琵琶奴”，白居易《宿杜曲花下》：“小面琵琶婢，蒼頭觱篥奴。從君飽富貴，曾作此遊無？”

子”，以飾面。①

嬌面，趙希鵠詩：“玉花嬌面垂雲鬂。”②

花面，劉禹錫《贈小樊》詩：“花面丫頭十三四，春來綽約向人扶。”③

芙蓉面，施肩吾詞：“錦綉堆中臥初起，芙蓉面上粉猶殘。”④

宋以面油爲玉龍膏，太宗始合此藥，以白玉碾龍合子貯之，因以名焉。⑤

粉神曰子占。⑥見《採蘭志》。

黄帝鍊成金丹，鍊餘之藥，汞紅於赤霞，鉛白於素雪。宫人以汞點唇，則唇朱；以鉛傅面，則面白。洗之不復落矣，後世婦人效之，以施脂粉。《採蘭雜志》。

粉　類

粉，《釋名》：“粉，分也，研米使分散也。輕粉，輕，赤也，染粉使

---

① “宋淳化間”句，《宋史·五行志》：“淳化三年，京師里巷婦人競剪黑光紙團靨，又裝鏤魚腮中骨，號‘魚媚子’，以飾面。”《説略》卷二一：“《酉陽雜俎》曰：今婦人面飾用花子，起自唐上官昭容所製，以掩黥迹也。按隋文宫貼五色花子，則前此已有其制矣，乃仿於宋壽陽公主梅花落面事也。宋淳化間，京師婦女競剪黑光紙團靨，又裝鏤魚腮骨，號魚媚子，以飾面。皆花子之類耳。”《玉芝堂談薈》卷二九云宋“魚媚子”，“乃古花鈿之遺也”。付黎明、許静著《宋代女性頭飾設計藝術探賾及其文化索隱》第二章《精彩紛呈的宋代女性頭飾》：“從圖像記載來看，面飾多貼於額頭中間、太陽穴兩側及嘴角兩側酒窩處，這與《宋史》中所記載的流行面飾魚媚子所貼的部位相仿。關於魚媚子，《宋史》中有記：‘京師里巷婦人競剪黑光紙團靨，又裝鏤魚鰓中骨，號魚媚子，以飾面。’從記載中看，魚媚子是以魚鰓骨製成，裝飾在黑光紙剪成的圓點上，而後裝飾於面部。從文中‘競’字來看，此種面飾在宋時應是十分風靡。”

② “鬂”，加本作“鬂”，朱校作“鬂”。

③ “花面丫頭十三四”句，見於劉禹錫《寄贈小樊》。今按：小樊：樊素，白居易歌姬。孟棨《本事詩·事感》：“白尚書姬人樊素善歌，妓人小蠻善舞。嘗爲詩曰：櫻桃樊素口，楊柳小蠻腰。”

④ “錦綉堆中臥初起”句，見於唐施肩吾《冬詞》。

⑤ “宋以面油爲玉龍膏……因以名焉”，原脱，今據加本補。此條見於高士奇《天禄識餘·玉龍膏》。又宋趙叔問《肯綮録》載：“今面油謂之玉龍膏。”宋龐元英《文昌雜録》：“禮部王員外言，今謂面油爲玉龍膏，太宗皇帝始合此藥，以白玉碾龍團合子貯之，因以名焉。”

⑥ “粉神曰子占”，《採蘭雜志》：“膏神曰雁娘，黛神曰天軼，粉神曰子占，脂神曰與贄，首飾神曰妙好，衣服神曰厭多。昔楊太真妝束，每件呼之，人謂之神妝。”

赤，以著頰上也。"①《墨子》曰：禹造粉。紂燒鉛、錫作粉。②

古傅面亦用米粉，後乃燒鉛爲之。③《韻略》。

西清水穴，亦名粉水井。巴人以爲粉，則膏膩鮮明。昇建銀輝館於側，署官掌之，以供公用。日給數定於宮内，號其官爲花粉御侍。④《雲蕉館紀談》。

粉水出房陵永清谷，婦女取其水以漬粉，即鮮潔有異於常，謂之粉水。⑤《述異記》。

---

①　"粉，《釋名》……以著頰上也"句，漢劉熙《釋名》卷四《釋首飾》："粉，分也，研米使分散也。胡粉。胡，糊也，脂和以塗面也。䪈粉。䪈，赤也，染粉使赤，以著頰上也。"程俊英《古代婦女頭部妝飾》（《程俊英教授紀念文集》）："近代婦女多用脂粉塗面，穿耳帶環，畫眉造形，頭髮上加些飾物，其源甚古。宋玉《登徒子好色賦》：'增之一分則太長，減之一分則太短，著粉則太白，施朱則太赤。'他用夸張的藝術手法，描寫一位女子的天然美。《韓非子·顯學》說：'故羡王嬙、西施之美，無益容面；而用脂澤粉黛，則倍其初。'宋玉和韓非美的觀點雖不同，但都是戰國時代的人，可見那時婦女已經施用脂粉了。不過，那時的脂粉，不像現在化妝品原料那樣講究，只用米粉製成。許慎《說文》：'粉，傅面者也。'是漢時婦女，多以米粉傅面，雙頰則用赤粉來塗。到了三國，改用鉛粉，曹操的兒子曹植，作了一篇著名的《感甄賦》，他用'鉛華弗御'四字形容甄后之美。鉛華，粉也。後來甄后爲曹植兄曹丕所得，立爲后，將《感甄賦》改名《洛神賦》。到六朝鉛粉盛行，故沈約《木蘭詩》有'易卻紈綺裳，洗卻鉛粉妝'之句。"

②　"禹造粉"句，《太平御覽》卷七一九《服用部》引《墨子》曰："禹造粉。"○"紂燒鉛"句，晉張華《博物志》："紂燒鉛、錫作粉。"《本草綱目》："按《墨子》云：禹造粉。張華《博物志》云：紂燒鉛、錫作粉。則粉之來亦遠矣。今金陵、杭州、韶州、辰州皆造之，而辰粉尤真，其色帶青。彼人言造法：每鉛百斤，鎔化，削成薄片，卷作筒，安木甑内，甑下、甑中各安醋一瓶，外以鹽泥固濟，紙封甑縫。風爐安火，四兩養一匕，便掃入水缸内，依舊封養，次次如此，鉛盡爲度。不盡者，留炒作黃丹。每粉一斤，入豆粉二兩、蛤粉四兩，水内攪勻，澄去清水，用細灰按成溝，紙隔數層，置粉於上，將乾，截成瓦定形，待乾收起。而范成大《虞衡志》言：桂林所作鉛粉最有名，謂之桂粉，以黑鉛著糟甕中罨化之。"

③　"古傅面亦用米粉"句，漢許慎《說文解字》："粉，傅面者也。"宋徐鍇繫傳："古傅面亦用米粉。"元熊忠《古今韻會舉要》卷一一《上聲》："古傅面亦用米粉，又染之爲紅粉，後乃燒鉛爲粉。"今按：《韻略》即《禮部韻略》，宋丘雍等編，五卷。將《廣韻》書中重要的字取出，以備科試，爲宋代官定韻書。因是《廣韻》的略本，所以稱爲"韻略"，今已亡佚。

④　"西清水穴"條，清史夢蘭《全史宮詞》卷一九引明孔邇述《雲蕉館紀談》："城西清水穴，亦名粉水井。巴人以爲粉，則膏膩鮮明。昇建銀輝館於側，署官掌之，以供公用。號爲花粉御使。"晉常璩《華陽國志》："巴郡江西縣有清水穴，巴人以此水爲粉，則皓耀鮮芳，常貢京師，因名粉水。"

⑤　"粉水出房陵永清谷"句，南朝梁任昉《述異記》："粉水出房陵永清谷，取其水以漬粉，即鮮潔有異於常，謂之粉水。"北魏酈道元《水經注·粉水》："粉水出房陵縣，東流過郢邑南，粉水導源東流，逕上粉縣，取此水以漬粉，則皓耀鮮潔，有異衆流，故縣水皆取名焉。"陳程主編《文賦房陵·詩詞·行次野梅》說："好臨王母瑤池發，合傍蕭家粉水開。《房縣志》記載：粉水，城（轉下頁）

《韓子》曰："脂澤粉黛。"《韓子》："毛嬙、西施之美麗，無益吾面，用脂澤粉黛則倍其初。"①

馬嵬坡上土白如粉。女人面有黑點者，以水和粉洗之即除，名貴妃粉。②《一統志》。

銀粉，《古今注》："三代以鉛爲粉。蕭史與秦穆公鍊飛雪丹，第一轉與弄玉塗之，今之水銀膩粉是也。"③

《傳芳略記》："周光禄諸妓，掠鬢用鬱金油，傅面用龍消粉。"④

嬌面粉，元稹詩："鏡勻嬌面粉。"⑤

歌粉，陳允平詩："三千歌粉侍宸旒。"⑥

胭粉，顧德輝詩："月支十萬資胭粉，獨有三姨素面妝。"⑦

撲粉，韓偓詩："撲粉更添香體滑，解衣從見下裳紅。"⑧

（接上頁）東北五十里。《述異記》：粉水出房陵永清谷，一云永林山。《荆州記》：築陽縣有粉水，源出房陵縣，取其水爲粉，鮮潔異於錦水。《雍州記》：蕭何夫人於此漬粉。《水經》：粉水出房陵，東流過郢邑南，又東過谷邑，南入於沔。酈道元注：粉水導源東流，經上粉縣，取水漬粉，皓耀鮮潔，故縣水皆取名焉。又至築陽縣而下，注於沔，謂粉口。夫粉水導源，今昔異名，按縣東北界牌埡，即故永清縣東北境，一山横亘，樂史所謂永林山也。水出寶間，任昉所謂永清谷也。其水經東浪、包家河，繞石堰河，前志所謂玉石河也。由是與高視河、玉石諸水，注北門河東流。酈道元所謂'東流徑上粉縣'也。上粉，古縣所治之地，無考。而河水清洌，一望澄澈，昔人命名不誣矣。軍馬河古稱粉水，皮詩中'合傍蕭家粉水開'即指此處。"

①　"用脂澤粉黛則倍其初"，"初"下本有"滴"字，衍，《韓非子·顯學》："故善毛嬙、西施之美，無益吾面，用脂澤粉黛則倍其初。"故今删。

②　"馬嵬坡上土白如粉"句，明陸應陽《廣輿記》："貴妃粉，馬嵬坡上土白如粉，女人面有黑點者，以水和土洗之即除。"清宋犖《筠廊偶筆》卷上："馬嵬坡有楊妃冢，冢生白石，可爲粉，名貴妃粉。"

③　"三代以鉛爲粉……今之水銀膩粉是也"，見於《玉溪生詩詳注》引《古今注》。又馬縞《中華古今注》：粉，"自三代以鉛爲粉。秦穆公女弄玉，有容德，感仙人簫史，爲燒水銀作粉與塗，亦名飛雲丹，傳以簫曲，終而同上昇"。

④　"傳芳"，加本作"傅芳"。馮贄《雲仙雜記》引《傳芳略記》："周光禄諸妓掠鬢用鬱金油，傅面用龍消粉，染衣以沉香水。月終，人賞金鳳凰一隻。"

⑤　"鏡勻嬌面粉"句，元稹《月臨花》："鏡勻嬌面粉，燈泛高籠纈。夜久清露多，啼珠墜還結。"

⑥　"三千歌粉侍宸旒"句，"旒"原作"遊"，今據文淵閣四庫全書本《兩宋名賢小集》改，《兩宋名賢小集》載宋陳允平《明皇安樂圖》："日日霓裳宴彩樓，三千歌粉侍宸旒。"

⑦　"月支十萬資胭粉"句，見於元顧德輝《天寶宮詞十二首寓感》之一。

⑧　"撲粉更添香體滑"句，唐韓偓《晝寢》："碧桐陰盡隔簾櫳，扇拂金鵝玉簟烘。撲粉更添香體滑，解衣唯見下裳紅。"

豔粉，謝偃詩："青樓綺閣已含春，凝妝豔粉復如神。"①

薄粉，梁簡文詩："誰家妖麗鄰中女，輕妝薄粉光閭里。"②

紅粉，丁六娘："欲作勝花妝，從郎索紅粉。"③

夢粉，婦人夢粉飾，爲懷妊。④《夢書》。

木瓜粉，良人爲漬木瓜粉，遮卻紅腮交午痕。⑤《妝樓記》。

合德浴豆蔲湯，傅露華百英粉。⑥《飛燕外傳》。

魏文帝宮人巧笑，以妒錦絲作紫粉，拂面。⑦《事文類聚》。

東坡有歌舞妓數人，每留賓客飲酒，必云：有數個搽粉虞候，欲出來祗應也。⑧《軒渠録》。

王東山左右嘗使二老婦女，戴五條辮，著青綾袴襦，飾以朱粉。⑨

---

①　"青樓"，原作"春樓"，今據四部叢刊影汲古閣本郭茂倩《樂府詩集》卷九〇樂府雜題改。見於唐謝偃《新曲》。

②　"梁"，原脱，今據加本補。〇"誰家妖麗鄰中女"句，梁簡文帝《東飛勞伯歌》之二："誰家妖麗鄰中女(一作止)，輕妝薄粉光閭里。"

③　"欲作勝花妝"句，丁六娘《十索四首》其三："君言花勝人，人今去花近。寄語落花風，莫吹花落盡。欲作勝花妝，從郎索紅粉。"

④　"婦人夢粉飾"句，《太平御覽》卷七一八《服用部》引《夢書》："夢得珠珥，得子也。婦人夢粉飾，爲懷妊。夢見梳箆，爲憂解也。"

⑤　"良人爲漬木瓜粉"句，見於唐段成式《柔卿解籍戲呈飛卿》。

⑥　"合德浴豆蔲湯"句，漢伶玄《飛燕外傳》："后浴五蘊七香湯，踞通香沉水坐，燎降神百蘊香。婕妤浴豆蔲湯，傅露華百英粉。帝嘗私語樊嬺曰：'后雖有異香，不若婕妤體自香也。'"

⑦　"魏文帝宮人巧笑，以妒錦絲作紫粉，拂面"，宋祝穆、富大用、祝淵等編《古今事文類聚》："魏文帝宮人有最所寵者，曰莫瓊樹、薛夜來、田尚衣、段巧笑四人，日夕在側。瓊樹乃製蟬鬢縹緲如蟬翼。巧笑以妒錦絲作紫粉拂面，尚衣能歌舞，夜來善爲衣裳，一時冠絶。"元王惲《玉堂嘉話》卷三："宋諸帝御容，自宣祖至度宗，凡十二帝内，懷懿皇后李氏用紫色粉，自眉已下作兩方葉，塗其面頰，直鼻梁上下露真色一綫，若紫紗幂者。後見《古今注》魏文帝宮人有巧笑者，以妒錦絲作紫粉，塗拂其面。""妒錦絲"，《翁方綱纂四庫提要稿·子部·元人破臨安所得故宋書畫目》引作"蜀錦絲"。

⑧　"數人"，加本作"人數"。

⑨　"嘗"，加本作"常"。〇"王東山左右嘗使二老婦女"句，《南史·王裕之傳》："(王裕之)左右嘗使二老婦女，戴五條辮，著青紋袴襦，飾以朱粉。"今按：馬宗霍著《南史校證·王裕之傳》："按《宋書》本傳'婦女'二字作'婢'字，'五條辮'作'五條五辮'，'襦'作'襦'。"〇"五條辮"，董錫玖《繽紛舞蹈文化之路·樂舞文物》："山西高平縣李門村新發現一處金代樂舞石刻……左起第一人戴瓦楞帽，吹橫笛，第二人側身而立，頭戴扁圓(圓)形淺氈帽，帽有帶繫於領下，戴耳環，腦後垂五條辮，腰間左挂箭壺，右挂弓囊，面向二舞者拍手擊節。"〇"袴襦"，黃強《南京歷代服飾·六朝篇》："《南史·王裕之傳》中也説：'左右嘗使二老婦女，戴五條辮，著青紋袴襦，飾以朱粉。'孟暉在《金瓶梅的髮型》中考證，袴襦就是褲裙，並根據上面的描繪説：'東晉南朝時代下層(轉下頁)

《南史》。

　　朱愁粉瘦,《異夢録》:"朱愁粉瘦兮,不生綺羅。"①

　　《洛神賦》:"芳澤無加,鉛華弗御。"按:芳澤,香油。鉛華,粉也。
見《山堂肆考》。

　　鉛粉,薛能《吳姬詩》:"冠剪黃綃帔紫羅,薄施鉛粉畫青蛾。"

　　拭粉,徐陵詩:"拭粉留花稱,除釵作小鬟。"②

　　腮粉,晏幾道詞:"腮粉月痕妝罷後,臉紅蓮豔酒醒前。"③

　　匀面粉,元稹詩:"手寒匀面粉,鬟動倚簾風。"④

　　孫和悦鄧夫人,嘗置膝上。和月下舞水晶如意,⑤誤傷夫人頰。
流血染褲。和自舐瘡。醫曰:"獺髓雜玉及琥珀屑,當滅痕。"和乃作
膏,琥珀太多,痕未滅,而頰有赤點,細視之,更益其妍。諸嬖要寵者,
以丹青點頰,而後進幸。⑥《北户録》。

————————

(接上頁)婦女,如婢女,乳母等,經常穿著一種叫做綺的服裝。'因爲這些婢女、乳母穿的袴襦都是
比較奢華的服飾,一般人穿不起。筆者在此補充一點,東晉南朝時期只有富裕人家下層婦女,纔
能穿上袴襦,也正是因爲這些豪門巨富生活奢侈,講究享受而致,並非他們對下層婦女的厚待。
由此推測,袴襦或許是大户人家下層婦女的一種工作禮服,也就是來尊貴客人時,專門用於招待
的禮儀制服、高檔面料的工作服,以此顯示富足,與石崇鬥富是一個性質。"

　　①　"綺羅",原作"羅綺",今據明崇禎刻本何棟如《夢林玄解・作墓誌》改。○"朱愁粉瘦兮"
句,明馮夢龍編《情史・沈亞之》:"又使亞之作墓誌銘,獨憶其銘曰:'白楊風哭兮,石甃髯莎。雜
英滿地兮,春色烟和。朱愁粉瘦兮,不生綺羅。深深埋玉兮,其恨如何!'"今按:此條並不見於今
本唐沈亞之《異夢録》。

　　②　"拭粉留花稱"句,南朝梁徐陵《和王舍人送客未還閨中有望》:"倡人歌吹罷,對鏡覽紅
顏。拭粉留花稱,除釵作小鬟。"

　　③　"腮粉月痕妝罷後"句,宋晏幾道《浣溪沙》:"小杏春聲學浪仙,疏梅清唱替哀弦。似花如
雪繞瓊筵。腮粉月痕妝罷後,臉紅蓮豔酒醒前,今年《水調》得人憐。"

　　④　"手寒匀面粉"句,元稹《生春二十首》其一:"何處生春早,春生曉鏡中。手寒匀面粉,鬟
動倚簾風。"

　　⑤　"和",加本無此字。

　　⑥　"進",加本作"臨"。"孫和悦鄧夫人……而後進幸",見於唐段公路《北户録・鶴子草》。
《北户録・鶴子草》稱引自《拾遺記》。《拾遺記》曰:"孫和悦鄧夫人,常置膝上。和於月下舞水精
如意,誤傷夫人頰,血流污袴,嬌�ﾛ彌苦。自舐其瘡,命太醫合藥。醫曰:'得白獺髓,雜玉與琥珀
屑,當滅此痕。'即購致百金,能得白獺髓者,厚賞之。有富春漁人云:'此物知人欲取,則逃入石
穴。伺其祭魚之時,獺有鬥死者,穴中應有枯骨,雖無髓,其骨可合玉舂爲粉,噴於瘡上,其痕則
滅。'和乃命合此膏,琥珀太多,及差而有赤點如朱,逼而視之,更益其妍。諸嬖人欲要寵,皆以丹
脂點頰而後進幸。妖惑相動,遂成淫俗。"

的　類

　　玄的，古者女人有月事，以丹注面曰的。玄的點絳，①見《史記·五宗世家》。②繁欽賦：“點玄的之熒熒。”③王粲《神女賦》：“施玄的兮結羽儀。”④王建詩：“密奏君王知入月，喚人相伴洗裙裾。”⑤《藝文類聚》作華的。

　　龍須謂之黥，婦人面飾亦曰龍黥，以龍女況之也，又曰星的。《博雅》黥音灼，婦人面飾，一曰黑子，著面也。⑥

---

　　①　“古者女人有月事”句，明楊慎《藝林伐山》卷一二《玄的點絳》：“女人有月事，以丹注面曰的。玄的點絳。見《史記·五宗世家》‘程姬有所避’注。繁欽賦：點元的之熒熒。娥黄星的，見《北堂書鈔》。龍的，見《宮詞》。王粲《神女賦》：華施的兮結羽儀。潘岳《芙蓉賦》：飛須垂的，丹輝拂紅。又以花比美人也。《漢律》：‘見姅變不得侍祠。’姅變，謂月事也。‘的’字作‘黥’。”劉熙《釋名·釋首飾》：“以丹注面曰勺（一作的），勺（一作的），灼也，此本天子諸侯群妾當以次進御，其有月事者，止而不進御，重（一作難）以口説，故注此於面，灼然爲識。女史見之，則不書其名於第録也。”今按：清沈自南《藝林匯考·服飾篇·妝飾類》：“《五雜俎》：‘以丹注面曰的。古天子諸侯膝妾以次進御，有月事者，難以口説，故注此於面以爲識，如射之有的也。其後遂以爲兩腮之飾。王粲《神女賦》曰：施華的，結羽釵。傅玄《鏡賦》：點雙的以發姿。非爲程姬之疾明矣。唐王建《宮詞》：密奏君王知入月，喚人相伴洗裙裾。則亦無注的事也。潘岳《芙蓉賦》：丹輝拂紅，飛須垂的。王敬美《早梅詩》：暈落朱唇微有的。則又藉以咏花矣。’《丹鉛録》：‘潘岳《芙蓉賦》：丹輝拂紅，飛須垂的。斐披艴嚇，散煥熠熿。的，婦人以丹注面也。吳才老解爲指的，非。傅玄《鏡賦》曰：珥明踏之雙照，點雙的以發姿。張景陽《扇賦》：皎質嗷鮮，元的點絳。漢律姅變，亦謂月事也。’”張舜徽《約注》：“湖湘舊俗，婦人方産或月事已至，皆不令奉祭祀，蓋即‘漢律見姅變不得侍祠’遺意。”

　　②　“宗”，原作“王”，今據《史記·五宗世家》改。見於《史記·五宗世家》：“景帝召程姬，程姬有所辟，不願進。”今按：“有所辟”即有月事。

　　③　“點玄的之熒熒”句，漢繁欽《弭愁賦》：“點玄（一作圜）的之熒熒，映雙輔而相望。”

　　④　“施玄的兮結羽儀”句，《藝文類聚》卷七九《靈異部》引漢王粲《神女賦》：“税衣裳兮免簪笄，施華的兮結羽儀（一作釵）。”

　　⑤　“密奏君王知入月”句，見於王建《宮詞》。今按：亦指宮女洗月事布。《中國名物大典》：“‘的’dì，亦作‘黥’，亦稱‘華的’‘玄的’‘圓的’‘星的’，婦女面飾以此示有月事，不進御。”

　　⑥　“博雅”，加本無此二字。“也”，加本無此字。“龍須謂之黥……博雅”，明楊慎《丹鉛總録》：“《史記·五宗世家》：‘程姬有所避，不願進。’注引《釋名》云：‘天子、諸侯群妾以次進御，有月事者更不口説，故以丹注面的爲識，令女史見之。’王粲《神女賦》：‘脱袿裳，免簪笄，施玄的，結羽釵。’即《釋名》所云也。玄的，《藝文類聚》作華的。又，繁欽《弭愁賦》：‘點圓的之熒熒，映雙輔而相望。’潘岳《芙蓉賦》‘飛須垂的，丹輝拂紅’，皆指此。又，馬之當額亦曰的。《易·卦説》：爲的顙。《三國志》有的盧。陳琳《武庫賦》：駮龍、紫鹿、文的、躝魚，並是馬名也。又，鳥脰亦曰的。《南史》：‘侯景陷臺城。童謡云：“的脰烏，拂朱雀，還與吳。”字一作鳴。《博雅》云：“龍須謂之黥。”婦人面飾亦曰龍黥，蓋以龍女況之。又曰星的。陸雲詩：“棄置北辰星，問此玄龍焕。”’”

點雙的,傅玄《鏡賦》:"珥明璫之迢迢,點雙的以發姿。"①

額 類

宋武帝女壽陽公主人日臥於含章殿檐下,梅花落公主額上,自後有梅花妝。②

婦人勻面,古惟施朱傅粉而已。至六朝,乃兼尚黃。《幽怪録》:"神女智瓊額黃。"梁簡文帝詩:"同安鬟裏撥,異作額間黃。"③唐溫庭筠詩:"額黃無限夕陽山。"又:"黃印額山輕爲塵。"又詞:"蕊黃無限當山額。"④牛嶠詞:"額黃侵膩髮。"⑤此額妝也。北周靜帝令宮人黃眉墨妝,溫詩:"柳風吹盡眉間黃。"⑥張泌詞:"依約殘眉理舊黃。"⑦此眉妝也。段氏《酉陽雜俎》所載,有黃星靨。遼時,燕俗婦人有顏色者,目爲細娘。面塗黃,謂爲佛妝。溫詞"臉上金霞細",又"粉心黃蕊花靨"。⑧宋彭汝礪詩:"有女夭夭稱細娘,真珠絡髻面塗黃。"⑨此則面妝也。《西神脞説》。

---

① "玄",字上原缺"傅"字,今據人名補。"珥明璫之迢迢"句,傅玄《鏡賦》:"珥明璫之迢迢,點雙的以發姿。"

② "宋武帝女壽陽公主人日臥於含章殿檐下……自後有梅花妝"句,《太平御覽》卷九七〇《果部》引《宋書》:"武帝女壽陽公主人日臥於含章殿檐下,梅花落公主額上,成五出之花,拂之不去。皇后留之,自後有梅花妝,後人多效之。"今本《宋書》不見此記載。

③ "同安鬟裏撥"句,梁簡文帝《戲贈麗人》:"麗姬與妖嬙,共拂可憐妝。同安鬟裏撥,異作額間黃。"

④ "額黃無限夕陽山",溫庭筠《偶遊》:"雲髻幾迷芳草蝶,額黃無限夕陽山。"○"黃印額山輕爲塵",《照影曲》:"黃印額山輕爲塵,翠鱗紅稚俱含嚬。"○"蕊黃無限當山額",《菩薩蠻》:"蕊黃無限當山額,宿妝隱笑紗窗隔。"

⑤ "額黃侵膩髮",牛嶠《女冠子》其二:"額黃侵膩髮,臂釧透紅紗。"

⑥ "柳風吹盡眉間黃",溫庭筠《漢皇迎春辭》:"豹尾竿前趙飛燕,柳風吹盡眉間黃。"

⑦ "依約殘眉理舊黃",唐張泌《浣溪沙》其四:"依約殘眉理舊黃,翠鬟抛擲一簪長,暖風晴日罷朝妝。"

⑧ "臉上金霞細",溫庭筠《南歌子》:"臉上金霞細,眉間翠鈿深。"○"粉心黃蕊花靨",《歸國謠》其二:"粉心黃蕊花靨,黛眉山兩點。"

⑨ "有女夭夭稱細娘"句,彭汝礪《燕姬》:"有女夭夭稱細娘,真珠絡髻面塗黃。南人見怪疑爲瘴,墨吏矜夸是佛妝。"

油額，温庭筠詩：“油額芙蓉幛。”①

嬌額，王安石詩：“漢宫嬌額半塗黄。”②

拍額，張説：“綉妝拍額寶花冠。”③

眉額，梅堯臣詩：“曲房有窈窕，空自事眉額。”④

眉　類

漢武帝令宫人掃八字眉，又給宫人螺子黛翠眉。⑤《實録》。李商隱詩：“八字宫眉捧額黄。”⑥張蕭遠詩：“玉指休匀八字眉。”⑦

五代宫中畫眉，一曰開元御愛眉，二曰小山眉，三曰五岳眉，四曰三峰眉，五曰垂珠眉，六曰月稜眉，又名却月眉，七曰分稍眉，八曰涵烟眉，九曰拂雲眉，又名横烟眉，十曰倒暈眉。⑧蘇軾詩：“成都畫手開十眉，横烟却月争新奇。”⑨

明德馬皇后，眉不施黛，獨左眉角小缺，補之如粟。⑩《後漢書》。

---

①　“油額芙蓉幛”，温庭筠《感舊陳情五十韻獻淮南李僕射》：“油額芙蓉帳，香塵玳瑁筵。”

②　“漢宫嬌額半塗黄”，王安石《與微之同賦梅花得香字三首》其一：“漢宫嬌額半塗黄，粉色凌寒透薄妝。”

③　“綉妝拍額寶花冠”，張説《蘇摩遮》：“綉裝拍（一作帕）額寶花冠，夷歌妓舞借人看。”

④　“曲房有窈窕”句，梅堯臣《邃隱堂》：“曲房有窈窕，空自事眉額。”

⑤　“漢武帝令宫人掃八字眉”句，《二儀實録》：“漢武帝令宫人掃八字眉，又給宫人螺子黛翠眉。魏武帝令宫人掃青黛眉、連頭眉，一畫連心細長，謂之仙蛾妝，齊梁間多效之。唐貞元中，又令宫人‘青黛畫蛾眉’。”

⑥　“八字宫眉捧額黄”，李商隱《蝶》：“壽陽公主嫁時妝，八字宫眉捧額黄。”

⑦　“玉指休匀八字眉”，張蕭遠《送宫人入道》：“金丹擬駐千年貌，玉指休匀八字眉。”

⑧　“五代宫中畫眉……十曰倒暈眉”句，見於宇文士及《妝臺記》。○“小山眉”，馬大勇編著《紅妝翠眉：中國女子的古典化妝、美容》第二章《眉眼妝：曲眉鳳梢添媚麗》：“小山眉，形制歷來有争議。新疆吐魯番阿斯塔那 187 號唐墓出土的《弈棋仕女圖》，把眉畫成一道道的，疊在一起，再用淺青藍色暈染。永泰公主石棺綫刻畫與壁畫中的女郎也有此類眉，或就是小山眉。宋代方千里《華胥引》詞句‘多少相思，皺成眉上千疊’，就像是就此類重疊眉形而言。著名的温庭筠《菩薩蠻》詞有‘小山重疊金明滅’之句，有的學者認爲這裏的小山就是指的小山眉。”

⑨　“成都畫手開十眉”句，蘇軾《眉子石硯歌贈胡誾》：“君不見成都畫手開十眉，横雲却月争新奇。”

⑩　“明德馬皇后”句，《後漢書·馬皇后傳》李賢注引《東觀漢記》：“明帝馬皇后美髮，爲四起大髻，但以髮成，尚有餘，繞髻三匝。眉不施黛，獨左眉角小缺，補之如粟。常稱疾而終身得意。”

修眉，《洛神賦》：“雲髻峨峨，修眉連娟。”

遠山眉，《西京雜記》：“卓文君姣好，眉色如望遠山。”①詩：“遠山横黛蘸秋波。”②

張敞爲婦畫眉，長安中傳張京兆眉嫵。③

回眉，陳後主詩：“小婦新妝點，回眉對月鈎。”④

婕妤爲薄眉，號遠山黛。⑤《趙后外傳》。

梁冀妻孫壽，改翠眉爲愁眉。⑥《古今注》。

顰眉，《晋書·戴逵傳》：“舍實逐聲之行，是猶美西施而學其顰眉，慕有道而折其巾角。”⑦

桓帝時京師婦女，作愁眉啼妝。愁眉者，細而曲折。啼妝者，薄拭目下若啼處。⑧《後漢書》。白居易詩：“風流夸墜髻，時世鬥啼眉。”⑨

---

① “卓文君姣好”句，晋葛洪《西京雜記》：“文君姣好，眉色如望遠山，臉際常若芙蓉，肌膚柔滑如脂。”

② “遠山横黛蘸秋波”，宋黄庭堅《西江月·勸酒》：“斷送一生唯有，破除萬事無過。遠山横黛蘸秋波，不飲傍人笑我。”

③ “張敞爲婦畫眉”句，《漢書·張敞傳》：“又爲婦畫眉，長安中傳張京兆眉嫵。”

④ “點”，加本作“黛”，朱校作“點”。○“小婦新妝點”句，陳後主《三婦艷詞十一首》其一：“大婦西北樓，中婦南陌頭。小婦初妝點，回眉對月鈎。可憐還自覺，人看反更羞。”

⑤ “婕妤爲薄眉”句，伶玄《飛燕外傳》：“合德新沐，膏九回沉水香。爲卷髮，號新髻；爲薄眉，號遠山黛，施小朱，號慵來妝。”

⑥ “梁冀妻孫壽”句，晋崔豹《古今注》：“盤龍釵，梁冀所製也。冀婦改驚翠眉爲愁眉。”“愁眉”，馬大勇編著《紅妝翠眉：中國女子的古典化妝、美容》第二章《眉眼妝：曲眉鳳梢添媚麗》：“東漢權臣梁冀之妻孫壽發明的愁眉也是很有名的。《後漢書·梁冀傳》説‘壽色美而善爲妖態，作愁眉啼（啼）妝、墮馬髻、折腰步、齲齒笑，以爲媚惑’。李賢注引《風俗通》解釋：‘愁眉者，細而曲折。’所以叫愁眉、愁蛾。當是略似八字眉，眉頭向上，眉梢稍下。”

⑦ “舍實逐聲之行”句，晋戴逵《放達非道論》：“若元康之人，可謂好遁迹而不求其本，故有捐本徇末之弊，舍實逐聲之行，是猶美西施而學其顰眉，慕有道而折其巾角。所以爲慕者，非其所以爲美，徒貴貌似而已矣。”

⑧ “桓帝時京師婦女”句，《續漢書·五行志》：“桓帝元嘉中，京都婦女作愁眉、啼妝、墮馬髻、折要步、齲齒笑。所謂愁眉者，細而曲折。啼妝者，薄拭目下，若啼處。墮馬髻者，作一邊。折要步者，足不在體下。齲齒笑者，若齒痛，樂不欣欣。”

⑨ “墜”，加本作“墮”。“風流夸墜髻”句，白居易《代書詩一百韻寄微之》：“粉黛凝春態，金鈿耀水嬉。風流夸墜髻，時世鬥啼眉。”今按：“墜髻”，即墜馬髻。許星、廖軍主編《中國設計全集》第八卷《服飾類編　容妝篇》：“漢代的墜馬髻是束於背後挽垂髻，而唐代的墮馬髻是先束髮於頭頂，再挽束似髻不墮並向一邊的髻，形如人從馬上墮落之式，故被稱之爲‘墮馬髻’。另有一種説法爲，此髮髻鬆垂，似要墮落，故以墮馬爲該髻之名。”

魏宮人畫長眉。《古今注》。①

青眉，司空曙詩：“誰家稚女著羅裳，紅粉青眉嬌暮妝。”②

唐明皇令畫工畫十眉圖，一曰鴛鴦眉，又名八字眉。③

明皇御容院，有宋藝畫美人侍明皇翠眉十種，世多傳寫，以爲贈玩。《成都古今集記》。

蛾眉，裴鉶《傳奇》：“紅妝萬千，笑語熙熙，中有一人，自然蛾眉。”④

桂葉眉，李賀詩：“注口櫻桃小，添眉桂葉濃。”⑤梅妃詩：“桂葉雙眉久不描，殘妝和淚濕紅綃。”⑥

----

① “魏宮人畫長眉”句，崔豹《古今注》：“魏宮人好畫長眉。”《抱朴子外篇》卷二五：“所謂京輦貴大眉，遠方皆半額也。”“長眉”，馬大勇編著《紅妝翠眉：中國女子的古典化妝、美容》第二章《眉眼妝：曲眉鳳梢添媚麗》：“長沙馬王堆 1 號漢墓女俑有一字長眉。西漢劉勝墓出土的宮女形的長信宮燈，臉上也畫稍彎的細長眉。西漢司馬相如的《上林賦》描寫美人‘長眉連娟，微睇綿藐’，正與這些文物符合。東漢也有畫廣眉的，是很寬闊的眉毛，甚至要畫滿半額。謝承《後漢書》就記載有‘城中好廣眉，四方畫半額’的俗語。南北朝時費昶《咏照鏡詩》也有‘城中皆半額，非妾畫眉長’之句。”

② “誰家稚女著羅裳”句，見於唐司空曙《擬百勞歌》。“羅裳”，清孫之騄《玉川子詩集注》卷三《小婦吟》“大婦出門迎，正頓羅衣裳”，注：“楊子《法言》：‘衣，上也。裳，下也。’正頓，謂整理也。裳，下飾，以羅爲表，絹爲裏，故云羅裳衣。羅言其文。羅，疏也，曰方目羅。以細勻爲貴，曰輕羅。其厚重者，曰結羅。古稱織女秋雲羅，《黃庭經》：‘金簡鳳文羅。’越地名越羅。今吳地出水緯羅。《子虛賦》‘離織羅，垂霧縠’是也。”

③ “唐明皇令畫工畫十眉圖”句，楊慎《丹鉛續錄·十眉圖》：“唐明皇令畫工畫十眉圖。一曰鴛鴦眉，又名八字眉；二曰小山眉，又名遠山眉。〇八字眉”，馬大勇編著《紅妝翠眉：中國女子的古典化妝、美容》第二章《眉眼妝：曲眉鳳梢添媚麗》：“八字眉，唐代李商隱《蝶三首》詩：‘壽陽公主嫁時妝，八字宮眉捧額黃。’傳爲五代周文矩《太真上馬圖》中的楊貴妃就是八字眉，眉形如八字，但眉很弓曲。唐代《宮樂圖》中的女郎的八字眉則較細較平。周昉《紈扇仕女圖》中也有這類形象。五代王處直墓壁畫中的女郎、元代永樂宮壁畫中的玉女也都有八字眉。宋代晋祠彩塑女像也有一種八字眉，卻是較圓曲的。”

④ “紅妝萬千”句，見於唐李朝威《柳毅傳》：“俄而祥風慶雲，融融怡怡，幢節玲瓏，簫韶以隨。紅妝千萬，笑語熙熙。中有一人，自然蛾眉，明璫滿身，綃縠參差。”

⑤ “李賀”，原作“李白”，今據四部叢刊影金刊本《李賀詩歌集》改。李賀《惱公》：“注口櫻桃小，添眉桂葉濃。曉奩妝秀靨，夜帳減香筒。”宋葉廷珪《海錄碎事》：“桂葉眉，注口櫻桃小，添眉桂葉濃。”〇“注口”，王雲路著《中古詩歌語言研究·妝飾類詞語的同步構詞》：“‘注口’是塗抹口唇義。爲動詞。《漢語大詞典》引唐、明二例，釋爲‘指婦女塗了口脂的嘴’，是名詞。缺此義，當補。‘注’的本義是水灌注，也表示傾倒義，口紅塗到唇上，也用‘注’字。”

⑥ “桂葉雙眉久不描”句，唐梅妃《謝賜珍珠》：“桂葉雙眉久不描，殘妝和淚污紅綃。長門盡日無梳洗，何必珍珠慰寂寥。”佚名《梅妃傳》：“梅妃，姓江氏，莆田人。……開元中，高力士使閩、粤，妃笄矣。見其少麗，選歸，侍明皇，大見寵幸。……性喜梅，所居闌檻，悉植數株，上榜曰梅亭。梅開賦賞，至夜分尚顧戀花下不能去。上以其所好，戲名曰梅妃。”

入時眉，朱慶餘詩："妝罷低聲問夫婿，畫眉深淺入時無。"①

柳葉眉，張祜詩："休憐柳葉雙眉翠，卻愛桃花兩耳紅。"②

長蛾眉，《烟花記》："煬帝宮中爭畫長蛾眉，司宮吏日給螺子黛五斛，號蛾子綠。"

啼眉，元稹詩："紅妝少婦斂啼眉。"③

掃眉，司空圖詩："剪得燈花自掃眉。"④

黛蛾眉，漢明帝宮人拂青黛蛾眉，⑤王晋卿詞："香臉輕勻，黛眉巧畫宮妝淺。"⑥李詩："由來紫宮女，共妒青蛾眉。"⑦

蛾眉、翠黛、臥蠶、捧心、偃月、復月、筋點、柳葉、遠山、八字，是謂十眉。⑧川畫《十眉圖序》。

---

① "妝罷低聲問夫婿"句，見於唐朱慶餘《閨意獻張水部》。

② "祜"，原作"祐"；"耳"，原作"臉"，今據四部叢刊影汲古閣本《樂府詩集》改。○"休憐柳葉雙眉翠"句，《全唐詩》卷二六《雜曲歌辭》張祜《愛妾換馬》其二："休憐柳葉雙眉翠，卻愛桃花兩耳紅。"

③ "紅妝少婦斂啼眉"，元稹《瘴塞》："瘴塞巴山哭鳥悲，紅妝少婦斂啼眉。"

④ "剪得燈花自掃眉"，司空圖《燈花三首》其二："明朝鬥草多應喜，剪得燈花自掃眉。"○"掃眉"，馬大勇編著《紅妝翠眉：中國女子的古典化妝、美容》第二章《眉眼妝：曲眉鳳梢添媚麗》："唐代張籍《倡女詩》：'輕鬢叢梳闊掃眉。'這是唐、五代較流行的眉形，畫得很長而較寬。張萱《虢國夫人遊春圖》、五代顧閎中《韓熙載夜宴圖》中的女郎都是。"

⑤ "漢明帝宮人拂青黛蛾眉"，《事文類聚》引《炙轂子》語："漢明帝宮人掃青黛蛾眉。"又清仇兆鰲《杜甫詳注》引《後漢書》："明帝宮人，拂青黛蛾眉。"今本《後漢書》不見此句。

⑥ "香臉輕勻"句，宋王詵(字晋卿)《燭影搖紅》："香臉輕勻，黛眉巧畫宮妝淺。風流天付與精神，全在嬌波轉。"

⑦ "由來紫宮女"句，見於李白《古風》其四九。

⑧ "蛾眉……是謂十眉"，蘇軾《眉子石硯歌贈胡閎》："君不見成都畫手開十眉，橫雲卻月爭新奇。"此條見於施宿注蘇軾詩引川畫《十眉圖序》。張泌《妝樓記》："明皇幸蜀，令畫工作十眉圖。橫雲、斜月皆其名。"楊慎《丹鉛續錄》："唐明皇令畫工畫十眉圖：一曰鴛鴦眉，又名八字眉，二曰小山眉，又名遠山眉，三曰五岳眉，四曰三峰眉，五曰垂珠眉，六曰月棱眉，又名卻月眉，七曰分稍眉，八曰涵烟眉，九曰拂雲眉，又名橫烟眉，十曰倒暈眉。東坡詩：'成都畫手開十眉，橫雲卻月爭新奇。'"馬大勇編著《紅妝翠眉：中國女子的古典化妝、美容》第二章《眉眼妝：曲眉鳳梢添媚麗》："關於十眉的眉名，清代王初桐《奩史》引《東坡詩注》說：'川畫十眉圖序：蛾眉、翠黛、臥蠶、捧心、偃月、復月、筋點、柳葉、遠山、八字。是爲十眉。'葉庭珪的《海錄碎事》說：'唐明皇令畫工畫十眉圖，一曰鴛鴦眉，又曰八字眉；二曰小山眉，又曰遠山眉；三曰五岳眉；四曰三峰眉；五曰垂珠眉；六曰月棱眉，又曰卻月眉；七曰分梢眉；八曰涵烟眉；九曰拂雲眉，又曰橫烟眉；十曰倒暈眉。'明代楊慎《丹鉛續錄》所說也與之同。這兩種說法有差異。這些美眉多半都是曾流行過的，名稱可與繪畫雕塑上的眉形互相對應考證。"

月眉,李賀詩:"泉樽陶宰酒,月眉謝郎妓。"①

秋眉,李賀《浩歌》:"衛娘髮薄不勝梳,看見秋眉換新綠。"②

范陽鳳池縣尼童子,年未二十,濃豔明俊,頗通賓游,創作新眉,輕纖不類時俗。人以其佛弟子,謂之"淺文殊眉"。③《清異録》。

穠眉,李賀《神女廟》詩:"穠眉籠小脣。"④

翠眉,《古今注》:"魏宮人,多作翠眉驚鶴髻。"⑤

黑烟眉,徐凝詩:"六宮爭畫黑烟眉。"⑥

唐貞元中,令宮人青黛畫蛾眉。《妝臺記》。

後周靜帝令宮人黄眉墨妝。⑦《妝臺記》。

城中眉,陸游詩:"小姑畫得城中眉。"⑧

宿妝眉,丘舜中女詩:"獨眠留得宿妝眉。"⑨

瑩姐,平康妓也,玉净花明,尤善梳掠。畫眉日作一樣。唐斯立戲之曰:"西蜀有《十眉圖》,汝眉癖若是,可作《百眉圖》,更假以歲年,當率同志爲修'眉史'矣。"有不喜瑩者,謗之,以爲膠煤變相,自昭哀來,⑩不用青黛掃拂,皆以善墨火煨染指,號"薰墨變

---

①　"泉樽陶宰酒"句,見於李賀《昌谷詩》。

②　"衛娘髮薄不勝梳"句,李賀《浩歌》:"漏催水咽玉蟾蜍,衛娘髮薄不勝梳。羞(一作看)見秋眉換新綠,二十男兒那刺促。"

③　"范陽鳳池縣尼童子"條,宋陶穀《清異録》:"范陽鳳池院尼童子,年未二十,濃豔明俊,頗通賓游,創作新眉,輕纖不類時俗。人以其佛弟子,謂之'淺文殊眉'。"

④　"穠眉籠小脣",李賀《蘭香神女廟》:"團鬢分珠窠,濃眉籠小脣。"

⑤　"魏宮人"句,崔豹《古今注》:"魏宮人好畫長眉,今多作翠眉驚鶴髻。"

⑥　"六宮爭畫黑烟眉",徐凝《宮中曲二首》其一:"一日新妝抛舊樣,六宮爭畫黑烟眉。"

⑦　"後周靜帝令宮人黄眉墨妝",隋宇文士及《妝臺記》:"後周靜帝令宮人畫眉長妝。"《説略》引此句作"後周靜帝令宮人黄眉墨妝"。司馬光《資治通鑒》:"(北周宣帝)禁天下婦人不得施粉黛,自非宮人,皆黄眉墨妝。"明楊慎《升庵詩話》:"後周靜帝令宮人黄眉墨妝,至唐猶然。觀唐人詩詞,如'蕊黄無限當山額',又'額黄無限夕陽山',又'學盡鴉黄半未成',又'鴉黄粉白車中出',又'寫月圖黄罷',其證也。然温飛卿詩,有'豹尾車前趙飛燕,柳風吹散蛾間黄'之句,王荆公詩亦云'漢宮嬌額半塗黄',事已起於漢,特未見所出耳。又《玄怪録》:神女智瓊額黄。"

⑧　"小姑畫得城中眉",宋陸游《岳池農家》:"誰言農家不入時,小姑畫得城中眉。"

⑨　"獨眠留得宿妝眉",宋丘舜中女《寄夫詩》:"簾裏孤燈覺曉遲,獨眠留得宿妝眉。"

⑩　"昭",原作"招",今據《説郛》宛委山堂刻本陶穀《清異録》改。

相"。①《清異録》。

纖眉,宋徽宗詩:"纖眉丹臉小腰肢。"②

宋玉《好色賦》:"東家之子,眉如翠羽。"

春眉,秦觀詩:"春眉鏡中蹙。"③

恨眉,關盼盼詩:"自守空樓斂恨眉,形同春後牡丹枝。"④

印宫眉,劉仲尹詩:"狼籍玉臺銀燭暗,丁香小麝印宫眉。"⑤

月支眉,馬祖常詩:"落鈿羞帶月支眉。"⑥

緑照眉,陳泰詩:"簪花枝重黄垂額,汲澗泉深緑照眉。"⑦

黛 類

宛平西齋堂村産石,黑色而性不堅,磨之如墨。金時宫人多以畫眉,名曰眉石,亦曰黛石。《燕山叢録》。⑧

畫眉香煤名麝月。《韻藻》。

黛,作黱,畫眉也。《説文》。⑨《釋名》:"黛,代也。滅去眉毛,以此代其處也。"⑩

---

① "瑩姐……號薰墨變相",陶穀《清異録》:"瑩姐,平康妓也,玉净花明,尤善梳掠。畫眉日作一樣。唐斯立戲之曰:'西蜀有《十眉圖》,汝眉癖若是,可作《百眉圖》,更假以歲年,當率同志爲修眉史矣。'有不喜瑩者,謗之,以爲膠煤變相,自昭、哀來,不用青黛掃拂,皆以善墨火煨染指,號薰墨變相。"

② "纖眉丹臉小腰肢",宋徽宗《宫詞》:"纖眉丹臉小腰肢,宜著時興峭窄衣。"

③ "詩",原脱,今據加本補。○"春眉鏡中蹙",宋秦觀《和子瞻雙石》:"雙峰照清漣,春眉鏡中蹙。"

④ "自守空樓斂恨眉",見於關盼盼《和白公詩》。

⑤ "狼籍玉臺銀燭暗",見於劉仲尹《墨梅十首》之一。

⑥ "落鈿羞帶月支眉",元馬祖常《雙頭菊》:"結綬巧承西顥曲,落鈿羞帶月支眉。"

⑦ "簪花枝重黄垂額",見於元陳泰《貧女行》。

⑧ "録",加本作"談"。"宛平西齋堂村産石……亦曰黛石",見於明徐昌祚《燕山叢録》。

⑨ "説文",原在下句《釋名》……以此代其處也"下,誤,今調整至此。《説文解字》卷九:"黱,畫眉也。從黑,朕聲。"

⑩ "黛,代也……以此代其處也",劉熙《釋名·釋首飾》:"黛,代也。滅眉毛去之,以此畫代其處也。"○"其處也",此三字下原有"説文"二字,誤,調至上句末。

宫中以張遇麝香小團爲畫眉墨,①元好問詩:"畫眉張遇可憐生。"②《輟耕録》。

古詩"拂紅點黛何相似",③謂美人飾也,又"裁紅點翠愁人心"。④

紅黛,張説詩:"秀色燃紅黛,嬌香發綺羅。"⑤

目　類

《詩》:"美目盼兮。"⑥

眼語,寵姐每嬌眼一轉,憲則知其意。宫中謂之眼語,又能作眉言。憲,寧王也。⑦

張華《感婚詩》:"素顏發紅華,美目流清揚。"

《焚椒録》:"皇太叔重元妃入賀,每顧影自矜,流目送媚。"⑧

屈原《大招》:"青色直眉,美目媔只。"注:美目竊眄,姻然點慧也。⑨

---

① "宫中以張遇麝香小團爲畫眉墨",張遇,北宋中期的製墨名匠。穆孝天《安徽文房四寶史》:"張遇,宋熙寧、元豐間歙州的著名墨工,以製'供御墨'聞名於世。元陶宗儀《南村輟耕録》卷二九:"宋熙豐間,張遇供御墨,用油烟入腦麝金箔,謂之龍香劑。"楊慎《藝林伐山》卷一〇:"玉泉墨·畫眉墨":"南中楊生製墨不用松烟,止以燈煤爲之,名'玉泉墨'。又金章宗宫中以張遇麝香小御團爲畫眉墨。余謂'玉泉'之名,與燈煤無干,只以東坡'佛幀輕烟'爲名,豈不奇絶。"

② "畫眉張遇可憐生",金元好問《南中楊生玉泉墨》:"浣袖秦郎無藉在,畫眉張遇可憐生。(宫中以張遇麝香小團爲畫眉墨)"

③ "拂紅點黛何相似",南朝梁江總《新入姬人應令》:"數錢拾翠争佳麗,拂紅點黛何相似。"

④ "裁紅點翠愁人心",梁簡文帝《東飛勞伯歌二首》其一:"誰家總角歧路陰,裁紅點翠愁人心。"

⑤ "秀色燃紅黛"句,唐張説《温泉馮劉二監客舍觀妓》:"秀色然紅黛,嬌香發綺羅。"

⑥ "美目盼兮",《詩經·衛風·碩人》:"手如柔荑,膚如凝脂,領如蝤蠐,齒如瓠犀,螓首蛾眉,巧笑倩兮,美目盼兮。"

⑦ "眼語"句,見於龍輔《女紅餘志》:"眼語,寵姐每嬌眼一轉,憲則知其意。宫中謂之眼語,又能作眉言。憲,寧王也。"南朝梁蕭統《豔歌篇》:"分妝開淺靨,繞臉傅斜紅。"

⑧ "皇太叔重元妃入賀"句,王鼎《焚椒録》:"皇太叔重元妃入賀,每顧影自矜,流目送媚。后語之曰'貴家婦宜以莊臨下,何必如此?'"

⑨ "美目竊眄",原作"美女竊盼",今據四部叢刊影明翻宋本王逸《楚辭章句》改。"青色直眉"句,戰國屈原《景差大招》:"粉白黛黑,施芳澤只。長袂拂面,善留客只。魂乎歸來!以娱昔只。青色直眉,美目媔只。"王逸注:"媔,點也。言復有美女,體色青白,顏眉平直,美目竊眄,姻然點慧,知人之意也。"

脣　類

唐僖昭時，都下點脣。有胭脂暈品、石榴嬌、大紅春、小紅春、嫩吳香、半邊嬌、萬金紅、聖檀心、露珠兒、内家圓、天宫巧、洛兒殷、淡紅心、猩猩暈、小朱龍格、雙唐眉、花奴。①《清異録》。

丹脣，梁丘巨源："倡樓出素手，歌席動丹脣。"②

檀脣，陳造："檀脣緩歌細腰舞。"又梅堯臣："栽簫映檀脣。"③

小脣，李賀："濃眉籠小脣。"④

珊瑚脣，江總："步步香飛金薄履，盈盈扇掩珊瑚脣。"⑤

歌脣，孟浩然《觀妓詩》："髻鬟低舞席，衫袖掩歌脣。"⑥

杜甫《麗人行》："頭上何所有，翠微匐葉垂鬢脣。"

䫌脣，江淹《麗色賦》："既翠眉而瑶質，亦盧瞳而䫌脣。"

口　類

檀口，韓偓詩："黛眉印在微微緑，檀口消來薄薄紅。"⑦

---

①　"洛兒殷"，原作"洛陽殷"，加本同，今據四庫全書本《清異録》改。"唐僖昭時"句，陶穀《清異録》："唐末點脣，有胭脂暈品、石榴嬌、大紅春、小紅春、嫩吳香、半邊嬌、萬金紅、聖檀心、露珠兒、内家圓、天宫巧、洛兒殷、淡紅心、猩猩暈、小朱龍格、雙唐眉、花奴。"

②　"丘"，加本作"邱"。"倡樓出素手"句，丘巨源《咏扇》四韻："倡樓出素手，歌席動丹脣。婉轉含嬌意，偏宜桃李人。"

③　"檀脣緩歌細腰舞"，宋陳造《題幺么後》："誰番此詩入宫羽，檀脣緩歌細腰舞。""栽簫映檀脣"，梅堯臣《紫竹》："西南産修竹，色異東筠緑。栽（一作裁）簫映檀脣，引枝宜鳳宿。移從幾千里，不改生幽谷。"

④　"賀"，加本作"智"，朱校作"賀"。"濃眉籠小脣"，李賀《蘭香神女廟》："團鬢分珠窠，濃眉籠小脣。"

⑤　"飛"，原作"消"，今據四部叢刊影汲古閣本郭茂倩《樂府詩集》卷六〇《琴曲歌辭》改。〇"步步香飛金薄履"，江總《宛轉歌》："湘妃拭淚灑貞筠，筴藥浣衣何處人。步步香飛金薄履，盈盈扇掩珊瑚脣。"

⑥　"髻鬟低舞席"句，唐孟浩然《宴崔明府宅夜觀妓》："燭吐蓮花豔，妝成桃李春。髻鬟低舞席，衫袖掩歌脣。"

⑦　"韓偓詩"，加本作句末雙行小字注。韓偓《余作探使以繚綾手帛子寄賀因而有詩》："解寄繚綾小字封，探花筵上映春叢。黛眉印在微微緑，檀口消來薄薄紅。"

樊素口，白居易詩："櫻桃樊素口，楊柳小蠻腰。"曾幾詩："莫向君家樊素口，瓠犀微齴遠山顰。"①

齲齒笑，《小名録》："姓友，名通期，梁冀之妾。"②

脂　類

唇脂，以丹作之，象唇赤也。《釋名》。③

《二儀録》："燕脂起自紂，以紅藍花汁，凝作脂，以爲桃花妝，蓋燕國所出，故曰燕脂，亦曰口脂。"④杜少陵詩"林花著雨胭脂濕"，⑤白樂天詩"三千宫女燕支面"，是也。⑥

面脂，《青瑣高議》："貴妃匀面脂在手，印牡丹花上，來歲花開，上

---

① "易詩"，加本作"詩易"。○"犀"，加本作"齒"，朱校作"犀"。○"櫻桃樊素口"句，孟棨《本事詩·事感》："白尚書姬人樊素善歌，妓人小蠻善舞。嘗爲詩曰：櫻桃樊素口，楊柳小蠻腰。""莫向君家樊素口"句，曾幾《謝人分餉洞庭柑》："流雲嘬霧真成酒，帶葉連枝絶可人。莫向君家樊素口，瓠犀微齴遠山顰。"

② "齲齒笑"句，陸龜蒙《小名録》："初，大將軍梁商獻美人於順帝，姓友字通期。帝以歸商，商不敢留而出嫁之。冀即遣客追盜通期還。會商薨，冀行服於城西盧，常與之居。冀妻孫壽伺冀出，即多從蒼頭，追通期歸，治掠之，因言當上書告之。冀大恐，頓首請於壽母。壽不得已，而遂幽閉通期。後冀復私召往來，生子伯玉，匿不敢出。壽知之，使其子河南尹胤械友氏家。冀恐壽害伯玉，常置複壁中。至年十五，冀被誅，乃出。壽甚美而善爲妖惑，好爲墜馬髻、愁眉、啼妝、折腰步、齲齒笑，性鉗忌，能制冀，冀不敢違。"《續漢書·五行志》："桓帝元嘉中，京都婦女作愁眉、啼妝、墮馬髻、折要步、齲齒笑。所謂愁眉者，細而曲折。啼妝者，薄拭目下，若啼處。墮馬髻者，作一邊。折要步者，足不在體下。齲齒笑者，若齒痛，樂不欣欣。始自大將軍梁冀家所爲，京都歙然，諸夏皆放效之。"

③ "釋名"，原作"世説"，今據文淵閣四庫全書本《天中記》改。○"唇脂"句，見於劉熙《釋名·釋首飾》。

④ "燕脂起自紂"句，見於葉廷珪《海録碎事》引《二儀録》。又馬縞《中華古今注》卷中："蓋起自紂，以紅藍花汁凝作燕脂，以燕國所生，故曰燕脂，塗之作桃花妝。"明李時珍《本草綱目·燕脂》："伏侯《中華古今注》云：'燕脂起自紂，以紅藍花汁，凝作脂，調脂飾女面，産於燕地故名燕脂，或作赮赦。匈奴人名妻爲閼氏，音同燕脂，謂其顔色可愛如燕脂也，俗作胭肢、胭支者，並謬也。'"今按：《中華古今注》當爲五代馬縞所作，"伏侯"誤。

⑤ "詩"，原脱，今據加本補。"林花著雨胭脂濕"，杜甫《曲江對雨》："林花著雨胭脂濕，水荇牽風翠帶長。"

⑥ "詩"，原脱，今據加本補。○"三千宫女燕支面"，白居易《後宫詞》："三千宫女燕支（一作胭脂）面，幾個春來無淚痕。"

有脂印紅迹，帝名爲一捻紅。"梁元帝詩："三月桃花合面脂。"①

　　大同婦人好飾尚脂，多美而豔，夫婦同行，人不知是夫有是婦也。②《遒旟瑣言》。

　　紅脂，李賀《神弦別曲》："雲衫淺污紅脂花。"

　　元和末，婦人爲圓鬟椎髻，不設鬢飾，不施朱粉，惟以烏膏注唇，似悲啼者。③白居易詩："烏膏注唇唇似泥，雙眉盡作八字低。"④

耳　類

　　天子之侍御，不義揃，不穿耳。⑤《莊子》。

　　穿耳，⑥《輟耕録》："或謂晉唐間所畫士女多不帶耳環，以爲古無穿耳者，然《莊子》曰：'天子之侍御，不義揃，不穿耳。'自古亦有之矣。"⑦又王維《六祖能禪師碑》："泉館卉服之人，去聖歷劫；塗身穿耳

----

　　① "牡"，加本作"杜"。"貴妃勻面脂在手"句，宋劉斧《青瑣高議》："貴妃勻面脂在手，印花上，來歲花開，上有脂印紅迹，帝名爲一捻紅。"○"元帝"，原作"武帝"，今據《藝文類聚》卷三二《人部》改。○"三月桃花合面脂"，梁元帝《春別應令》："三月桃花合面脂，五月新油好煎澤。莫復臨時不寄人，漫道江中無估客。"

　　② "是夫"，加本作"有夫"，朱校作"是"。

　　③ "元和末……似悲啼者"，《新唐書·五行志》："元和末，婦人爲圓鬟椎髻，不設鬢飾，不施朱粉，惟以烏膏注唇，狀似悲啼者。圓鬟者，上不自樹也；悲啼者，憂恤象也。"

　　④ "烏膏注唇唇似泥"句，白居易《新樂府·時世妝》："時世妝，時世妝，出自城中傳四方。時世流行無遠近，腮不施朱面無粉。烏膏注唇唇似泥，雙眉畫作八字低。妍媸黑白失本態，妝成盡似含悲啼。圓鬟無鬢椎髻樣，斜紅不暈赭面狀。"

　　⑤ "天子之侍御"句，《莊子·德充符》："爲天子之諸御，不爪翦，不穿耳。"

　　⑥ "耳"，加本作"目"。○"穿耳"，張舜徽《清人筆記條辨》卷一〇《純常子枝語》："卷三十九有云：'《釋名·釋首飾》云：穿耳施珠曰璫。此本出於蠻夷所爲也。蠻夷婦女輕浮好走，故以此琅璫錘之也。今中國人效之耳。案《莊子·德充符篇》云：爲天子之諸御不穿耳。是穿耳之風，周時有之。既穿耳，必有璫飾矣。《三國志·諸葛恪傳》云：母之於女，恩愛至矣；穿耳附珠，何傷於仁。劉熙以爲出自蠻夷，其言殆誤。'按：此言非也。《釋名》所云，必有所受。蓋古説之僅存者，足爲考史之資也。竊疑此制蓋遠古奴隸社會之遺，後世尚存於蠻夷中，旋傳入中土耳。上世御使奴隸從事生産，奴隸苦其煩勞，多逃亡以避力役。御之者多爲之方以控止之。或以鎖鏈繫其頸，或以鐶鐲困其足，或以琅璫錘其耳，皆所以使之不能逃也。其後此制雖廢，而遺俗猶有存者。余早歲猶及見鄉僻生子，每喜以銀鑄成鎖鏈繫之於頸，或鑄爲鐶鐲加於手足以爲之飾，皆與女子穿耳，同爲古俗之遺，暇當博徵文獻爲考明之。"

　　⑦ "或謂晉唐間所畫士女多不帶耳環"句，見於陶宗儀《南村輟耕録》卷一七。

之國,航海窮年。"又張籍《昆侖兒詩》:"金環欲落曾穿耳,螺髻長拳不裹頭。"①

張籍《蠻中詩》:"玉環穿耳誰家女?"②

穿耳貫小環,自林邑、扶南以南諸國皆然。③

攣耳,宋玉:"其妻蓬頭攣耳。"④

兩耳,元稹詩:"一家盡是郎腹心,妾似生來無兩耳。"⑤

諸葛恪嘗獻馬於權,先鎩其耳,范慎時在坐曰:"馬雖大畜,稟氣於天,今殘其耳,豈不傷仁?"恪答曰:"母之於女,恩愛至矣,穿耳附珠,何傷於仁?"⑥《諸葛恪別傳》。

犵狫之女,年十五六歲,敲去右邊上一齒,以竹圍五寸、長三寸,裹錫穿之兩耳,⑦名曰筒環。⑧《溪蠻叢笑》。

廣州波斯婦人,繞耳皆穿孔,帶環有二十餘枚者。⑨《雞肋編》。

珥　類

珥,瑱也。瑱,以玉充耳也。玉之瑱也。《詩》注:瑱,塞耳也。⑩

---

① "金環欲落曾穿耳"句,張籍《昆侖兒詩》:"金環欲落曾穿耳,螺髻長卷不裹頭。自愛肌膚黑如漆,行時半脱木綿裘。"今按:"昆侖兒"或"昆侖奴",指黑人。

② "玉環穿耳誰家女",張籍《蠻中詩》:"玉環穿耳誰家女? 自抱琵琶迎海神。"

③ "穿耳貫小環"句,《南史·夷貊上·林邑國傳》:"其國俗……穿耳貫小環。貴者著革屣,賤者跣行。自林邑、扶南以南諸國皆然也。"

④ "其妻蓬頭攣耳",戰國宋玉《登徒子好色賦》:"登徒子則不然。其妻蓬頭攣耳,齞脣歷齒,旁行踽僂,又疥且痔。登徒子悦之,使有五子。"今按:攣耳,即蜷耳朵。《爾雅·釋詁》:"攣,病也。"

⑤ "兩",加本無此字,朱校補。"一家盡是郎腹心"句,元稹《憶遠曲》:"一家盡是郎腹心,妾似生來無兩耳。妾身何足言,聽妾私勸君。"

⑥ "諸葛恪嘗獻馬於權"句,《三國志·吳志·諸葛恪傳》:"恪嘗獻權馬,先鎩其耳。范慎時在坐,嘲恪曰:'馬雖大畜,稟氣於天,今殘其耳,豈不傷仁?'恪答曰:'母之於女,恩愛至矣,穿耳附珠,何傷於仁?'"

⑦ "兩耳",加本作"耳兩"。

⑧ "犵狫之女……名曰筒環",宋朱輔《溪蠻叢笑》:"犵狫妻女,年十五六,敲去右邊上一齒,以竹圍五寸、長三寸,裹錫穿之兩耳,名筒環。"

⑨ "廣州波斯婦人"句,宋莊季裕《雞肋編》:"廣州波斯婦,繞耳皆穿孔,帶環有二十餘枚者,家家以篾爲門。人食檳榔,唾地如血。"

⑩ "珥,瑱也"句,許慎《説文解字·玉部》:"珥,瑱也。从王耳,耳亦聲。""瑱,以玉(轉下頁)

三珥，丘遲文："有美一人，柔貌三珥。"①

趙飛燕爲皇后，其女弟上遺合浦圓珠珥。②《西京雜記》。

傅璣之珥。③李斯《書》。

珠珥，方回詩："碧鈿懸珠珥，銀鈎摘象駄。"④

《戰國策·齊》："薛公欲知王所立夫人，獻七珥。"⑤

《列子》："正蛾眉，笄珥。"⑥

瑤珥，貢奎詩："玉琴瑤珥應自玩，巧計卻愛蛛絲嬌。"⑦

瓔珥，蘇轍："婚嫁須瓔珥。"⑧

墮珥，張籍詩："復恐蘭膏污纖指，常遣旁人收墮珥。"⑨

黄珥，江總詩："宿處留嬌墜黄珥，鏡前含笑弄明璫。"⑩

（接上頁）充耳也，从玉真聲。"《詩》毛傳曰："瑱，塞耳也。"又曰："充耳謂之瑱。"程俊英《古代婦女頭部妝飾》（《程俊英教授紀念文集》）："《莊子》説：'天子之侍御不穿耳。'《韓非子》説：'薛公爲十玉珥而美其一。'是婦女穿耳帶環，亦始於戰國。《漢書·東方朔傳》'去簪珥'，注：'珥，珠玉飾耳者也。'《太平御覽》引《諸葛恪別傳》：'母之於女，天下至親，穿耳附珠，何傷於仁？'《漢樂府古詩》：'耳後大秦珠'，'耳中雙明珠'。是婦女穿耳盛行於漢。"

①　"丘"，加本作"邱"。南朝梁丘遲《侍中吏部尚書何府君誄》："有美一人，柔貌三珥。服冕乘軒，鳴玉飛翠。"

②　"圓珠"，加本作"珠圓"。○"趙飛燕爲皇后"句，《太平御覽》卷七一八《服用部》引《西京雜記》："趙飛燕爲皇后，其女弟上遺合浦圓珠珥。"

③　"傅璣之珥"句，秦李斯《諫逐客書》："則是宛珠之簪，傅璣之珥，阿縞之衣，錦綉之飾，不進於前，而隨俗雅化、佳冶窈窕趙女，不立於側也。"

④　"碧鈿懸珠珥"句，宋方回《南詔風俗》："碧鈿懸珠珥，銀鈎摘象駄。深秋如夏熱，窮臘亦春和。"

⑤　"薛公欲知王所立夫人"句，漢劉向《戰國策·齊策三》："薛公欲知王所欲立，乃獻七珥。"

⑥　"正蛾眉"句，《列子》："簡鄭、衛之處子娥媌靡曼者，施芳澤，正蛾眉，設笄珥，衣阿錫。曳齊紈。粉白黛黑，佩玉環。"

⑦　"蛛"，加本作"珠"。宋貢奎《無題》："空房獨卧風夜號，孤燈垂爐光影搖。舊語已逐香塵消，玉琴瑤珥應自玩，巧計卻愛蛛絲嬌。"

⑧　"婚嫁須瓔珥"句，宋蘇轍《和王鞏見寄三首》其二："契闊幸安平，婚嫁須纓珥。交遊何爲者，空復念君至。"

⑨　"墮珥"，句中兩見，原作"墜珥"；"復恐"，原作"恐復"，今據四部叢刊影汲古閣本郭茂倩《樂府詩集》卷五五改。張籍《白紵歌》："復恐蘭膏污纖指，常遣旁人收墮珥。"

⑩　"詩"，原脱，今據加本補。○"宿處留嬌墜黄珥"句，江總《宛轉歌》："宿處留嬌墮黄珥，鏡前含笑弄明璫。蕃菔摘心心不盡，茱萸折葉葉更芳。"

璫　類

九宮璫，梁元帝《謝東宮賚花釵啓》："九宮之璫，豈直黃香之賦；三珠之釵，敢高崔瑗之説。"①

丁璫，《詩緝》："玉佩鳴。"丁璫，或云丁東郎璫也。②

明璫，《洛神賦》："無微情以效愛兮，獻江南之明璫。"古詩："何以致區區？耳中雙明珠。何以致叩叩？香囊懸肘後。"李端《襄陽曲》："雀釵翠羽動明璫，欲出不出脂粉香。"③

垂璫，宋鮑照詩：④"紫房綵女弄垂璫，⑤鸞歌鳳舞斷君腸。"

佩璫，泰不華詩："巧將新月添眉黛，閑倩東風響佩璫。"⑥

太祖得名璫數具，令卞后自選一具，后取其中者，太祖問其故，后曰："取其上者爲貪，取其下者爲僞，故取其中者。"⑦《魏書》。

圓璫，費昶詩："圓璫耳上照，方綉領間斜。"⑧

妓齊瑞春，年甫十五，每垂璫細揚，澤蘭微傅，恍然錦雲入座，素蟾落梁。⑨《曲中志》。

---

①　"瑗"，加本作"援"。梁元帝《謝東宮賚花釵啓》："九宮（一作官）之璫，豈直黃香之賦；三珠之釵，敢高崔瑗之説。況以麗玉澄暉，遠過玑瑁之飾；精金耀首，高踐翡翠之名。"

②　"丁璫詩"句，《正字通》："丁璫，玉珮聲。《詩緝》：'玉珮鳴丁璫。'一作丁當，或作丁東，東即當也。"

③　"區區"，加本作"曲曲"。繁欽《定情詩》："何以致拳拳？綰臂雙金環。何以致殷勤，約指一雙銀。何以致區區？耳中雙明珠，何以致叩叩？香囊繫肘後。"○"雀釵翠羽動明璫"句，李端《襄陽曲》："誰家女兒臨夜妝，紅羅帳里有燈光。雀釵翠羽動明璫，欲出不出脂粉香。"

④　"詩"，原脱，今據加本補。

⑤　"垂璫"，加本同，今通行本作"明璫"。

⑥　"華"，加本作"花"。"風"，加本作"方"，朱校作"風"。泰不華《與蕭存道元帥作靰鞲詞分韻得香字》："巧將新月添眉黛，閑倩東風響佩璫。歸去綠窗和困睡，暫憑春夢到遼陽。"

⑦　"太祖得名璫數具……故取其中者"，《三國志·魏志·后妃傳》："武宣卞皇后，瑯邪開陽人，文帝母也。（《魏書》曰：后性約儉，不尚華麗，無文綉珠玉，器皆黑漆。太祖常得名璫數具，命后自選一具，后取其中者。太祖問其故，對曰：'取其上者爲貪，取其下者爲僞，故取其中者。'）"

⑧　"圓璫耳上照"句，見於南朝梁費昶《華觀省中夜聞城外搗衣》。

⑨　"瑞春"，原作"瑞香"；"錦雲"，原作"雲錦"，今據《説郛續》卷四四《曲中志》改。潘之恒《曲中志》："齊瑞春姬，甫十五，怯幃羞户，少迎客，以故客少知名。每垂璫細揚，澤蘭微傅，恍然錦雲入座，素蟾落梁。面淡白色，稍裏之微紺，又稍裏之隱隱似猩紅，漬出膚理外，神彩晃煥，飛照一室。"

鳴璫,徐積詩:"步摇好稱釵鳳凰,玉環犀佩珠鳴璫。"①

明月璫,《焦仲卿妻詩》:"腰若流紈素,耳著明月璫。"②

耳璫,《後漢書·輿服志》:"簪珥,耳璫垂珠。"③

明璫,婦人首飾也,詩曰:"明璫間翠釵。"④《女史》。

綴璫,《北史·琉球國傳》:"婦人以羅紋白布爲帽,織鬥鏤皮并雜毛以爲衣,綴毛垂螺爲飾,下垂小貝,其聲如珮,⑤綴璫施釧,懸珠於頸。"⑥

環　類

鳳環,鄭允端《側身美人》詩:"半面紅妝似可人,鳳環斜插寶釵新。"

縈環,張正見《豔歌行》:"縈環聊向牖,拂鏡且調妝。"

金環,《梁書·武丁貴嬪》:"武帝鎮范城,嘗登樓,以望見漢嬪五彩如龍,下有女子擘絖,則貴嬪也。帝贈以金環納之,時年十四。"⑦

---

①　"步摇好稱釵鳳凰"句,宋徐積《姚黄》:"妝面深藏青布障,寶冠斜墮碧霞叢。步摇好稱釵鳳凰,玉環犀佩珠鳴璫。"

②　"腰若流紈素"句,《古詩爲焦仲卿妻作》:"足下躡絲履,頭上玳瑁光。腰若流紈素,耳著明月璫。指如削蔥根,口如含珠丹。纖纖作細步,精妙世無雙。"

③　"簪珥"句,《續漢書·輿服志》:"太皇太后、皇太后入廟服,紺上皁下,蠶,青上縹下,皆深衣制,隱領袖緣以絛。剪氂蔮,簪珥。珥,耳璫垂珠也。簪以玳瑁爲擿,長一尺,端爲華勝,上爲鳳皇爵,以翡翠爲毛羽,下有白珠,垂黄金鑷。左右一横簪之,以安蔮結。諸簪珥皆同制,其擿有等級焉。"今按:"深衣",周啓澄、趙豐、包銘新主編《中國紡織通史》第二十三章《秦漢至隋唐服飾》:"魏晉時期皇后至命婦的正式禮服主要爲深衣制的袍服,唯顔色變化以區分等級和功能。皇后禮服爲深衣制,謁廟所穿上下都爲黑色,親蠶則青上縹下,隱領,袖邊以繚爲緣。戴假髻,簪珥。假髻上插步摇,步摇以黄金爲山題,貫白珠爲枝,相互穿插,俗稱爲珠松。《晋書·輿服志》記元康六年(296)詔曰:'魏以來皇后蠶服皆以文綉,非古義也,今宜純服青,以爲永制。'"

④　"明璫……明璫間翠釵"句,龍輔《女紅餘志》:"璫,婦人首飾也,詩曰:'明璫間翠釵。'"

⑤　"琉球",原作"琉璃",據《北史·流求國傳》改。○"珮",加本作"佩"。

⑥　"婦人以羅紋白布爲帽……懸珠於頸",《北史·流求國傳》:"其男子用鳥羽爲冠,裝以珠貝,飾以赤毛,形制不同。婦人以羅紋白布爲帽,其形方正。織鬥鏤皮并雜毛以爲衣,制裁不一。綴毛垂螺爲飾,雜色相間,下垂小貝,其聲如珮。綴璫施釧,懸珠於頸。"

⑦　"下",原作"丁","擘絖"原作"臂繞",今據清乾隆武英殿刻本《南史》改。擘絖,漂絮。《南史·后妃傳·武丁貴嬪》:"武帝鎮樊城,嘗登樓,以望見漢濱五采如龍,下有女子擘絖,則貴嬪也。又丁氏因人以相者言聞之於帝,帝贈以金環,納之,時年十四。"

髮　類

鬒髮，《詩經》：“鬒髮如雲，不屑髢也。”①

《左傳·昭公》：“有仍氏生女，鬒黑而甚美，光可以鑑，名曰玄妻。”注：鬒黑，言髮稠而鬒黑也。②

《左傳》：“衛莊公入於戎州，見己氏之妻髮美，使髡之，以爲呂姜髢。”髢，他計切，音第，髮飾髻也。髮少，則以髢益之。《詩·鄘風》：“不屑髢也。”言髮稠美，不假髢增飾也。③

卷髮，《詩經》：“彼君子女，卷髮如蠆。”④《飛燕外傳》：“合德新沐，膏九曲沉水香，爲卷髮，號新髻。”

吐蕃婦人辮髮，戴瑟瑟珠，云：“珠之好者，一珠易一良馬。”⑤《五代史》。

《五代史》：“四夷婦人，總髮爲髻，高五六寸，以紅絹囊之。”⑥

---

①　“鬒髮如雲”句，《詩經·鄘風·君子偕老》：“玼兮玼兮，其之翟也。鬒髮如雲，不屑髢也。玉之瑱也，象之揥也。”

②　“言”，加本作“音”，朱校作“言”。“有仍氏生女”句，《左傳·昭公二十八年》：“有仍氏生女，鬒黑而甚美，光可以鑑，名曰玄妻。”杜預注：“有仍，古諸侯也。美髮爲鬒……髮膚光色可以照人。”

③　“衛莊公入於戎州”句，《左傳·哀公十七年》：“初，（衛莊）公登城以望，見戎州。問之，以告。公曰：‘我姬姓也，何戎之有焉？’翦之。公使匠久。公欲逐石圃，未及而難作。辛巳，石圃因匠氏攻公，公闔門而請，弗許。逾於北方而隊，折股。戎州人攻之，大子疾，公子青逾從公，戎州人殺之。公入於戎州己氏。初，公自城上見己氏之妻髮美，使髡之，以爲呂姜髢。既入焉，而示之璧，曰：‘活我，吾與女璧。’己氏曰：‘殺女，璧其焉往？’遂殺之而取其璧。衛人復公孫般師而立之。十二月，齊人伐衛，衛人請平。立公子起，執般師以歸，舍諸潞。”杜預注曰：“呂姜，莊公夫人。髢，髮也。”○“不屑髢也”句，見校注①。

④　“彼君子女”句，《詩經·小雅·都人士》：“彼君子女，綢直如髮。我不見兮，我心不說。彼都人士，充耳琇實。彼君子女，謂之尹吉。我不見兮，我心苑結。彼都人士，垂帶而厲。彼君子女，卷髮如蠆。我不見兮，言從之邁。匪伊垂之，帶則有餘。匪伊卷之，髮則有旟。我不見兮，云何盱矣。”鄭玄箋：“蠆，螫蟲也。尾末揵然，似婦人髮末曲上卷然。”

⑤　“吐蕃婦人辮髮”句，《新五代史·四夷附錄》：“吐蕃男子冠中國帽，婦人辮髮，戴瑟瑟珠，云珠之好者，一珠易一良馬。”

⑥　“四夷婦人”句，《新五代史·四夷附錄》：“（回鶻）婦人總髮爲髻，高五六寸，以紅絹囊之；既嫁，則加氊帽。”

結髮，白居易詩：“我本幽閑女，結髮事豪家。”①

塗髮，《急就篇》“膏澤”②注：膏澤者，雜聚取衆芳以膏煎之，乃用塗髮，使潤澤也。

鑽髮，《魏都賦》：“或魋髻而左言，或鏤膚而鑽髮。”③

《世說》：“桓宣武平蜀，以李勢妹爲妾，甚有寵，常著齋後。主始不知，既聞，與數十婢拔白刃襲之。正值李梳頭，髮委籍地，膚色玉耀，不爲動容，主慚而退。”④

衛皇后侍武帝得幸。頭解，上見其鬢髮美，悦之，立爲后。⑤《太平御覽》。

烏雲，女郎盧氏《題壁詞》：“鳳釵斜軃烏雲膩，細帶雙垂金鏤細。”⑥《墨客揮犀》。

石次仲《咏妓詞》云：⑦“醉紅宿翠，髻軃烏雲墜。”⑧《豹隱紀談》。

鬌　類

魏文帝宫人莫瓊樹，始製爲蟬鬌，望之縹緲如蟬翼然。⑨《古今注》。

---

① “閑”，加本作“閨”。“我本幽閑女”句，白居易《續古詩十首》其一：“涼風飄嘉樹，日夜減芳華。下有感秋婦，攀條苦悲嗟。我本幽閑女，結髮事豪家。”

② “膏澤”句，漢史游《急就篇》：“鏡籢疏比各異工，芬薰脂粉膏澤筩。”

③ “髻”，加本作“髮”，朱校作“髻”。○“或魋髻而左言”句，左思《魏都賦》：“或魋髻而左言，或鏤膚而鑽髮。或明發而燿歌，或浮泳而卒歲。”

④ “桓宣武平蜀”條，劉義慶《世說新語·賢媛》：“桓宣武平蜀，以李勢妹爲妾，甚有寵，常著齋後。主始不知，既聞，與數十婢拔白刃襲之。正值李梳頭，髮委藉地，膚色玉耀，不爲動容，徐曰：‘國破家亡，無心至此，今日若能見殺，乃是本懷。’主慚而退。”

⑤ “衛皇后侍武帝得幸”句，《太平御覽》卷三七三《人事部》：“《史記》又曰：衛皇后，字子夫，與武帝侍衣得幸。頭解，上見其髮鬢，悦之，因立爲后。”

⑥ “細帶”，加本同，今通行本作“鈿帶”。“女郎盧氏《題壁詞》”句，宋彭乘《墨客揮犀》卷四：“蜀路泥溪驛，天聖中有女郎盧氏者，隨父往漢州作縣令，替歸，題於驛舍之壁。其序略云：‘登山臨水，不廢於謳吟；易羽移商，聊舒於羇思。因成《鳳栖梧》曲子一闋，聊書於壁，後之君子覽之者，毋以婦人竊弄翰墨爲罪。’詞曰：‘蜀道青天烟靄靄。帝里繁華、遠遁何時至。回望錦川揮粉淚，鳳釵斜軃烏雲賦。鈿帶雙垂金縷細。玉佩玎瑲，露滴寒如水。從此鸞妝添遠意。畫眉學得遥山翠。”

⑦ “云”，加本無此字。

⑧ “醉紅宿翠”句，宋石孝友《清平樂》：“醉紅宿翠，髻軃（一作軃）烏雲墜。管是夜來不得睡，那更今朝早起。”

⑨ “魏文帝宫人莫瓊樹”句，崔豹《古今注》：“魏文帝宫人莫瓊樹，始製爲蟬鬌，望之縹緲如蟬翼然。”

約黃，婦人鬢飾也。詩："薄鬢約微黃。"①《韻藻》。

豪犀，刷鬢器也。詩："側釵移袖拂豪犀。"②梁簡文詩："同安鬟裏撥，異作額間黃。"撥者，捥開也。婦女理鬢用撥，以木爲之，形如棗核，兩頭尖尖，可二寸長，以漆，光澤，用以鬆鬢，名曰鬢棗，競作薄妥鬢，如古之蟬翼鬢也。③

李後主宮人秋水，喜簪異花，芳香拂鬢。嘗有粉蝶繞其間，撲之不去。④《花璅事》。

垂胭鬢，韓偓《咏手詩》："背人細撚垂胭鬢。"⑤

畫鬢，蘇軾詩："雙鴉畫鬢香雲委。"⑥

---

①　"薄鬢約微黃"，南朝梁江洪《咏歌姬》："寶鑷間珠花，分明靚妝點。薄鬢約微黃，輕紅澹鉛臉。"王雲路《中古詩歌語言研究·妝飾類詞語的同步構詞》："'約黃'就是在額頭上塗抹黃色的顏料。'黃'即'額黃'。"

②　"豪犀"句，見於龍輔《女紅餘志》。

③　"梁簡文詩……如古之蟬翼鬢也"，宇文士及《妝臺記》："梁簡文帝詩：'同安鬟裏撥'云云。撥者，捥開也。婦女理鬢用撥，以木爲之，形如棗核，兩頭尖尖，可二寸長，以漆光澤，用以鬆鬢，名曰鬢棗，競作薄妥，如古之蟬翼鬢也。"○"撥"，李芽《中國古代首飾史·中國古代的頭飾文化》："'撥'是用以鬆鬢的一種工具。《玉臺新咏·梁簡文帝〈戲贈麗人〉》：'同安鬟裏撥，異作額間黃。'清吳兆宜注：'婦女理髮用撥，以木爲之，形如棗核，兩頭尖尖，可兩寸長，以漆光澤，用以鬆鬢，名曰鬢棗。'其實物在馬王堆一號漢墓辛追的五子漆妝奩中有出土。"

④　"繞"，加本無此字，朱校補。○"李後主宮人秋水……撲之不去"，見於《水邊林下》引薛素素《花璅事·簪異花》。

⑤　"背人細撚垂胭鬢"句，"撚"原作"染"，今據宋刻本《賓退錄》改。《賓退錄》卷九載韓偓《咏手》："腕白膚紅玉筍芽，調琴抽綫露尖斜。背人細撚垂胭（一作烟）鬢，向鏡輕勻襯臉霞。"

⑥　"雙鴉畫鬢香雲委"句，蘇軾《次韻答舒教授觀余所藏墨》："倒暈連眉秀嶺浮，雙鴉畫鬢香雲委。"今按："倒暈"，指倒暈眉。馬大勇編著《紅妝翠眉：中國女子的古典化妝、美容》第二章《眉眼妝：曲眉鳳梢添媚麗》："倒暈眉，唐代燕妃墓壁畫中，女子的美貌都是先畫一長條，然後向上暈染。宋仁宗皇后像中的兩位宮女，把眉毛畫成寬闊的月形，在上邊渲染開去，下濃上淡。溫庭筠《靚妝錄》記載：'婦人畫眉有倒暈眉，故古樂府云'暈眉攏鬢'，又云'暈淡眉目'。'"連眉"，馬大勇編著《紅妝翠眉：中國女子的古典化妝、美容》第二章《眉眼妝：曲眉鳳梢添媚麗》："五代馬縞《中華古今注》追記：'魏宮人好畫長眉，令作蛾眉、驚鶴髻。'這在宇文化及《妝臺記》中就有記：'魏武帝（即曹操）令宮人畫青黛眉、連頭眉。一畫連心甚長，人謂之仙娥妝。齊梁間多效之。'在北齊楊子華《校書圖》中的侍女畫的眉毛大致就似一畫連心之狀。西晉時左思《魏都賦》有'犢配眉連'之句，寫的是一位陽都女與一位叫犢子的相愛，相傳這位陽都女生來就是連眉的，晉代張載注引《列仙傳》：'陽都女者，生而連眉，耳細而長，衆以爲異，俗皆言此爲天人也。'連眉就是仙女的象徵。"

叢鬢，王建詩：“休梳叢鬢洗紅妝。”①

堆鴉，《詩餘》：“恍然在遇，天姿勝雪，宮鬢堆鴉。”②

雲鬢，白香山詩：“雲鬢花顔金步搖。”③

巧樣花，徐參政贈妓詩云：“上國新行巧樣花，一枝聊插鬢雲斜。”④《豹隱紀談》。

鬆鬢，韓偓詩：“學梳鬆鬢試新裙。”⑤

鴉鬢，古詩：“單衫杏子紅，雙鬢鴉雛色。”⑥

翠鬢，王融詩：“金容涵夕景，翠鬢佩晨光。”⑦

禾中女子，有以纖蛤簇蝶綴鬢花者。⑧《騰笑集注》。

元雍姬豔姿，金箔點鬢，謂之飛黃鬢。⑨

小鬢，陳陶詩：“低叢小鬢膩鬟鬌。”⑩

阮文姬插鬢用杏花，陶溥公呼曰二花。⑪《釵小志》。

---

① “休”，原作“初”，今據明刻本《文苑英華》卷二二九改。王建《送宮人入道》：“休梳叢鬢洗紅妝，頭戴芙蓉出未央。”

② “恍”，加本作“洸”，誤。○“恍然在遇”句，《歷代詩餘》載宋吳激《人月圓·宴張侍御家有感》：“恍然一夢，仙肌（一作天姿）勝雪，宮鬢堆鴉。”宋張端義《貴耳集》：“又翰林吳激賦小詞云：南朝千古傷心地，還唱後庭花。舊時王謝，堂前燕子，飛入誰家。恍然相遇，仙姿勝雪，宮鬢堆鴉，江州司馬，青衫濕淚，同在天涯。”

③ “雲鬢花顔金步搖”句，白居易《長恨歌》：“雲鬢花顔金步搖，芙蓉帳暖度春宵。”

④ “徐參政贈妓詩云”句，宋周遵道《豹隱紀談》：“徐參政清叟微時，贈建寧妓唐玉詩云：上國新行巧樣花，一枝聊插鬢雲斜。嬌羞未肯從郎意，故把芳容半面遮。”

⑤ “梳”，原作“妝”，今據《全唐詩》韓偓《新上頭》改。○“學梳鬆鬢試新裙”句，韓偓《新上頭》：“學梳鬆（一作蟬）鬢試新裙，消息佳期在此春。爲愛好多心轉惑，遍將宜稱問旁人。”

⑥ “雙鬢鴉雛”，原作“鴉鬢青雛”，今據四部叢刊影汲古閣本《樂府詩集》卷七二改。古辭《西洲曲》：“憶梅下西洲，折梅寄江北。單衫杏子紅，雙鬢鴉雛色。”

⑦ “金容涵夕景”句，南朝齊王融《歌下生》：“金容涵夕景，翠鬢佩晨光。表塵維净覺，汎俗乃輪皇。”

⑧ “禾中女子”句，清朱彝尊《曝書亭集》：“禾中女子，有以纖蛤簇蝶綴鬢花者。”

⑨ “元雍姬豔姿”句，龍輔《女紅餘志》：“元雍姬豔姿，以金箔點鬢，謂之飛黃鬢。”

⑩ “低叢小鬢膩鬟鬌”句，陳陶《西川座上聽金五雲唱歌》：“舊樣釵篦淺淡衣，元和梳洗青黛眉。低叢小鬢膩鬟鬌，碧牙鏤掌山參差。”

⑪ “阮文姬插鬢用杏花”句，唐馮贄《雲仙散録》“二花”引唐張説《河東備録》：“阮文姬插鬢用杏花，陶溥公呼曰二花。”

夢淺羞郎還閉目，慵多喚婢代梳頭。①王西樵《豔情詞》。

鳴蟬薄鬢，齡宛宛以初笄；墮馬斜鬟，歲盈盈而待字。陳其年作《毛大可新納姬人序》。

纖瓊嫩，倩香貂垂鬢，護取尖風。錢葆酚《咏美人耳詞》。②

鬟　類

總髮也，屈髮爲髻曰鬟。③《韻府》。

十二鬟，黃庭堅詩：④“綰結湘娥十二鬟。”

四枝鬟，段成式《戲高侍御詩》：“不獨邯鄲新嫁女，四枝鬟上插通犀。”

笄鬟，貢奎詩：“嫋嫋美人妝，金碧粲笄鬟。”⑤

解鬟，李賀《美人梳頭歌》：“雙鸞開鏡秋水光，解鬟臨鏡立象床。”

娥鬟，李賀《許公子鄭姬歌》：“蛾鬟醉眼拜諸宗，爲謁皇孫請曹植。”⑥

娃鬟，李賀《神仙曲》：“猶疑王母不相許，垂霧娃鬟更轉語。”⑦

---

①　“夢淺羞郎還閉目”句，清王士禄《豔情二首》其九：“夢淺羞郎還閉目，慵多喚婢代梳頭，此鄉真個是溫柔。”

②　“酚”，加本無此字，朱校補。○“纖瓊嫩”句，清錢芳標（字葆酚）《美人耳》：“攧笛層樓，賣花深巷，閑處關心幼便聽。纖瓊嫩，倩香貂垂鬢，護取尖風。”

③　“髻”，原作“髮”，今據加本改。○“府”，加本作“書”。○“屈髮爲髻曰鬟”，元陰時夫《韻府群玉》：“鬟，屈髮爲髻。”史建偉《説还（還）——兼析從“睘/瞏”得聲字的音義同源關係》（《南開語言學刊》2006 年第 1 期）：“‘總髮’也好，‘結鬟’也好，‘屈髮爲髻’也好，所指均爲古代婦女梳的環形髮髻。”

④　“黃庭堅詩”，原作“坡詩”，加本同，誤，今據四部叢刊本《豫章黃先生文集》卷一一《雨中登岳陽樓望君山二首》其一“滿川風雨獨憑欄，綰結湘娥十二鬟。可惜不當湖水面，銀山堆裏看青山”改。

⑤　“嫋嫋美人妝”句，貢奎《題陳氏所藏著色山水圖》：“獨臥曉慵起，夢中千萬山。推窗烟雲滿，一笑咫尺間。嫋嫋美人妝，金碧粲笄鬟。”

⑥　“蛾”，原作“娥”，今據明刻本《文苑英華》卷三四六改。

⑦　“猶疑王母不相許”句，《樂府詩集》卷六四《雜曲歌辭四》李賀《神仙曲》：“猶疑王母不相許，垂露娃鬟更傳語。”《全唐詩》卷二四同上。乾隆二十五年寶笏樓刻清王琦《李長吉歌詩彙解》：“猶疑王母不相許，垂霧妖鬟更轉語。”曾益《注》：“不相許，不赴。妖鬟，王母近侍。更轉語，言欲妖鬟轉語王母，以期其必來。”王琦《解》：“垂霧，謂垂髮也，猶前首垂雲之意。轉語，轉達誠意，期其必來也。”

破鬟,李商隱《燕臺詩》:"破鬟矮墮凌朝寒,白玉燕釵黃金蟬。"①

膩鬟,羅虬《比紅兒詩》:"照耀金釵簇膩鬟,見時直向畫屏間。"

斜鬟,蘇軾《巫山詩》:"俯首見斜鬟,拖霞弄修帔。"

蟬鬟,陳孚詩:"象梳兩兩蟬鬟女,笑擁紅嬌買藕花。"②

黛鬟,貢師泰③《宮詞》:"黛鬟不整釵梁䫌,滿院楊花夢覺時。"④

十八鬟,李賀《美人梳頭歌》:"春風爛漫惱嬌慵,十八鬟多無氣力。"

花鬟,庾信《聽搗衣詩》:"花鬟醉眼纈,龍子細文紅。"

柳毅遇婦人牧羊,風鬟雨鬢,龍女至也。⑤《韻府》。

香鬟,李賀《美人梳頭歌》:"西施曉夢綃帳寒,香鬟墮髻半沈檀。"⑥

雲鬟,張祜詩:"寶釵斜䫌翠雲鬟。"唐趙鸞鸞《咏雲鬟詩》:"擾擾香雲濕未乾,鴉翎蟬鬢膩光寒。側邊斜插黃金鳳,妝罷夫君帶笑看。"⑦杜牧《阿房宮賦》:"綠雲擾擾,梳曉鬟也。"

眠鬟,梁簡文帝《咏內人畫眠詩》:"夢笑開嬌靨,眠鬟壓落花。"

綠鬟,白居易《閨婦詩》:"斜憑繡床愁不動,紅綃帶緩綠鬟低。"又《鹽商婦詩》:"綠鬟溜去金釵多,皓腕肥來銀釧窄。"⑧

小鬟,李賀詩:"小鬟紅粉薄,騎馬佩珠長。"⑨

嬌鬟,歐陽修詩:"有酒醉佳客,無力買嬌鬟。"⑩

---

① "破鬟矮墮凌朝寒"句,李商隱《燕臺詩四首》之《冬》:"破鬟倭(一作矮)墮凌朝寒,白玉燕釵黃金蟬。"今按:倭墮髻,一种漢時流行的发髻型。髻斜於一側,故稱爲倭墮髻。《樂府詩集》卷二八《相和歌辭三》古辭《陌上桑》:"頭上倭墮髻,耳中明月珠。"

② "象梳兩兩蟬鬟女"句,元陳孚《嘉興》:"象梳兩兩蟬鬟女,笑擁紅嬌(一作橋)買藕花。"

③ "泰",加本作"春"。今按:貢師泰(1298—1362),字泰甫,元泰定四年進士,任國子司業、禮部尚書、江浙行省參知政事等職。《元史》卷一八七有傳。

④ "黛鬟不整釵梁䫌"句,見於元貢師泰《和馬伯庸學士擬古宮詞七首》其一。

⑤ "柳毅遇婦人牧羊"句,《韻府群玉》:"柳毅遇婦人牧羊,風鬟雨鬢。"

⑥ "沈",加本作"沉"。

⑦ "䫌",古代婦女梳的環形髮髻。"雲鬟",形容女子頭髮像縈繞的雲霧。

⑧ "綠鬟溜去金釵多"句,白居易《鹽商婦》:"本是揚州小家女,嫁得西江大商客。綠鬟溜(一作富)去金釵多,皓腕肥來銀釧窄。"

⑨ "小鬟"句,李賀《追賦畫江潭苑四首》:"吳苑曉蒼蒼,宮衣水濺黃。小鬟紅粉薄,騎馬佩珠長。"

⑩ "詩",加本無此字。○"酒醉",加本作"醉酒"。○"歐陽修詩"句,《佩文韻府·嬌鬟》:"歐陽修詩:'有酒醉佳客,無力買嬌鬟。'"

　　髻鬟，段成式有《髻鬟品》，蘇軾詩：“凄風瑟縮經弦柱，香霧低迷著髻鬟。”①

　　兩鬟，辛延年詩：“兩鬟何窈窕，一世良所無。一鬟五百萬，兩鬟千萬餘。”②

　　挑鬟，沈佺期《觀妓詩》：“拂黛隨時廣，挑鬟出意長。”③

　　撥鬟，蕭綸《見姬人詩》：“比來妝點異，今世撥鬟斜。”④

　　雙鬟，白居易詩：“窈窕雙鬟女，容德俱如玉。”⑤

　　柔鬟，元稹詩：“柔鬟背額垂，叢鬢隨釵斂。”⑥

澤　類

　　香澤，《釋名》：“香澤者，油也。人髮恒枯瘁，以此濡澤之也。”⑦

　　《考工記·弓人》注云：“脂，亦粘也，音職。”⑧今婦人髮有時爲膏澤所粘，必沐乃解者，謂之脂，正當用此字。

　　和凝：宮中掌浸十香油。⑨《韻府》。

　　新油，梁元帝詩：“三月桃花含面脂，五月新油好煎澤。”⑩

---

　　①　“凄風瑟縮經弦柱”句，蘇軾《與述古自有美堂乘月夜歸》：“凄風瑟縮經弦柱，香霧低迷著髻鬟。”

　　②　“兩鬟何窈窕”句，見於漢辛延年《羽林郎》。

　　③　“觀妓”，加本無此二字，句末有注“係觀妓句”。○“拂黛隨時廣”句，沈佺期《李員外秦授宅觀妓》：“玉釵翠羽飾，羅袖鬱金香。拂黛隨時廣，挑鬟出意長。”王雲路著《中古詩歌語言研究·妝飾類詞語的同步構詞》：“‘拂黛’同‘散黛’。《漢語大詞典》釋‘拂’爲‘裝飾打扮’，似未確切。‘拂’是由‘擦拭’‘掠過’義演變出塗抹義，而非廣義的裝飾打扮義。唐孟浩然《美人分香》：‘髻鬟垂欲解，眉黛拂能輕。’亦其例。”

　　④　“比來妝點異”句，南朝梁蕭綸《見姬人詩》：“春來不復賒，入苑駐行車。比來妝點異，今世撥鬟斜。”

　　⑤　“窈窕雙鬟女”句，白居易《續古詩十首》其一：“窈窕雙鬟女，容德俱如玉。”

　　⑥　“柔鬟背額垂”句，元稹《恨妝成》：“柔鬟背額垂，叢鬢隨釵斂。凝翠暈蛾眉，輕紅拂花臉。”

　　⑦　“香澤者”句，劉熙《釋名·釋首飾》：“香澤者，人髮恒枯瘁，以此濡澤之也。”

　　⑧　“職”，加本作“膱”。“《考工記·弓人》注云”句，陸游《老學庵筆記》卷一〇：“《考工記》‘弓人’注云：‘膱，亦黏也；音職。’今婦人髮有時爲膏澤所粘，必沐乃解者，謂之膱，正當用此字。”

　　⑨　“宮中掌浸十香油”句，五代和凝《宮詞》：“多把沈檀配龍麝，宮中掌浸十香油。”

　　⑩　“三月桃花含面脂”句，梁元帝《別詩二首》：“三月桃花含面脂，五月新油好煎澤。莫復臨時不寄人，謾道江中無估客。”

隋煬帝姬朱貴兒，插昆山潤毛之玉撥，不用蘭膏而鬢鬟鮮潤。①
《女紅餘志》。

梳　類

紅梳，王建詩："空插紅梳不作妝。"②

寶梳，溫庭筠詩："寶梳金鈿筐。"③

洛陽崔瑜卿，多貲，喜游冶。嘗爲娼女玉潤子造綠象牙五色梳，費錢近二十萬。④《清異錄》。

玳瑁梳，高文惠《與婦書》："今致玳瑁梳一枚。"⑤

碧玉梳，趙孟頫詩："翠滑難勝碧玉梳。"⑥

象牙梳，高允《羅敷行》："倒枕象牙梳。"⑦

篦以竹爲之，去髮垢者。⑧《釋名》。

---

① "隋煬帝姬朱貴兒"句，見於龍輔《女紅餘志·玉撥》，亦見於馮贄《南部烟花記·玉撥》。

② "空插紅梳不作妝"句，王建《宮詞二首》其二："家常愛著舊衣裳，空插紅梳不作妝。忽地下階裙帶解，非時應得見君王。"

③ "筐"，原作"合"，今據明刻本《文苑英華》卷三〇七改。〇寶梳金鈿筐，溫庭筠《鴻臚寺有開元中錫宴堂，樓臺池沼雅爲勝絕，荒涼遺址僅有存者，偶成四十韻》："豔帶畫銀絡，寶梳金鈿筐。"

④ "卿"，原作"鄉"，今據民國景明寶顏堂秘笈本陶穀《清異錄》改。"洛陽崔瑜卿"句，見於陶穀《清異錄》。

⑤ "惠"，原脫，今據《藝文類聚》卷八四《寶玉部》下《玳瑁》補，高文惠《與婦書》曰："今致玳瑁梳一枚，金鑷一雙。"今按：高文惠，即三國曹魏大臣高柔。

⑥ "詩"，原脫，今據加本補。"翠滑難勝碧玉梳"，趙孟頫《美人曲》："美人如花花不如，翠滑難勝碧玉梳。道修且阻無音書，蛾眉長顰未曾舒。"

⑦ "倒枕象牙梳"，北魏高允《羅敷行》："邑中有好女，姓秦字羅敷。巧笑美回盼，鬢髮復凝膚。脚著花文履，耳穿明月珠。頭作墮馬髻，倒枕象牙梳。"

⑧ 此條見於明梅膺祚《字彙·竹部》。"篦"，李芽《中國古代首飾史·中國古代首飾文化》說："梳篦，上有背，下有齒。除了是一種理髮用具外，也是首飾的一種，古時女子喜愛將其插於髮髻之上，將精美的梳背展露於外，用以飾容。梳和篦並不相同，先秦時統稱爲'櫛'，其中齒疏者稱梳，齒密者稱篦。唐顏師古注《急就篇》曰：'櫛之大而粗，所以理鬢者謂梳，言其齒稀疏也；小而細，所以去蟣虱者謂之比，言其齒比密也。'即梳齒比較稀疏，用於梳理髮須；篦齒比較細密，用於篦去髮垢，也可用於梳理鬢角和眉毛等比較細密的毛髮。《清異錄》就曾載：'篦，誠瑣縷物也，然婦人整鬢作眉，舍此無以代之，余名之曰鬢師眉匣。'唐時，梳取代了櫛作爲通用詞，如《俗務要名林》中列有'梳、枇'，枇字下小注'密梳'。在很多墓葬中，梳篦往往成對出土，講究者還配以梳盒。"

《北史·后妃傳》："晋舊儀,典櫛三人,宫中櫛、膏、沐。"①

吴主亮夫人洛珍,有櫛名玉雲。《女紅餘志》。

於潛婦女皆插大銀櫛,長尺許,謂之蓬沓。②東坡詩自注。

郎當,③净櫛器也。《女紅餘志》。

麗居,孫亮愛姬也。鬒髮香净,一生不用洛成,疑其有避塵犀釵子也。注曰:洛成,即今篦梳。似"落塵"字誤,未考。④《釵小志》。

鸞篦,李賀《秦宫詩》:"鸞篦奪得不還人,醉睡氍毹滿堂月。"⑤

齊制,皇后首飾:假髻,步摇,十二鈿,八雀九華。命婦以上,蔽髻,惟以鈿數花釵多少爲品制。⑥

爲副、編、次。副,所以覆首爲之飾。編列髮爲之。次,次第髮長短爲之。⑦

副者,翟之配,以配褘翟,則《禮》所謂"副褘"是也;以配褕翟,則

<hr />

① "晋舊儀"句,《北史·后妃傳》:"(隋文)又采漢、晋舊儀,置六尚、六司、六典,遞相統攝,以掌宫掖之政。一曰尚宫,掌導引皇后及閨閣稟賜。管司令三人,掌圖籍法式,糾察宣奏;典琮三人,掌琮璽器玩。二曰尚儀,掌禮儀教學。管司樂三人,掌音律之事;典贊三人,掌導引内外命婦朝見。三曰尚服,掌服章寶藏。管司飾三人,掌簪珥花嚴;典櫛三人,掌巾櫛膏沐。""膏沐",《詩經·衛風·伯兮》:"自伯之東,首如飛蓬。豈無膏沐,誰適爲容?"《全粤詩》卷六八一黎景義《別情》其二:"玉容誰寂寞,膏沐好勤施。莫遣君歸日,不如未别時。"

② "於潛婦女皆插大銀櫛"句,蘇軾《於潛令刁同年野翁亭》:"山人醉後鐵冠落,溪女笑時銀櫛低。"自注:"於潛婦女皆插大銀櫛,長尺許,謂之蓬沓。"今按:"於潛",舊縣名,其地在杭州西,今屬臨安市於潛鎮。"銀櫛",銀製髮飾,狀如月牙形梳篦。

③ "郎當",李芽《中國古代首飾史·中國古代的首飾文化》:"梳篦作爲梳具,容易被髮垢所污,因此,古人也發明出了一種清理工具,名'郎當',宋龍輔《女紅餘志》:'郎當,净櫛器也。'但對其形制並無記載。"

④ "誤",原脱,今據清咸豐六年刻本《全史宫詞》補。○"麗居……未考"句,見於《全史宫詞》引《奚囊橘柚》。

⑤ "鸞篦",王琦《李長吉詩歌彙解·秦宫詩》:"篦,所以去髮垢,以竹爲之,侈者易以犀、象、玳瑁之類。鸞篦,必以鸞形象之也。"

⑥ "制",加本同,現通行本《隋書》和《通典》皆作"秩"。○"齊制……惟以鈿數花釵多少爲品制"句,杜佑《通典》卷六二《禮》二二《沿革》二二《嘉禮·后妃命婦首飾制度》:"(北齊)依前制,皇后首飾假髻,步摇,十二鈿,八雀九華。内命婦以上,蔽髻,唯以鈿數花釵多少爲品秩。"

⑦ "爲副、編、次"句,《周禮·天官冢宰》:"追師,掌王后之首服,爲副、編、次、追衡、笄,爲九嬪及外内命婦之首服,以待祭祀、賓客。"鄭玄注曰:"副之言覆,所以覆首爲之飾,其遺象若今步繇矣,服之以從王祭祀。編,編列髮爲之,其遺象若今假紒矣,服之以桑也。次,次第髮長短爲之,所謂髮髢。"

《詩》所謂"副笄六珈"是也。婦人之飾，不過以髮與髻而已，莊子曰："禿而施髢。"①《陳氏禮書》。

髻　類②

追衡髻，王后之衡髻，以玉爲之。③鄭司農注。

鳳髻，《炙轂子》曰："周文王加珠翠翹花，名曰鳳髻。始皇有凌雲髻，參鸞髻。漢有迎春髻，垂雲髻，同心髻。魏有反綰髻、百花髻。晋有芙蓉髻。④隋有九真髻，凌虛髻，祥雲髻。唐有平蕃髻，歸順髻，長樂髻，百合髻。"⑤

---

① "副者"句，《陳氏禮書》曰："副者，翟之配，以配褘翟，則《禮》所謂'副褘'是也；以配揄翟，則《詩》所謂'副笄六珈，其之翟也'是也；褖衣之配，《禮》所謂'女次純衣'是也。然則編爲鞠衣、展衣之配可知矣。禮，男子冠，婦人笄；男子免，婦人髽。婦人之飾，不過以髮與笄而已。則副之覆首若步搖，編之編髮若假紒，次之次第其髮爲髮髢云者，蓋有所傳然也。莊子曰：'禿而施髢。'《詩》曰：'鬒髮如雲，不屑髢也。'《左傳》：'衛莊公髭己氏之妻髮，以爲呂姜髢。'《説文》：'髲，益髮也。'蓋髢所以益髮，而鬒髮者不屑焉。《詩》曰：'被之僮僮。'則被之不特髮髢也。《少牢》曰：'主婦被錫衣移袂。'則被錫者非髮髢也。鄭氏皆以爲髮髢，非是。"今按："禿而施髢"，馬敘倫《莊子義證·天下篇》"禿而施髢"按："禿借爲鬄，（今《説文》'禿'下曰'無髮也'，非許文，詳《説文六書疏證》）。古讀澄歸定，透定皆舌音也。《説文》曰：'鬄，髮墮也。'施借爲髢，與施借爲貤同。《説文》曰：'髲，益髮也。'"

② "髻"，龍丹《魏晋核心詞研究》第二章《魏晋核心詞研究——名詞篇》説，髻"爲中國古代真正意義上最早的髮型。歷代與'髻'相關的髮式名層出不窮，'椎髻'爲古老髮式之一，又稱'椎結'。……髮髻在唐代發展至頂峰。"又指出：先秦未見指"髮髻"的"髻"用例，但卻有"結"例，如《楚辭·招魂》："激楚之結，獨秀先仙些。""魏晋文獻中'髻'出現36例，單用6例，組合形式中多半是髮髻式樣名稱。"

③ "王后之衡髻"句，《左傳·桓公二年》："衡、紞、紘、綖，昭其度也。"《正義》曰："此四物者，皆冠之飾也。《周禮·追師》'掌王后之首服，追衡笄'。鄭司農云：'衡，維持冠者。'鄭玄云：'祭服有衡，垂於副之兩旁當耳，其下以紞縣瑱。彼婦人首服有衡，則男子首服亦然，冠由此以得支立，故云維持冠者。追者，治玉之名。王后之衡以玉爲之，故追師掌焉。'"

④ "髻"，加本無此字。

⑤ "百"，加本作"百百"，衍。○"周文王加珠翠翹花……百合髻"句，段成式《髻鬟品》："髻始自燧人氏，以髮相纏而無繫縛。周文王加珠翠翹花，名曰鳳髻，又名步搖髻。秦始皇有望仙髻、參鸞髻、凌雲髻。漢有迎春髻、垂雲髻。王母降武帝宮，從者有飛仙髻、九環髻。漢元帝宮中有百合分髾髻、同心髻。太元中，公主婦女必緩鬢欣髻，又有假髻。合德有欣愁髻，貴妃有義髻。魏明帝宮有涵煙髻。魏武帝宮有反綰髻，又梳百花髻。晋惠帝宮有芙蓉髻。梁宮有羅光髻。陳宮有隨雲髻。隋文宮有九貞髻。煬帝宮有迎唐八鬟髻，又梳翻荷髻、坐愁髻。高祖宮有半翻髻，反綰樂游髻。明皇帝宮中雙環望仙髻，回鶻髻。貴妃作愁來髻。貞元中有歸順髻，又有鬧掃妝髻。漢梁冀妻作墮馬髻。長安城中有盤桓髻、驚鵠髻，又抛家髻及倭墮髻。王憲亦作解散髻，（轉下頁）

始皇宫中悉好神仙之術,乃梳神仙髻,皆紅妝翠眉,漢宫尚之,後有迎春髻,垂雲髻。①

義髻,楊貴妃常以假鬢爲首飾,曰義髻。又好服黄裙,近服妖也。時京師謡曰:"義髻抛河裏,黄裙逐水流。"僖宗内人,束髮甚急,爲囚髻。唐末婦人束髮,以兩鬢抱面,爲抛家髻。②

魏制:貴人夫人以下助蠶,皆大手髻,七鐇蔽髻,黑玳瑁。③

(接上頁)斜插髻。周弘文少時著錦絞髻。"○"神仙髻",徐静主編《中國服飾史》第八章《漢代服飾》:"漢代女子除了流行梳平髻,貴族女子中還流行梳高髻。漢代童謡中便有'城中好高髻,四方且一尺'的説法。因梳妝繁瑣,多爲宫廷嬪妃、官宦小姐所梳。並且,貴族女子在出席太廟、祭祀等比較正規的場合時,必須梳高髻。其中,望仙九鬟髻是高髻中的代表樣式,自秦代即開始在貴族女子中盛行。鬟意爲環形髮髻,九鬟之意是指環環相扣、以多爲貴。仙髻之名則來自神話傳説:漢武帝時王母下凡,頭飾仙髻,美豔超群,故這種美與仙結合的産物,自然爲當時的貴婦所青睞。"○"凌雲髻",方培元主編《楚俗研究》:"楚國貴族的髮髻,一般爲椎髻,較高。漢代髮髻,樣式更爲豐繁,當多有襲楚式者。文獻記載秦漢婦女的神仙髻、凌雲髻、垂雲髻,其命名帶有道家色彩,其樣式或也爲楚風流變。"○"垂雲髻",周啓澄、趙豐、包銘新主編《中國紡織通史》第二十三章《秦漢至隋唐服飾》:"髮型多在頭頂中分,在腦後歸攏束成一個髮髻,稱爲同心髻。或者挽一下垂在後邊,稱爲垂雲髻,也稱爲垂髾。魏晉時期,衫、裙下擺露出帶狀裝飾,因與垂髮樣子近似,也被稱爲垂髾。"○"反綰髻",李芽《中國歷代妝飾》:"反綰髻,這種髮髻因做法不同而分爲兩種形式。一種是雙高髻的形式,爲了使頭髮不蓬鬆下垂而從頭的兩側各引出一綹頭髮向腦後反綰,然後高聳於頭頂。一種不屬高髻,只是集髮於後,綰成一髻,然後由下反綰至頂,便於各項姿態的活動。顧況在《險竿歌》中便有'宛陵女兒擘飛手,長竿横之上下走……反綰頭髻盤旋風'之句,描寫的正是一個梳著反綰髻的雜技女藝人的嬌健身姿。這是初唐時較爲流行的一種髮髻。"

① "始皇宫中悉好神仙之術"句,宇文士及《妝臺記》:"始皇宫中悉好神仙之術,乃梳神仙髻,皆紅妝翠眉,後宫尚之。後有迎春髻、垂雲髻,時亦相尚。"

② "楊貴妃常以假鬢爲首飾"條,《新唐書·五行志》:"天寶初,貴族及士民好爲胡服胡帽,婦人則簪步摇釵,衿袖窄小。楊貴妃常以假鬢爲首飾,而好服黄裙。近服妖也。時人爲之語曰:'義髻抛河裏,黄裙逐水流。'"樂史《太真外傳》:"又妃常以假髻爲首飾,而好服黄裙。天寶末,京師童謡曰:'義髻抛河裏,黄裙逐水流。'"《新唐書·五行志》:"僖宗時,内人束髮極急,及在成都,蜀婦人效之,時謂爲'囚髻'。唐末,京都婦人梳髮,以兩鬢抱面,狀如椎髻,時謂之'抛家髻'。又世俗尚以琉璃爲釵釧。近服妖也。抛家、流離,皆播遷之兆云。"

③ "大手",原作"大首",誤,今據《晋書·輿服志》、杜佑《通典》改。○"貴人夫人以下助蠶"句,杜佑《通典》卷六二《禮》二二《嘉》七:"魏制:貴人夫人以下助蠶,皆大手髻,七鐇蔽髻,黑玳瑁,又加簪珥。"此條亦見於《通志》《文獻通考》。黄能馥、陳娟娟《中國服飾史》:"大手髻就是在自己頭髮的基礎上,接上一些假髮爲髻。黑玳瑁的形制,《續漢書·輿服志》裏没有明説,《晋書·輿服志》叙三夫人九嬪妃的首飾時,説到'大手髻,七鐇(鈿)蔽髻,黑玳瑁,又加簪珥'。鈿是掩飾頭髻的短腿簪子,用黑玳瑁製作。"今按:《佩文韻府》卷一八引條作"大首髻"。

新髻，華岳：“東吳新髻李紅娘。”①

三雲髻，梅堯臣：“又令三雲髻，行酒何綽約。”②

宮樣髻，白居易：“宋家宮樣髻，一片綠雲斜。”③

李言妻，裴玄静，夜見二女子鳳髻霓裳，侍女數人，皆雲鬟絳服，綽約在側，後有仙女奏樂，白鳳載玄静升天而去。④《五色綫》。

梁家髻，劉孝標：“逶迤梁家髻，冉弱楚宮腰。”⑤

半髻。《侍兒小名録》。⑥

《謝氏詩源》：“輕雲鬢髮甚長。喜梳流蘇髻，於是富家女子，多以青絲效其制，亦自可觀。”⑦

---

① “東吳新髻李紅娘”句，華岳《別館即事》：“莫向錢塘蘇小説，東吳新髻李紅娘。”

② “又令三雲髻”句，梅堯臣《飲劉原甫舍人家同江鄰幾陳和叔學士觀白鷗孔雀梟鼎周亞夫印鈿玉寶赫連勃勃龍雀刀》：“每出一物玩，必勸衆賓酌。又令三雲髻，行酒何綽約。”

③ “宋家宮樣髻”句，見於白居易《和春深二十首》其七。

④ “李言妻”句，《太平廣記》卷七〇《女仙》載《續仙録》：“裴玄静，緱氏縣令昇之女，鄠縣尉李言妻也。幼而聰慧……好道。請於父母，置一静室披戴。父母亦好道，許之。日以香火瞻禮道像。……獨居，别有女伴言笑。父母看之，復不見人。詰之不言……年二十……歸於李言……未一月，告於李言以素修道，神人不許爲君妻，請絶之。李言亦慕道，從而許焉。乃獨居静室焚修。夜中聞言笑聲，李言稍疑……潛壁隙窺之，見光明滿室，異香芬馥，有二女子，年十七八，鳳髻霓衣，姿態婉麗。侍女數人，皆雲髻綃服，綽約在側。玄静與二女子言談。李言異之而退。及旦問於玄静，答曰：‘有之。此昆侖仙侣相省……更來慎勿窺也，恐爲仙官所責。然玄静與君宿緣甚薄，非久在人間之道。念君後嗣未立，候上仙來，當爲言之。’後一夕，有天女降李言之室。經年，復降，送一兒與李言：‘此君之子也。玄静即當去矣。’後三日，有五雲盤旋，仙女奏樂，白鳳載玄静升天，向西北而去。時大中八年八月十八日，在温縣供道村李氏別業。”

⑤ “冉”，原作“用”，加本作“細”，今據四部叢刊影汲古閣本郭茂倩《樂府詩集》改。○“宮”，原作“王”，今據加本改。蕭子顯《日出東南隅行》：“逶迤梁家髻，冉弱楚宮腰。”○“梁家髻”，即墮馬髻。王鳴《中國服裝簡史》第四章《秦、漢服裝》：“墮馬髻是偏垂在一邊的髮髻，亦名‘倭墮髻’。出現在漢代，傳説是東漢外戚梁冀的妻子孫壽發明的，故又稱‘梁家髻’。在梳挽墮馬髻時由正中開縫，分爲雙股，至頸後集爲一股，挽髻之後垂至背部，因酷似人從馬上跌落時髮髻鬆散下垂之態而得名。髻中分出一縷頭髮，朝一側垂下，給人以鬆散飄逸之感，這種髮型在東漢年輕婦女間特別流行。‘頭上倭墮髻，耳中明月珠’是古人對美麗女子的形容。”

⑥ “半髻”，宋洪炎《侍兒小名録·段何》：“從二青衣，一雲髻，一半髻，皆絶色。”《太平廣記》卷三四九《鬼》引《河東記》引有此條。

⑦ “輕雲鬢髮甚長……亦自可觀”，《謝氏詩源》：“輕雲鬢髮甚長，每梳頭，立於榻上，猶拂地；已綰髻，左右餘髮各粗一指，結束作同心帶，垂于兩肩，以珠翠飾之，謂之流蘇髻。於是富家女子，多以青絲效其制，亦自可觀。”

蛾髻，李賀詞："金翅蛾髻愁暮雲。"①

假髻，晋太元中，王公婦女，必緩鬢傾髻，以爲盛飾，用髮既多，不可恒戴，乃先於木及籠上妝之，名曰假髻。②《説略》。

晋時婦人結髮者，既成，以繒急束其環，名曰擷子髻。③《搜神記》。

宋文帝元嘉六年，民間婦人結髮者，三分髮，抽其鬢直向上，謂之飛天紒，始自東府，流被民庶。④

南唐後主周后娥皇創爲高髻纖裳，及首翹鬢朵之妝。⑤《南唐書》。

秦始皇時有近香髻。⑥

---

① "金翅蛾髻愁暮雲"，李賀《十二月樂辭十三首》之《二月》："金翅峨（一作蛾）髻愁暮雲，沓颯起舞真珠裙。"

② "晋太元中"句，《晋書·五行志》："太元中，公主婦女必緩鬢傾髻，以爲盛飾。用髮既多，不可恒戴，乃先於木及籠上裝之，名曰假髻，或名假頭。"此條亦見於《妝臺記》。○"緩鬢傾髻"，鄭師渠主編《中國文化通史》（魏晋南北朝卷）第十三章《社會風俗與時尚》："魏晋南北朝盛行的髮式有靈蛇髻、反綰髻、百花髻、流蘇髻、芙蓉髻、隨雲髻、翠眉驚鶴髻等。當時的女髮有向高大發展的趨向。"

③ "晋時婦人結髮者"句，干寶《搜神記·擷子髻》："晋時婦人結髮者，既成，以繒急束其環，名曰擷子髻。始自宫中，天下翕然化之也。其末年，遂有懷、惠之事。"○"擷子髻"，戚速《晋風：魏晋風度現象的另類解讀》（上篇）："西晋的時候，婦女髮髻梳成後，又用絲綢緊紮髮環，人們把它叫作擷子髻。這種髮髻爲晋惠帝宫中所創，先是出現在皇宫内，後來全國都仿效它。"周錫保《中國古代服飾史》第六章《魏晋南北朝服飾》："髻式爲纈子髻，或作擷子。按此種髻式，在晋惠帝元康中（291—300年）有'婦人結髮，髻既成，以繒急束其環，名曰擷子髻，始自宫中，天下化之'。此髻式乃是在朝鮮地區所見（今東北與朝鮮一帶時間在4世紀時），在時間上説是比較接近，可能是後來流傳到該地區的。日文版《服飾辭典》作環狀髻，亦合，但較爲籠統。此髻既有環而又有急束其髻根處然後作環，似乎較合擷子髻的梳妝法。"

④ "宋文帝元嘉六年"句，《宋書·五行志一》："宋文帝元嘉六年，民間婦人結髮者，三分髮，抽其鬢直向上，謂之'飛天紒'。始自東府，流被民庶。時司徒彭城王義康居東府，其後卒以陵上徙廢。"明方以智《通雅》卷三六《衣服》："宋元嘉飛天紒，始自東府，即孫壽墮馬也。"

⑤ "南唐後主周后娥皇創爲高髻纖裳"句，《南唐書》："後主昭惠國后周氏，小名娥皇，司徒宗之女，十九歲來歸。通書史，善歌舞，尤工琵琶。嘗爲壽元宗前，元宗歎其工，以燒槽琵琶賜之。至於采戲弈棋，靡不妙絶，後主嗣位，立爲后，寵嬖專房，創爲高髻纖裳及首翹鬢朵之妝，人皆效之。"

⑥ "時有"，加本作"有時"。○"近香髻"，明徐士俊《十髻謡》："鳳髻（周文王時一名步摇髻）：有髮卷然，倒挂么鳳。儂欲吹簫，凌風飛動。近香髻（秦始皇時）：香之馥馥，雲之鳥鳥。目然天生，膏沐何須。飛仙髻（王母降武帝時）：飛仙飛仙，降於帝前。回首髻光，爲霧爲烟。同心髻（漢元帝時）：桃葉連根，髮亦如是。蘇小西陵，歌聲相似。墮馬髻（梁冀妻）：盤盤狄髻，墮馬風流。不及珠娘，輕身墜樓。靈蛇髻（魏甄后）：春蛇學書，靈蛇學髻。洛浦凌波，如龍飛去。芙蓉髻（晋惠帝時）：春山削出，明鏡看來。一道行光，花房乍開。坐愁髻（隋煬帝時）：江北花榮，江南花歇。髮薄難梳，愁多易結。反綰樂游髻（唐貞元時）……隨意妝成，是名鬧掃。枕畔釵横，任君顛倒。"

漢武時，有王母下降，從者皆飛仙髻、九環髻，帝令宮中效之。遂貫以鳳頭釵、孔雀搔頭、雲頭篦，以玳瑁爲之。①《炙轂子》。

上元許夫人，梳王母嬌。峨峨三角髻，餘髮散垂腰。②《海録碎事》。

婕妤好爲卷髮，號新興髻。③《趙后外傳》。

漢明帝令宮人梳百合分髾髻，同心髻。④

小髻，⑤羅虬詩："輕梳小髻號慵來，巧中君心不用媒。"⑥

明德馬皇后美髮，爲四起大髻，但以髮成尚有餘髮，繞髻三匝，眉不施黛。⑦《誠齋雜記》。

---

① "有"，原脱，今據加本補。○"漢武時……以玳瑁爲之"句，宇文士及《妝臺記》："漢武就李夫人取玉簪搔頭，自此宮人多用玉。時王母下降，從者皆飛仙髻、九環髻。遂貫以鳳頭釵、孔雀搔頭、雲頭篦，以玳瑁爲之。"○"飛仙髻"，馬大勇編著《雲髻鳳釵：中國古代女子髮型髮飾》第三章《秦漢時期的髮型、髮飾》："飛仙髻也叫飛天髻，是一種高聳的髮髻，在河南鄧縣南北朝貴婦出遊畫像磚上可見到。製法是把頭髮挽到頭頂，分成數股，挽成數個彎曲的環，直聳向上。南朝《宋書·五行志》記載：'民間婦人結髮者，三分髮，抽其鬟直向上，謂之飛天紒。始自東府，流被民庶。'飛仙髻其實在漢代就有了。明代徐士俊的《十髻謡》説飛仙髻：'飛仙飛仙，降於帝前。回首髻光，爲霧爲烟。'就是寫的漢武帝時和王母相會的故事，王母身邊有梳飛天髻的侍女。梳飛仙髻時，應在腦後披著長髮，如烟霧般飄揚。"

② "上元許夫人"句，葉廷珪《海録碎事·衣冠服用部》："上元許夫人，偏得王母嬌。嵯峨三角髻，餘髮散垂腰。"今按：葉廷珪將"誰"誤抄作"許"，《妝史》一並抄錯。宋刻本《李太白集》卷二二《上元夫人》："上元誰夫人？偏得王母嬌。"

③ "婕妤好爲卷髮"句，伶玄《飛燕外傳》："合德新沐，膏九回沉水香。爲卷髮，號新髻；爲薄眉，號遠山黛；施小朱，號慵來妝。""新興髻"，田豔霞主編《漢唐女性化妝史研究》第四章《漢代女性的髮飾和服飾》："西漢成帝時，趙飛燕的妹妹趙合德在入宮後也曾經將頭髮卷高爲椎狀，史書上稱她這種髻形爲'新興髻'。這些髮式其實都是椎髻的變化。"

④ "漢明帝令宮人梳百合分髾髻"句，宇文士及《妝臺記》："漢明帝令宮人梳百合分髾髻，同心髻。""分髾髻"，徐靜主編《中國服飾史》第八章《漢代服飾》："不論是梳高髻還是梳垂髻，漢代婦女多喜歡從髮髻中留一小綹頭髮，下垂於顱後，名爲'垂髾'，也稱'分髾'，另外還裝飾絲帶。梳分髾髻行走時，左右晃動，上下跳躍，加之於裝飾帶似錦上添花，確實活潑可愛。"

⑤ "髻"，加本作"鬟"。

⑥ "輕梳小髻號慵來"句，羅虬《比紅兒詩》："輕梳小髻號慵來，巧中君心不用媒。"

⑦ "明德馬皇后美髮"句，元林坤《誠齋雜記》："明德馬皇后美髮，爲四起大髻，但以髮成尚有餘，繞髻三匝。眉不施黛，獨眉角小缺，補之以縹。"《後漢書》李賢注引《東觀漢記》："明帝馬皇后美髮，爲四起大髻，但以髮成，尚有餘，繞髻三匝。眉不施黛，獨左眉角小缺，補之如粟。常稱疾而終身得意。"

梁冀妻孫壽梳墮馬髻。李頎《緩歌行》:"二八蛾眉梳墮馬。"①

孟光初傅粉墨,後更爲椎髻,著布衣,操作而前。②《梁鴻傳》。

甄后既入魏宮,宮庭有一緑蛇,口中銜赤珠,若梧子大。每日后梳妝,則盤結一髻形於后前。后異之,因效而爲髻,號靈蛇髻。③《採蘭雜志》。

梳髻,陸游詩:"下床頭雞鳴,梳髻著襦裙。"④

――――――――――

① "蛾眉",原作"胡姬",今據四部叢刊影汲古閣本郭茂倩《樂府詩集》卷六五改。李頎《緩歌行》:"二八蛾眉梳墮馬,美酒清歌曲房下。"

② "孟光初傅粉墨"句,《後漢書·梁鴻傳》:"鴻曰:'吾欲裘褐之人,可與俱隱深山者爾。今乃衣綺縞,傅粉墨,豈鴻所願哉?'妻曰:'以觀夫子之志耳。妾自有隱居之服。'乃更爲椎髻,著布衣,操作而前。鴻大喜曰:'此真梁鴻妻也。能奉我矣!'字之曰德耀,名孟光。"○"椎髻",又稱椎結、魋結。許星、廖軍主編《中國設計全集》第八卷《服飾類編·容妝篇》:"椎髻又稱'椎結',是我國古老的髮式之一,意爲將頭髮結成椎形的髻,挽於腦後並以簡單的絲帶捆綁,其形狀如一把上細下粗的木槌。目前,在衆多的出土文物中我們能夠看到古代椎髻的樣式。《漢書·陸賈傳》:'陸賈,楚人也。以客從高祖定天下……高祖使賈賜佗印爲南越王,賈至,尉佗魋結箕踞見賈。'服虔注:'魋音椎,今兵士椎頭髻也。'唐顏師古注曰:'椎髻者,一撮之髻,其形如椎。'漢梁鴻妻孟光'椎髻,著布衣',願與梁鴻俱隱,遂以'椎髻'形容爲妻賢良,衣飾簡樸。本案例爲戰國、秦漢時期婦女的椎髻。如於雲南晉寧石寨山出土的戰國青銅器貯貝器蓋飾上的滇族女性,其腦後就留著一個椎形的髮髻。而梳理的方式通常是,將頭髮向下梳順,頭正中分出頭縫,並向後梳攏,又在頸後的部位挽束成髻,用頭繩束紮。一般髻的上略大下略小,也可以用頭髮挽結,自然垂下。湖南長沙陳家大山楚墓中出土的帛畫中也描繪了梳椎髻的楚國婦人。與雲南滇族婦人垂於頸後的樣式不同,其將頭髮在腦後盤成髮結,但仍具有'一撮之髻,其形如椎'的特點。另外,在山東濟南無影山西漢墓出土的陶俑、湖北江陵鳳凰山出土的木俑上,都能看到梳椎髻的形象,可見當時椎髻的髮式在女性間非常流行。"管彥波《文化與藝術:中國少數民族頭飾文化研究》:"在我國少數民族中,椎髻髮式甚爲普遍。"

③ "甄后既入魏宮"句,見於清高士奇補《編珠》卷三補遺所引《採蘭雜志》。《琅嬛記》所引《採蘭雜志》:"甄后既入魏宮,宮庭有一緑蛇,口中恒有赤珠,若梧子大。不傷人,人欲害之則不見矣。每日后梳妝,則盤結一髻形於后前。后異之,因效而爲髻,巧奪天工,故后髻每日不同,號爲'靈蛇髻'。宮人擬之十不得一二也。"○"靈蛇髻",黃强著《南京歷代服飾·六朝篇》:"甄后觀察緑蛇盤形得到啓發,創立靈蛇髻,宮女效仿甄氏梳理靈蛇髻,難得其精髓。可見梳理靈蛇髻有一定難度,以筆者看來,仿蛇盤造型容易,但不易達到靈動的效果。靈蛇髻的玄妙在於'靈',想來這種高髻,辮髮盤恒,並會有一股辮髮突兀髻前,產生靈動之感。那時候沒有髮膠來固定,只能借助木頭、樹枝支撐,達到盤旋、突兀的效果。後來的飛天髻,便由靈蛇髻演變而來。"

④ "襦裙",加本作"裙襦"。陸游《夏夜舟中聞水鳥聲甚哀若曰姑惡感而作詩》:"下床頭雞鳴,梳髻著襦裙。"○"襦裙",周啟澄、趙豐、包銘新主編《中國紡織通史》第二十三章《秦漢至隋唐服飾》:"襦裙是中國婦女服裝中最主要的服裝形式之一,早在戰國時期就已出現。漢代時深衣普遍流行,襦裙並非主流。襦裙形制上衣爲襦,襦爲窄袖右衽,長至腰間。裙長及地,裙以素絹四幅或多幅連接合并,上窄下寬,不施邊緣,裙腰兩端縫有絹帶,用來繫結。女子走路時只可碎步慢走,顯示出端莊之態。漢時勞動女子爲行動方便多著上襦下裙;勞動男子則上身穿襦,下身穿犢鼻褲,衣外圍罩布裙。"

《北史·室韋傳》："室韋國婦女，束髮作叉手髻。"①

陳時宮中梳隨雲髻，即暈妝。②

隋文宮中梳九真髻，紅妝爲之桃花面，插翠翹桃蘇搔頭，帖五色花子。煬帝令宮人梳迎唐八鬟髻，插翡翠釵作日妝。又令梳翻荷髻，作愁妝；坐愁髻，作紅妝。③

唐武德中，半翻髻，又梳反綰髻、樂游髻。開元中，梳雙鬟、望仙髻及回鶻髻。

貞元中，梳歸順髻，帖五色花子。④

鬆髻，韓偓詩："髻根鬆慢玉釵垂，指點庭花又過時。"⑤

唐末宮中髻，爲鬧掃妝。形如焱風散鬈，猶盤鴉、墮馬之類。唐詩："還梳鬧掃學宮妝，獨立間庭納夜涼。手把玉釵敲砌竹，清歌一曲月如霜。"⑥

信州袁著，夜經廢宅，遇一黑面婦人，自稱裂娘，堆雙髻，衣紅褐，佩兩金鐶。正語間，忽不見。⑦《已瘧編》。

簇髻，陸游詩："銀釵簇髻女妝新。"⑧

---

① "室韋國婦女"句，《北史·室韋傳》："室韋國……丈夫索髮，用角弓，其箭尤長。女婦束髮作叉手髻。"

② "陳時宮中梳隨雲髻"句，宇文士及《妝臺記》："陳宮中梳隨雲髻，即暈妝。"

③ "釵"，加本無此字。"隋文宮中梳九真髻"句，宇文士及《妝臺記》："隋文宮中梳九真髻，紅妝謂之桃花面，插翠翹桃華搔頭，帖五色花子。煬帝令宮人梳迎唐八鬟髻，插翡翠釵子作日妝；又令梳翻荷鬟，作啼妝；坐愁髻，作紅妝。"

④ "唐武德中"句，宇文士及《妝臺記》："唐武德中，宮中梳半翻髻，又梳反綰髻、樂游髻，即水精殿名也。開元中，梳雙鬟、望仙髻及回鶻髻。貴妃作愁來髻。貞元中，梳歸順髻，帖五色花子，又有鬧掃妝髻。"

⑤ "髻根鬆慢玉釵垂"句，韓偓《鬆髻》："髻根鬆慢玉釵垂，指點花枝（一作庭花）又過時。"

⑥ "閑庭"，原作"間亭"，今據加本改。〇"唐末宮中髻"句，見於唐白行簡《三夢記》。〇"唐詩"句，唐高適有《聽張立本女吟》詩："危冠廣袖楚宮妝，獨步閑庭逐夜涼。自把玉釵敲砌竹，清歌一曲月如霜。"今按：整句與明夏樹芳輯《詞林海錯·鬧掃》文同。

⑦ "信州袁著"句，明劉玉《已瘧編》："信州人袁著，夜經廢宅，遇一黑面婦人，自稱裂娘，堆雙髻，衣紅褐，佩兩金鐶。正語間，忽不見，著疑懼，旋走退，宿於故知家。明日復至其所，但見污塵中積褐一堆，撥開得一剪刀，乃知昨所遇者，剪刀精也。"

⑧ "簇髻女妝"，加本闕"髻"，朱校補。〇"銀釵簇髻女妝新"，陸游《新安驛》："木盎汲江人起早，銀釵簇髻女妝新。"

紅綫梳烏蠻髻，攢金鳳釵，入魏城。①《甘澤謠》。

長安作盤桓髻，驚鵠髻，復作俀䰅髻，一曰梁冀妻墮馬髻遺狀也。②《古今注》。

睡髻，韓偓詩："睡髻休頻攏，春眉忍更長。"③

蜀孟昶末年，婦人治髮爲高髻，號朝天髻。宋理宗朝，宮妃梳高髻於頂。曰不走落。④

宋太宗端拱二年，禁婦人戴假髻，非命婦不得服泥金、銷金、真珠裝綴衣服。《通考》。

䘥音罿。《英華》作匋，音洽。綵，婦人頭花髻飾，翠爲䘥葉。《玉篇》。杜甫《麗人行》："翠微䘥葉垂鬢脣。"朱長孺注：以翡翠爲䘥綵之葉也。⑤

一尺髻，陸游詩："古妝峨峨一尺髻，木盎銀杯邀客舟。"⑥

峽中負物賣，率多婦人。未嫁者爲同心髻，高二尺，插銀釵至六

_____

① "紅綫梳烏蠻髻"句，袁郊《甘澤謠·紅綫》："乃入閨房，飾其行具。梳烏蠻髻，攢金鳳釵，衣紫綉短袍，繫青絲輕履，胸前佩龍文匕首，額上書太乙神名。再拜而倏忽不見。"

② "長安作盤桓髻"句，崔豹《古今注》："長安婦人好爲盤桓髻，到於今其法不絶。墮馬髻，今無復作者。倭墮髻，一云墮馬之餘形也。"

③ "睡髻休頻攏"句，韓偓《信筆》："睡髻休頻攏，春眉忍更長。整釵梔子重，泛酒菊花香。"

④ "蜀孟昶末年……曰不走落"句，《宋史·五行志》："建隆初，蜀孟昶末年，婦女競治髮爲高髻，號朝天髻。……理宗朝，宮妃繫前後掩裙而長窣地，名趕上裙；梳高髻於頂，曰不走落；束足纖直，名快上馬；粉點眼角，名淚妝；剃削童髮，必留大錢許於頂左，名偏頂，或留之頂前，束以綵繒，宛若博焦之狀，或曰鵓角。""高髻"，錢華《宋代婦女服飾考》（高洪興等編《婦女風俗考》）："北宋初年，京師婦女多用假髻，競以高大爲美，遠近婦女均仿效之，甚至假髻有高至五寸以上者。《文昌雜録》引徐度龍《靚行詞》：'朱樓逢靚女，假髻鬟……紅顏黛眉，高髻接格妝樓外。'可見當年一時是盛行高髻的，不久，太宗乃下詔禁止：'端拱二年詔……幞頭巾子，自今高不得過二寸五分，婦人假髻並宜禁斷。仍不得作高髻及高冠；其銷金、泥金、真珠、裝綴衣服，除命婦外，餘人並禁……《宋史》卷一百五十三《輿服志》），然南渡以後，又有恢復以前假髻形式的，朝廷並有規定，孝宗時，乃定婦女的服飾。'淳熙中……定婦人則假髻大衣長裙，女子在室者冠子背子，衆妾則假紒（同假髻）背子……（《續通志》卷一二二《器服略》）''理宗時，又有宮妃梳高髻於頂者，束以綵繒，名曰不走落。——見《宋史》卷六十五《五行志》'"

⑤ "翠微䘥葉垂鬢脣"，見杜甫《麗人行》："頭上何所有？翠爲（一作微）䘥葉垂鬢脣。"宋陳彭年、邱雍《重修廣韻》："䘥綵，婦人髻飾花也。"此條詳見《杜詩詳注》卷二。

⑥ "古妝峨峨一尺髻"句，陸游《三峽歌九首》其二："不怕灘如竹節稠，新灘已過可無憂。古妝峨峨一尺髻，木盎銀杯邀客舟。"

雙，後插象牙梳，如手大。①《入蜀記》。

龍家婦結髮若螺，飾髮以薏苡，立鬼竿以擇對。②《黔書》。

南朝髻，韓偓詩：“楚殿衣窄，南朝髻高。”③

苗女以馬鬣雜髮爲髮而戴之，大如斗，籠以木梳。④《黔書》。

九包髻，薛田詩：“九包綰就佳人髻，三鬧裝成子弟轑。”⑤

螺髻，晁無咎《下水船詞》爲妓者姝麗作，有“困倚妝臺，盈盈正解螺髻”之句。⑥

百花髻，元稹詩：“叢梳百葉髻，金蹙重臺履。”⑦

春風髻，陸游詩：“君看淡掃出蠒眉，豈比一尺春風髻。”⑧

婦人首飾以皮爲之者曰假頭，亦曰假髻。作俑於晋太元中。弘治末，京師婦人悉反戴之。⑨《儼山集》。髲音備，編他髮以被髻也。

玄宗在東都，晝夢一女，梳交心髻，大袖寬衣，拜於牀前。曰：“妾是陛下凌波池中龍女。衞宮護駕，妾實有功，今陛下洞曉鈞天之音，

---

① “峽中負物賣……如手大”句，此條見於陸游《入蜀記》。

② “龍家婦結髮若螺”句，清田雯《黔書》：“龍家婦結髻若螺，飾髮以薏苡，立鬼竿擇對。”

③ “楚殿衣窄”句，韓偓《春畫》：“膚清臂瘦，衫薄香銷。楚殿衣窄，南朝髻高。”

④ “苗女以馬鬣雜髮爲髮而戴之”句，田雯《黔書》：“婦人斂馬鬃尾雜人髮爲髻，大如斗，籠以木梳。”

⑤ “九包綰就佳人髻”句，見於宋薛田《成都書事百韻詩》。○“三鬧”，《少室山房筆叢》乙部《藝林學山》二《鬧裝》：“京師有鬧裝帶，其名始於唐。白樂天詩：‘貴主冠浮動，親王帶鬧裝。’薛田詩：‘九苞綰就佳人髻，三鬧裝成子弟轑。’詞曲有‘角帶鬧黃鞓’。今作‘傲’，非也。按，樂天《寄翰林學士詩》：貴主冠浮動，親王轡鬧裝。白《集》及《文獻通考》俱同。（《通考》：翰林院類引此詩。）非鬧字也。薛田：‘九苞綰就佳人髻，三鬧裝成子弟轑。’正用白語，轑與轡互證自明。楊因近有鬧裝帶之名，遂改白詩‘轡’字爲‘帶’，以附會之，又改元詞‘傲黃’爲‘鬧黃’，臆亦太橫矣。（傲黃，蓋顏色之名。如楊説，則裝可鬧黃，亦可鬧帶，可鬧裝鞓，亦可鬧裝耶。）鬧裝帶，余遊燕日嘗見於東市中，合衆寶攢綴而成，故曰鬧裝。白詩之‘轡’、薛詩之‘轑’，蓋皆此類。”

⑥ “困倚妝臺”句，宋晁補之《下水船·廖明略妓田氏》：“上客驪駒繫，驚喚銀瓶睡起。困倚妝臺，盈盈正解螺髻。”“螺髻”，盤疊出似青螺的髻形，稱爲螺髻。《續仙傳·鄖去奢》：“去奢儼坐，有戴遠遊冠，絳服、螺髻，垂髮，碧綃衣男女四人對坐，侍從皆玉童玉女，光明照身。”

⑦ “葉”，原作“花”，今據四部叢刊影錢曾述古堂影宋抄本《才調集》卷四改。元稹《夢遊春七十韻》：“叢梳百葉髻，金蹙重臺履。”

⑧ “君看淡掃出蠒眉”句，見於陸游《讀〈老子〉次前韻》。

⑨ “婦人首飾以皮爲之者曰假頭……婦人悉反戴之”句，《儼山集》：“婦人首飾以髮爲之者曰假頭，亦曰假髻。作俑於晋太元中。弘治末，京師婦人悉反戴之，殆非佳兆。”

乞賜一曲以光族類。"①《太真外傳》。

珠絡髻,《唐書》:"南蠻婦人食乳酪,肥白,跣足。青布爲衫裳,聯貫珂貝珠絡之。髻垂於後,有夫者分兩髻。"②

婆賄伽盧婦人當頂作高髻,飾銀珠琲,衣青娑裙,披羅緞,行持扇。貴家者旁至五六。③《唐書》。

麻姑頂中作髻,餘髮垂至腰。其衣有文章而非錦綺,光彩耀目,不可名狀。④《麻姑傳》。

合德有欣愁髻。《髻鬟品》。

秦羅髻,梁簡文帝《倡婦怨樂府》:"恥學秦羅髻,羞爲樓上妝。"⑤

梁宮有羅光髻。《髻鬟品》。

真臘國婦女,皆椎髻袒裼,止以布圍腰,出入則加以大布一條,纏於小布之上,以紅藥染手足掌,打兩頭花布。⑥《真臘風土記》。

周弘文少時著錦絞髻,王憲亦作解散髻。⑦《髻鬟品》。

---

① "玄宗在東都"句,樂史《太真外傳》:"玄宗在東都,晝夢一女,容貌豔異,梳交心髻,大袖寬衣,拜於床前。上問:'汝何人?'曰:'妾是陛下凌波池中龍女。衛宮護駕,妾實有功,今陛下洞曉鈞天之音,乞賜一曲以光族類。'"

② "衫裳",加本作"裳衫"。○"南蠻婦人食乳酪"句,《新唐書·南蠻列傳》:"姚州境有永昌蠻⋯⋯婦人食乳酪,肥白,跣足;青布爲衫裳,聯貫珂貝珠絡之;髻垂於後,有夫者分兩髻。"

③ "娑",原作"婆",今據中華書局點校本《新唐書》改。"婦人當頂作高髻"句,《新唐書·南蠻列傳》:"婦人當頂作高髻,飾銀珠琲,衣青娑裙,披羅段;行持扇,貴家者傍至五六。"

④ "目",加本作"日"。"麻姑頂中作髻"句,晉葛洪《神仙傳·王遠》:"麻姑至,蔡經亦舉家見之。是好女子,年十八九許,於頂中作髻,餘髮散垂至腰,其衣有文章而非錦綺,光彩耀目,不可名字,皆世所無有也。"今按:《太平廣記》卷六〇《女仙》作"目"。

⑤ "倡",加本作"娼"。○"恥學秦羅髻"句,見於梁簡文帝《倡婦怨情十二韻》。

⑥ "真臘國婦女"句,元周達觀《真臘風土記·服飾》:"自國主以下,男女皆椎髻袒裼,只以布圍腰。出入則加以大布一條,纏於小布之上。布甚有等級,國主所打之布,有值金三四兩者,極其華麗精美。其國中雖自織布,暹羅及占城皆有來者,往往以來自西洋者爲上,以其精巧而細樣故也。惟國主可打純花布,頭戴金冠子,如金剛頭上所戴者。或有時不戴冠,但以綫穿香花,如茉莉之類,周匝於髻間。項上戴大珠牌三五片。手足及諸指上皆戴金鐲、指展,上皆嵌貓兒眼睛石。其下跣足,足下及手掌皆以紅藥染赤色。出則手持金劍。百姓間惟婦女可染手足掌,男子不敢也。大臣國戚可打疏花布,惟官人可打兩頭花布,百姓間惟婦人可打之。新唐人雖打兩頭花布,人亦不敢罪之,以其'暗丁八殺'故也。暗丁八殺者,不識體例也。"

⑦ "王憲亦作解散髻",原脫,今據加本補。段成式《髻鬟品》:"王憲亦作解散髻,斜插髻。周弘文少時著錦絞髻。"

公主會見大首髻，其燕服則施嚴雜寶爲佩瑞。[①]《南齊書》。

晋制，太平髻，七鏌蔽髻，又有五鏌三鏌之名，皆蠶衣也。[②]《輿服志》。

咼墮髻，白居易詩："何處琵琶弦似語，誰家咼墮髻如雲。"[③]

玉釵髻，元稹詩："挑鬟玉釵髻，刺綉寶妝攏。"[④]

老姥髻，永嘉中有之。[⑤]《冥通記》。

古時髻，王建詩："可知將來對夫婿，鏡前學梳古時髻。"[⑥]

兩髻，皇太子《咏武陵王左右五嵩傳杯詩》曰："頂分如兩髻，簪長驗上頭。"[⑦]《侍兒小名録》。

宣和中，童貫用兵敗而竄。一日内宴，教坊進伎，爲三四婢，首飾皆不同。其一當額爲髻，曰蔡太師家人也。其二髻偏墜，曰鄭太宰家人也。又一人滿頭爲髻如小兒，曰童大王家人也。問其故，曰：蔡覲清光，名朝天髻。鄭奉祠就第，名懶梳髻。至童方用兵，此三十六髻也。[⑧]《齊東野語》。

---

① "公主會見大首髻"句，《南齊書·輿服志》："袿襡大衣，謂之褘衣，皇后謁廟所服。公主會見大首髻，其燕服則施嚴雜寶爲佩瑞。袿襡用綉爲衣，裳加五色，鏁金銀校飾。"

② "太平髻"句，《晋書·輿服志》："貴人、貴嬪、夫人助蠶，服純縹爲上與下，皆深衣制。太平髻，七鏌蔽髻，黑玳瑁，又加簪珥。九嬪及公主、夫人五鏌，世婦三鏌。助蠶之義，自古而然矣。"

③ "何處琵琶弦似語"句，見於白居易《寄微之》。"咼墮髻"，同倭墮髻。倭墮髻，由梁冀妻孫壽所創墮馬髻演變而成。東漢和帝時始流行，唐時最爲流行，至清時不衰。其髮式是髮髻向額前俯偃。一説髮髻斜垂於腦後。

④ "挑鬟玉釵髻"句，元稹《春六十韻》："酒愛油衣淺，杯夸瑪瑙烘。挑鬟玉釵髻，刺綉寶裝攏。"

⑤ "老姥髻"句，南朝陶弘景《周氏冥通記·五月事》："足著兩頭舄，舄紫色，行時有聲，索索然，從者十二人，二人提裾，作兩髻，髻如永嘉老姥髻，紫衫，青褲，履縛褲極緩。"注："此髻法寬根垂至額也。"

⑥ "可知將來對夫婿"句，王建《開池得古釵》："當時墮地覓不得，暗想窗中還夜啼。可知將來對夫婿，鏡前學梳古時髻。"

⑦ "頂分如兩髻"句，見於梁簡文帝《咏武陵王左右伍嵩傳杯》。

⑧ "懶梳髻"，原作"嫩梳髻"，加本同，今據明正德刻本《齊東野語》改。"宣和中……此三十六髻也"句，宋周密《齊東野語》："宣和中，童貫用兵燕薊，敗而竄。一日内宴，教坊進伎，爲三四婢，首飾皆不同。其一當額爲髻，曰'蔡太師家人也'。其二髻偏墜，曰'鄭太宰家人也'。又一人滿頭爲髻如小兒，曰'童大王家人也'。問其故。蔡氏者曰：'太師覲清光，此名朝天髻。'鄭氏者曰：'吾太宰奉祠就第，此名懶梳髻。'至童氏者則曰：'大王方用兵，此三十六髻也。'"今按："三十六髻"是"三十六計"諧音，宋人用"三十六計走爲上計"，諷刺童貫敗竄。

身作紅襟雙語燕，飛入碧窗紗裏，看挂鏡，親盤鴉髻。竹垞①《憶伎詞》。②
錦石秋花，當時穩貼皂羅髻。竹垞《遼后洗妝樓詞》。③

冠　類④

芙蓉冠，《古今注》："冠子，秦始皇之制也。令三妃九嬪，當暑戴
芙蓉冠子，以碧羅爲之，插五色通草蘇朵子。宮人戴黃羅髻、蟬冠子、
五花朵子。隋帝令宮人戴通天百葉冠子，插瑟瑟鈿朵，皆垂珠翠。"⑤

金龍小冠，宋章獻太后，嘗以賜魏國大長公主，辭不敢服。⑥

洪武十八年，頒命婦翠雲冠制於天下。⑦明太祖實錄。

---

①　"竹垞"，即朱彝尊。朱彝尊，秀水（今浙江嘉興）人，字錫鬯，號竹垞，作品清峭而好用偏典。

②　《憶伎詞》，見於朱彝尊《金縷曲·憶静憐》："塞上胭脂紫，女牆深、榆飄似莢，柳多於薺。身作紅襟雙語燕，飛入碧窗紗裏。看挂鏡、親盤鴉髻。"

③　《遼后洗妝樓詞》，見於朱彝尊《臺城路·遼后洗妝樓》："曾簇蝶湔紅，影蛾描翠。錦石秋花，當時穩貼皂羅髻。"

④　"冠"，揚之水《奢華之色：宋元明金銀器研究》："女子戴冠，唐以前並不盛行，雖然頭著蓮花冠的北魏皇后曾經出現在龍門石窟雕刻的禮佛圖中，不過究竟不成爲風氣。戴冠的唐五代女子大致有兩類，其一女冠，其一是女樂，所著多爲碧羅蓮冠。……五代至北宋初年，女子戴冠的風氣似已漸漸流行于民間，敦煌畫品中，女子著冠的形象不止一例。"

⑤　"冠子……皆垂珠翠"句，馬縞《中華古今注》："冠子者，秦始皇之制也。令三妃九嬪當暑戴芙蓉冠子，以碧羅爲之，插五色通草蘇朵子，披淺黃叢羅衫，把碧苧母小扇子，靸蹲鳳頭履以侍從。令宮人當暑戴黃羅髻、蟬冠子、五花朵子，披淺黃銀泥飛雲帔，把五色羅小扇子，靸金泥飛頭鞋。至隋帝，於江都宮水精殿令宮人戴通天百葉冠子，插瑟瑟鈿朵，皆垂珠翠，披紫羅帔，把半月雉尾扇子，靸瑞鳩頭履子，謂之仙飛。其後改更實繁，不可具紀。"今按：碧羅冠，以碧羅紗製成。李芽《中國古代首飾史》第六章《中國隋唐五代的首飾》：花冠，"其材質很多，織物製成的碧羅冠子是常見類型，可在暑天使用，《中華古今注》中有'當暑戴芙蓉冠子，以碧羅爲之'。晚唐五代詩詞也常有提及"。邵文實《敦煌文獻中的女性角色研究》第二章："《雲謠集》中戴碧羅冠的女子，一爲女伎，一爲内人家，身份有所不同，卻戴著類似的冠子，説明碧羅冠在唐代花樣衆多的冠飾中更具有流行性和普遍性。"

⑥　"金龍小冠"句，彭大翼《山堂肆考》："宋仁宗皇祐三年春正月帝幸魏國大長公主第……章獻太后嘗賜金龍小冠，（魏國大長公主）辭不敢服。太后訪以政事，多語祖宗舊事以諷。"

⑦　"洪武十八年"句，《明太祖實錄》："（洪武十八年五月）戊戌，頒命婦翠雲冠制於天下。其制：飾以珠翠，前用珠翠花三，珠菊蕊二，翠葉二十七，葉上雲五，雲上用大珠五，後用珠菊花一，珠菊蕊三，翠葉二十四，兩傍插金雀口銜珠結一雙。金雀惟公侯、一品、二品命婦用之，三品、四品則用金孔雀，五品用銀鴛鴦，六品、七品用銀練鵲，俱鍍以金，銜珠結一雙，八品、九品用銀練鵲，以金間抹之，銜小珠桃牌一雙。"清郝懿行《證俗文》第二《衣服·冠子》："洪武十八年乙丑，頒命婦翠雲冠制於天下。即今鳳冠。"秦惠蘭、黃意明著《菊文化》第五章《菊與文藝》引《天府廣記》此條説，"這種翠雲冠主要是以菊花圖案爲裝飾的"。

花蕊夫人詩：“鹿皮冠子淡黄裙。”李益詩：“霧袖烟裙雲母冠。”①

武宗與諸嬪妃，泛月於禁苑太液池中。舟上各設女軍，居左者，冠赤羽冠，服斑文甲，建鳳尾旗，執泥金畫戟，號曰“鳳隊”。居右者，冠漆朱帽，衣雪氅裘，建鶴翼旗，執瀝粉雕戈，號曰“鶴團”。②《元氏掖庭記》。

上元夫人戴九雲夜光之冠，王母戴太真晨纓之冠。③《漢武内傳》。

西王母冠，其狀如戴勝。④《思玄賦注》。

五銖冠，《博異志》：“天女冠六銖，衣五銖。”《北里志》：“玉肌無軫五銖輕。”⑤

金蓮花冠。⑥見《博異志》。

---

① “鹿皮冠子淡黄裙”，花蕊夫人《宮詞》其九十：“老大初教作道人，鹿皮冠子淡黄裙。後宮歌舞今抛擲，每日焚香事老君。”○“霧袖烟裙雲母冠”，李益《避暑女冠》：“霧袖烟裙雲母冠，碧琉璃簟井冰寒。”

② “武宗與諸嬪妃”句，明陶宗儀《元氏掖庭記》：“己酉仲秋，武宗與諸嬪妃泛月於禁苑太液池中。月色射波，池光映天，綠荷含香，芬藻吐秀，游魚浮鳥，競戲群集。於是畫鷁中流，蓮舟夾持。舟上各設女軍。居左者，冠赤羽冠，服斑文甲，建鳳尾旗，執泥金畫戟，號曰‘鳳隊’。居右者，冠漆朱帽，衣雪氅裘，建鶴翼旗，執瀝粉雕戈，號曰‘鶴團’。”

③ “上元夫人戴九雲夜光之冠”句，顧起元《説略》載：“婦人之冠，《漢武内傳》曰：‘上元夫人戴九雲夜光之冠，王母戴太真晨纓之冠。漢宮披承恩意，賜碧芙蓉冠子并緋芙蓉冠子、髻梳子、頭纈、搔頭、篦釵、草花子。’”《漢武帝内傳》：“夫人年可二十餘，天姿精耀，靈眸絶朗，服青（一作赤）霜之袍，雲彩亂色，非錦非绣，不可名字。頭把三角髻，餘髮散垂至腰，戴九靈（一作雲）夜光之冠，帶（一作曳）六出火玉之珮，垂鳳文林華之綬，腰流黄揮精之劍。”又：“王母上殿，東向坐，著黄金褡襦，文采鮮明，光儀淑穆，帶靈飛大綬，腰佩分景之劍，頭上太華髻，戴太真晨嬰之冠，履玄璃鳳文之舄。”

④ “西王母冠”句，葉廷珪《海録碎事》引《思玄賦注》：“西王母冠，其狀如戴勝。”

⑤ “天女冠六銖……玉肌無軫五銖輕”句，見於楊慎《藝林伐山》：“《博異志》：‘天女衣六銖，又曰五銖。’《北里志》：‘玉肌無軫五銖輕。’若以爲天女玉肌之衣，不知諸天人皆衣五銖、六銖，不獨天女。且有三銖、一銖、半銖者，不獨五、六。”今按：六銖衣，典出《長阿含經》卷二〇《世紀經·忉利天品》，“忉利天衣重六銖，炎摩天衣重三銖，兜率天衣重二銖半，化樂天衣重一銖，他化自在天衣重半銖”。銖是古代的重量單位，極小，二十四銖爲一兩。佛經稱忉利天之衣重六銖，後因以六銖衣形容衣服之輕薄，並常藉以將著衣者譽爲仙人。唐鄭還古《博異志》：“（岑）文本曰：‘吾人冠帔，何制度之異？’對曰：‘夫道在於方圓之中，僕外服圓而心方正，相時之儀也。’又問曰：‘衣服皆輕細，何土所出？’對曰：‘此是上清五銖服。’又問曰：‘比聞六銖者，天人衣，何五銖之異？’對曰：‘尤細者則五銖也。’”唐孫棨《北里志》：“故右史鄭休範嘗在席上贈詩曰：嚴吹如何下太清，玉肌無疹六銖輕。雖知不是流霞酌，願聽雲和瑟一聲。”

⑥ “金蓮花冠”，今本《博異志》未見載。《新五代史·前蜀世家》：“而後宮皆戴金蓮花冠，衣道士服。”李芽《中國古代首飾史》第六章《中國隋唐五代的首飾》：“花冠最常見者爲蓮花（轉下頁）

　　輕金冠，唐《杜陽編》：“寶曆二年，浙東貢舞女，戴輕金冠，以金絲結之。爲鸞鶴狀，仍飾以五彩細珠，玲瓏相續，可高一尺，秤之，無二三分。”①

　　鳳皇冠，張敏叔詩：“六宮爭插鳳皇冠。”②

　　白玉冠，花蕊夫人詩：“天子親簪白玉冠。”③

　　漢宮披承恩者，賜碧芙蓉冠子，并緋芙蓉冠子、髻梳子、頭繢、搔頭、篦釵、草花子。④《漢武内傳》。

　　玉葉冠，玉真公主有之，人莫計其價。《海録碎事》。

　　角冠，韋應物《送宮人入道詩》：“公主與收珠翠後，君王看戴角冠時。”⑤

（接上頁）冠，又稱芙蓉冠子。蓮花冠的緣起或與宗教有關，北魏龍門石窟、鞏義石窟寺帝后禮服圖中的后妃已開始常戴蓮形冠。在唐代，芙蓉冠是道教女冠的重要標誌性服飾，如唐張萬福《三洞法服科戒文》中便有‘芙蓉玄冠’‘冠象蓮花或四面兩葉’‘蓮花寶冠’等記載。后妃公主若入道，也須改換芙蓉冠或葉形冠，‘公主玉葉冠，時人莫計其價’，玉真公主出家後所戴的玉葉冠是常被歌詠的例子。”

　　①　“寶曆二年……無二三分”句，見於唐蘇鶚《杜陽雜編》。輕金冠，李芽《中國古代首飾史》第六章《中國隋唐五代的首飾》：花冠的材質很多，有碧羅製成的，“此外還有金銀掐絲編結而成的芙蓉冠子”。

　　②　“詩”，原脱，今據加本補。“六宮爭插鳳凰冠”，張景修佚句。○鳳凰冠，李芽《中國古代首飾史》第六章《中國隋唐五代的首飾》：“唐代鳳形冠飾偶見出土發現，陝西歷史博物館藏有一件唐代金鳳鳥飾，高 12 釐米，鳳鳥雙翅舒展，後尾上揚，整體造型如孔雀開屏，喙部有穿孔，原應有懸墜飾件。鳳身及羽翼以錘鍱、編結、焊接成鑲嵌寶石的金框寶鈿裝，原嵌物已失，鳥腿以薄銀片卷成，有可能爲安插在髻頂或冠頂正中的飾件。美國舊金山市亞洲藝術博物館、美國納爾遜博物館、明尼阿波利斯博物館等處也收藏有若干十分相似的唐代首飾，以金銀掐絲製成立體鳳形，有的還殘留所鑲嵌的松石等珠寶，下有兩爪，多無簪脚。唐詩中有‘結金冠子’‘結銀條冠子’之稱，唐蘇鶚《杜陽雜編》曾記載唐寶曆二年(826)‘浙東貢舞女二人，一曰飛燕，一曰輕鳳。……戴輕金之冠。以金絲結之，爲鸞鶴之狀，仍飾以五彩細珠，玲瓏相續，可高一尺，秤之無三二錢，上更琢玉芙蓉以爲頂’。其‘輕金之冠’描述與之非常接近，以金絲結成‘鸞鶴之形’，當爲此類鳳鳥冠。”

　　③　“詩”，原脱，今據加本補。○“天子親簪白玉冠”，見於花蕊夫人《宮詞》。今按：“白玉冠”，陳貽焮主編《增訂注釋全唐詩》卷七九三後蜀花蕊夫人《宮詞》其七六“天子親簪白玉冠”，注釋：“謂道冠。”

　　④　“漢宮披承恩者”句，顧起元《説略》引《漢武内傳》曰：“上元夫人戴九雲夜光之冠，王母戴太真晨纓之冠。漢宮披承恩者，賜碧芙蓉冠子并緋芙蓉冠子、髻梳子、頭繢、搔頭、篦釵，草花子。”“髻梳子”，今按：即頭上插梳子。杭間主編《服飾英華·大唐風範》：唐代婦女不僅“頭上駕釵雙翠翹”，“還喜歡將梳篦插戴頭上，大的梳長一尺二寸，也有插小梳的，‘滿頭行小梳，當頭施圓靨’。”

　　⑤　“角冠”，張子才《語文辭書探研叢稿·古代名物詞的釋義與典章制度》：“‘角冠’，道冠。唐宋時盛行戴這種帽子。張蕭遠《送宮人入道》詩：‘師主與收珠翠後，君王看戴角冠時。’（轉下頁）

　　京師媒人，上等戴蓋頭，著紫背子，説官親宫院恩澤。①中等戴冠子、黄色髻，背子，或只繫裙，手把青涼傘兒，皆兩人同行。②《東京夢華録》。

　　馬鐙龍家皆苗類也。在寧谷西，婦人緇布作冠，若馬鐙加髻，以簪束之。③《黔書》。

　　幗，婦人冠也，武侯遺司馬懿巾幗。④

　　《輿服志》：“夫人有紺繒幗。”古畫婦女有頭施紺冪者，即此制也。⑤

─────────

（接上頁）徐凝《避暑》詩：‘斑多筒簟冷，髮少角冠清。’宋代都市街頭有‘帶修蟆頭帽子，補角冠’的買賣（見孟元老《東京夢華録·諸色雜賣》）。宋時婦人冠本用漆紗製作，加上金銀珠翠等裝飾。後來宫廷中時行一種用白角所製的女冠就不同了。宋人的筆記記述了這種角冠（《宋史·輿服志五》也有相同的記載）。王栐《燕翼詒謀録》卷四：‘仁宗時，宫中以白角改造冠并梳，冠之長至三尺，有等肩者，梳至一尺。’周煇《清波雜志》卷八：‘先是宫中尚白角冠，人爭效之，號内樣冠。名曰垂肩、等肩，至有長三尺者，登車簷皆側首而入’。《説郛》卷二引江休復《江鄰幾雜志》：‘錢明逸知開封府時，都下婦人白角冠闊四尺，梳一尺餘，諫官上疏禁之，重其罰，告者有賞。’這些記述説明了這種角冠的質地、式樣以及流行情況。彭乘《續墨客揮犀·古冢》：‘濟州金鄉縣發一古冢……婦人亦有如今之垂肩冠者，如近年所服角冠，兩翼包面，下垂及肩，略無小異。’沈括《夢溪筆談·器用》也有相同記載。這裏的‘角冠’就是白角冠，已流行到宫廷之外。宋仁宗曾下詔禁止這種侈靡之風。這種長的冠與梳，後人頗難理解，大抵古人治器物都求大。”

　　①　“官”，原作“宫”，今據文淵閣四庫全書本《東京夢華録》卷五改。

　　②　“京師媒人”句，孟元老《東京夢華録》：“其媒人有數等，上等戴蓋頭，著紫背子，説官親宫院恩澤。中等戴冠子、黄包髻，背子，或只繫裙，手把青涼傘兒，皆兩人同行。”

　　③　“馬鐙龍家皆苗類也”句，明游朴《諸夷考》：“龍家，與狆家同俗，而衣尚白，喪服則易之以青。婦人緇布作冠，若馬鐙，加髻，以笄束之。在寧谷、西堡之間，多張、劉、趙三姓。一曰‘大頭龍家’，男子以牛馬鬃尾雜髮而盤之若蓋，以尖笠覆之。”田雯《黔書·馬鐙龍家》：“馬鐙龍家在寧谷、西堡、頂營之間，多張、劉、趙三姓。衣尚白，喪服則易之以青。婦人緇布作冠，若馬鐙，加髻以簪束之。一曰‘大頭龍家’。男子以馬牛鬃尾雜髮而盤之若蓋，以尖笠覆之。”

　　④　“武侯遺司馬懿巾幗”句，明謝肇淛《五雜俎》：“趙昭儀上飛燕金花紫綿帽。又賀德基於白馬寺逢一婦人，脱白綸巾以贈之。諸葛武侯遺司馬懿巾幗婦人之服。則古婦人亦有巾也。”○“幗”，亦作幘、幗。《後漢書·烏桓鮮卑傳》：“婦人至嫁時，乃養髮，分爲髻，著句决，飾以金碧，猶中國有幗步摇。”李賢注：“幗音吉（古）誨反。字或爲‘幗’，婦人首飾也。《續漢輿服志》曰：‘公卿列侯夫人紺繒幗。’《釋名》云：‘皇后首飾，上有垂珠，步則摇之也。’”

　　⑤　“《輿服志》……即此制也”句，可見於《丹鉛餘録》《琅琊代醉編》《藝林彙考》等書。楊慎《升庵集》卷六九《巾幗》：“《詩》：‘有頍者弁。’《士冠禮》注：‘縢薛名幗爲頍。’今未笄冠者著卷幘，頍象之所生也。《輿服志》：‘夫人有紺繒幗。’古畫婦女有頭施紺冪者，即此制也。諸葛孔明以巾幗遺司馬懿。巾幗，女子未笄之冠，燕京名雲髻，蜀中名曇籠，蓋笑其堅壁不出，如閨女之匿藏也。幗音與‘慣’同，古對切。今音與‘國’同，非也。”

蓮冠,白居易詩:"秋水蓮冠春草裙,依稀風度似文君。"①

《宋史·輿服志》:"端拱二年,禁止婦人不得作高髻高冠。"②

神弁,《鄴中記》:"石季龍宮婢數十,盡著皂褠,頭著神弁,如今禮先冠也。"③

後主宮人以白越布折額,狀如髽幗。④《隋書》。

烏丸婦人,至嫁時乃養髮,分爲髻,著句決,飾以金碧,猶中國有冠步搖也。⑤《魏志》。

酋人之妻有顧姑冠,用鐵絲結成,形如竹夫人,長三尺許,用紅青錦綉或珠金飾之。⑥《蒙韃備録》。

宋孝章皇后幼隨母入見,周太祖賜冠帔。⑦

---

① "秋水蓮冠春草裙"句,白居易《和殷協律琴思》:"秋水蓮冠春草裙,依稀風調似文君。煩君玉指分明語,知是琴心佯不聞。"

② "端拱二年"句,《宋史·輿服志》:"端拱二年,詔縣鎮場務諸色公人并庶人、商賈、伎術、不係官伶人,只許服皂、白衣、鐵、角帶,不得服紫。文武升朝官及諸司副使、禁軍指揮使、廂軍都虞候之家子弟,不拘此限。幞頭巾子,自今高不過二寸五分。婦人假髻並宜禁斷,仍不得作高髻及高冠。其銷金、泥金、真珠裝綴衣服,除命婦許服外,餘人並禁。至道元年,復許庶人服紫。"

③ "弁",《周禮·春官·司服》:"凡兵事韋弁服。"鄭玄注:"韋弁,以韎韋爲弁,又以爲衣裳。《春秋傳》曰'晉郤至衣韎韋之跗注'是也。今時伍伯緹衣,古兵服之遺色。"

④ "後主宮人以白越布折額"句,《隋書·五行志上》:"後主好令宮人以白越布折額,狀如髽幗;又爲白蓋。此二者,喪禍之服也。""白越布",姚崇新《中古藝術宗教與西域歷史論稿·中古時期西南地區的粟特、波斯人蹤迹》:"按越諾布係一種織品,據上列《隋書·波斯國傳》所載波斯物産可知,此種織物出自波斯。……蔡鴻生先生(《唐代九姓胡的貢表和貢品》)指出,這種波斯錦緞,到阿拉伯哈里發時代似乎變成以白色爲上品了。……我們還注意到,白越諾布可能早在阿拉伯帝國以前就有了,並且還出現在北齊宮廷之中。《隋書》卷二二《五行志上》載:'[齊]後主好令宮人以白越布折額,狀如髽幗。'這裏的'白越布'當即'白越諾布'的省稱。以北齊與西域的關係看,北齊宮廷内出現來自西亞、中亞地區的越諾布完全有可能。"

⑤ "烏丸婦人"句,《三國志·魏志·烏丸鮮卑傳》注:"(烏丸)婦人至嫁時乃養髮,分爲髻,著句決,飾以金碧,猶中國有冠步搖也。"林沄《林沄文集·考古學卷(上)·遼墓壁畫研究兩則》:"宋代莊焯《雞肋篇》明確地説當時燕山地區'其良家仕族女子,皆髡首,許嫁方留髮'。結合《三國志·烏桓傳》裴松之注引王沈《魏書》所載烏桓之俗,'父子男女……悉髡頭以爲輕便。婦人至嫁時乃養髮',可以判定契丹女子和烏桓女子一樣是少小未婚時髡髮而許嫁後蓄髮。"

⑥ "酋人之妻有顧姑冠"句,宋孟珙(一作趙珙)《蒙韃備録》:"凡諸酋之妻則有顧姑冠,用鐵絲結成,形如竹夫人,長三尺許,用紅青錦綉或珠金飾之,其上又有杖一枝,用紅青絨飾。"

⑦ "宋孝章皇后幼隨母入見"句,《宋史·宋皇后傳》:"孝章宋皇后,河南洛陽人,左衛上將軍偓之長女也。母漢永寧公主。后幼時隨母入見,周太祖賜冠帔。"

唐持盈公主玉葉冠，希世之寶。①

翹　類

翠翹，翡翠鳥尾上長毛曰翹，故美人首飾如之，因名翠翹。唐詩：
"頭上鴛釵雙翠翹。"②

翠翹，《古今注》："剗作翠翹。"李義山詩："吳市蟆慈。蜥夷。甲，巴
賨叢。翡翠翹。他時未知意，重疊贈嬌嬈。"裴慶餘詩："滿額鵝黃金縷
衣，翠翹浮動玉釵垂。從教水濺羅襦濕，疑是巫山行雨時。"③

首翹，《南唐後主后周氏傳》："創爲高髻纖裳，及首翹鬢朵之妝。"④

花翹，蔡襄詩："花翹零落隨衣裾。"⑤

橫鬢翹，石孝友詞："因甚不勝嬌，烏雲橫鬢翹。"⑥

帽　類

冪羅，帽也，婦人所戴。⑦《韻略》。

---

①　"唐持盈公主玉葉冠"句，《明皇雜記》："持盈公主玉葉冠，希世之寶。"《明皇雜錄》卷下：
"太平公主玉葉冠、虢國夫人夜光枕、楊國忠鏁子帳，皆稀代之寶，不能計其直。"

②　"翡翠鳥尾上長毛曰翹"句，彭大翼《山堂肆考》："翡翠鳥尾上長毛曰翹，美人首飾如之，
因名翠翹。"○"頭上鴛釵雙翠翹"，唐韋應物《長安道》："麗人綺閣情飄飄，頭上鴛釵雙翠翹。""翠
翹"，又稱翡翠翹。女性頭飾，翡翠製成，形似翠鳥之長尾。白居易《長恨歌》："花鈿委地無人收，
翠翹金雀玉搔頭。"周邦彥《憶秦娥·佳人》："人如玉，翠翹金鳳，內家妝束。"

③　"義山"，加本作"商隱"。○"動"，加本脱。○"剗作翠翹"句，《廣博物志》卷三八《服飾》
引《物原》："剗作翠翹、金鈿步搖、寶幹指環。""吳市蟆蜥甲"句，李商隱《碧瓦》："吳市蟆蜥甲，巴賨
翡翠翹。他時未知意，重疊贈嬌嬈。"○"滿額鵝黃金縷衣"句，唐裴慶餘《咏篙水濺妓衣》："滿額鵝
黃金縷衣，翠翹浮動玉釵垂。從教水濺羅裙濕，知道巫山行雨歸。"

④　"創爲高髻纖裳"句，《南唐書·後主昭惠后周氏傳》："司徒宗之女，十九歲來歸。……後
主嗣位，立爲后，寵嬖專房，創爲高髻裙纖裳，及首翹鬢朵之妝，人皆效之。"南京博物院編《南唐
二陵發掘報告·女俑服飾》："李昇陵出土女俑的服飾較男俑爲單純。絕大部分女俑都梳著高髻，
只有個別的梳著單鬟髻或雙髻。高髻都是前面高聳，後面結成長圓形拖於頭後，兩側薄貼鬢髮，
下垂過耳。髻上和髻兩側都有數目不等的小孔，大概是插珠翠花鈿之類的飾物用的。這些大概
就是《南唐書》和南唐二主詞中所説的'高髻''蟬鬢''首翹'和'鬢朵'之類的裝飾。"

⑤　"花翹零落隨衣裾"，見於宋蔡襄《至和雜書五首·八月一日》。

⑥　"因"，今中華書局本《全宋詞》作"困"。"因甚不勝嬌"句，見於石孝友《菩薩蠻》其三。

⑦　"婦人所戴"句，宋陳彭年等《重修廣韻》："冪，覆食巾，又冪羅，婦人所戴。""冪羅"，（轉下頁）

　　冪羅，本羌人之首飾，以羊毛爲之，謂之氈帽。後以故席爲骨而鞔之，謂之席帽。女人戴者，其四網垂下網子，飾以珠翠，謂有障蔽之狀。隋煬帝幸江都，每御紫微樓觀市，欲見女人姿容，詔令女人去網子珠翠。①《二儀録》。

　　金花紫輪帽，《西京雜記》：“飛燕女弟，上襚三十五條之一。”②

　　面衣，《西京雜記》：“趙飛燕爲皇后，女弟昭儀，上襚三十五條，有金花紫面衣。”是漢已有之。前後全用紫羅爲副，下垂，雜他色爲四帶，垂於背，爲女子遠行乘馬之用，亦曰面帽。③

　　蓮幘，田藝衡《敘》：“陛座演法，將迎少女於華山；蓮幘霓裳，又送

―――――――――

（接上頁）《中華古今注》卷上：“冪羅者，唐武德、貞觀年中，宮人騎馬多著冪羅，而全身障蔽。至永徽年中後，皆用帷帽，施裙到頸，漸爲淺露。至顯慶年，百官家口若不乘車，便坐檐子。至神龍末，冪羅殆絶。其冪羅之象，類今之方巾，全身障蔽，繒帛爲之，若便於事非乘車輿，及坐檐子，即此制，誠非便於時也。開元初，宮人馬上著胡帽，靚妝露面，士庶咸效之。至天寶年中，士人之妻著丈夫靴衫鞭帽，内外一體也。”繆良雲主編《中國衣經·類别篇·帽類》：“冪羅。古代婦女障面、蔽身之巾。蒙頭遮面，披身而下至膝。原爲西北少數民族防風沙穿用的服飾，南北朝時期傳入中原，到隋唐時，成爲婦女出門遠行時用來遮面，以免被窺視的裝束，一直流行至唐代中期。《魏書·氏族傳》、《通典》載有：附國，即漢之西夷，其俗‘或戴冪羅’，和‘多以冪羅爲冠’。”

　　①　“本羌人之首飾”句，顧起元《説略》：“冪羅，按《二儀實録》曰：本羌人之首服，以羊毛爲之，謂之氈帽。至秦漢，中華竟服之。後以故席爲骨而鞔之，謂之席帽。女人戴者，其四網垂下網子，飾以珠翠，謂有障蔽之狀。隋煬帝幸江都，每御紫微樓觀市，欲見女人姿容，詔令女人去網子珠翠。”

　　②　“輪”，加本作“綸”。○“飛燕女弟”句，葛洪《西京雜記》：“趙飛燕爲皇后。其女弟在昭陽殿遺飛燕書曰：‘今日嘉辰，貴姊懋膺洪册，謹上襚三十五條，以陳踊躍之心：金華紫輪帽，金華紫羅面衣，織成上襦，織成下裳，五色文綬，鴛鴦襦，鴛鴦被，鴛鴦褥，金錯繡襠，七寶綦履，五色文玉環，同心七寶釵，黄金步摇，合歡圓璫，琥珀枕，龜文枕，珊瑚玦，馬腦彄，雲母扇，孔雀扇，翠羽扇，九華扇，五明扇，雲母屏風，琉璃屏風，五層金博山香爐，回風扇，椰葉席，同心梅，含枝李，青木香，沈水香，香螺巵（出南海，一名丹螺），九真雄麝香，七枝燈。’”○“金花紫輪帽”，高漢貞《古代織物的印染加工》（楊新主編《故宮博物院七十年論文選》）：“關於用金方面，泥金最早用於漆器。服飾上使用泥金也已有兩千多年的歷史。‘秦始皇之制令三妃九嬪服五花朵子、披淺黄銀泥飛雲披……靸金泥飛頭鞋’（《中華古今注》卷之中，三頁）。西漢時有‘金花紫輪帽’‘金花紫羅面衣’（《西京雜記》卷一，四頁）。”

　　③　“背”，原作“肩”，今據明弘治十八年魏氏仁實堂重刻正統本《事物紀原》卷三改。○“西京雜記……亦曰面帽”句，宋高承《事物紀原》：“又有面衣，前後全用紫羅爲幅，下垂雜他色爲四帶，垂於背，爲女子遠行乘馬之用，亦曰面帽。按《西京雜記》趙飛燕爲皇后，女弟昭儀，上襚三十五條，有金花紫羅面衣，則漢已有面衣也。”

三清於金岳。"①

　　高宗朝，以國初宮人騎馬者，依齊隋舊制，多著冪羅，雖發自戎夷而全身障蔽，不欲途路窺之，王公之家亦同。永徽之後，復有用幃帽，②施裙到頸，③漸爲淺露。④至則天朝，幃帽大行，而冪羅遂廢。⑤《唐實錄》。按：閻立本畫《昭君妃虜圖》，戴幃帽以據鞍。⑥見《畫譜》。

　　次工，胡女帽。名次工，制如漁笠，覆以黑氈。雲南之俗，親故久別，無拜跪，惟取次工以爲禮。⑦《一統志》。

　　胡帽，元初宮人，馬上著胡帽。⑧

---

①　"田藝衡《敘》……又送三清於金岳"，《列朝詩集·閏集》卷四《朱氏桂英》："田藝蘅《閨閣窮玄敘》曰：朱氏名桂英，仁和人。……陛座演法，將迎少女於華山。蓮幃霓裳，又送三清於金岳。"

②　"幃帽"，加本作"帽幃"。

③　"頸"，原作"腦"，今據《舊唐書·輿服志》改。《舊唐書·輿服志》："永徽之後，皆用幃帽，拖裙到頸，漸爲淺露。"

④　"漸"，原作"淺"，朱校作"漸"。今據《舊唐書·輿服志》改。

⑤　"高宗朝……而冪羅遂廢"，《舊唐書·輿服志》："武德、貞觀之時，宮人騎馬者，依齊、隋舊制，多著冪羅。雖發自戎夷，而全身障蔽，不欲途路窺之。王公之家，亦同此制。永徽之後，皆用幃帽，拖裙到頸，漸爲淺露。尋下敕禁斷，初雖暫息，旋又仍舊。咸亨二年又下敕云：'百官家口，咸預士流，至於衢路之間，豈可全無障蔽。比來多著幃帽，遂棄冪羅，曾不乘車，別坐檐子。遞相仿效，浸成風俗，過爲輕率，深失禮容。前者已令漸改，如聞猶未止息。又命婦朝謁，或將馳驛車，既入禁門，有虧肅敬。此並乖於儀式，理須禁斷，自今已後，勿使更然。'則天之後，幃帽大行，冪羅漸息。"

⑥　"閻立本畫《昭君妃虜圖》"句，宋郭若虛《圖畫見聞志·論衣冠異制》云："閻立本圖昭君妃虜，戴幃帽以據鞍；王知慎畫梁武南郊，有衣冠而跨馬。殊不知幃帽創從隋代，軒車廢自唐朝。雖弗害爲名蹤，亦丹青之病爾。（幃帽，如今之席帽，周圍垂網也。）"

⑦　"名次工……惟取次工以爲禮"句，《大明一統志》："首戴次工，制如漁笠，覆以黑氈，親故雖久別，無拜跪，唯取次工以爲禮。"○"次公"，楊慎《升庵集》卷四〇"六言四句至八句·題周防瓊枝夜醉圖"："星黔盈盈笑靨，雲衣嫋嫋輕裕。醉粧淡紫沙幂，胡旋墜金次工。（次工，胡女帽名。）"元李京撰《雲南志略》："男女首戴次公，制如中原之蒲笠，差大，編竹爲之，覆以黑氈。親舊雖久別，無拜跪，惟取次公以爲禮。"

⑧　"馬上"，加本無此二字。○"元初宮人"句，馬縞《中華古今注》："開元初，宮人馬上著胡帽，靚妝露面，士庶咸效之。至天寶年中，士人之妻著丈夫靴、衫、鞭、帽，內外一體也。"○"胡帽"，周峰編著《中國古代服裝參考資料（隋唐五代部分）》："胡帽是繼幃帽之後爲盛唐婦女騎馬時所戴的一種帽子。它比起'全身障蔽'的冪羅和將面部'淺露'於外的幃帽是更加'解放'了，已經是'靚妝露面，無復障蔽'。關於它的形制，史料不見記載。沈從文先生考證說：'所說胡帽'大致指渾脫帽（後又稱趙公帽）。'（見《中國古代服飾研究》）向達先生則以爲：'胡帽，在初唐時長安即有戴之者……胡騰舞舞人戴虛頂織成蕃帽，柘枝舞舞人亦戴卷檐虛帽。近來出土唐代陶俑，（轉下頁）

　　研光帽,西王母宴群仙,有舞者帶研光帽,帽上簪花,《舞山香》一曲,①曲未終,花皆落去。②

　　《昭君套》③詞:"宜伴鐵兜牟,卻在妝樓。文姬遺制尚風流。扶上雲鬟頻慰貼,紫玉搔頭。"④荔裳。⑤

(接上頁)胡人像甚多,所謂胡帽,於此可以考見梗概。中有一種胡人,其帽卷檐上銳,所謂卷檐虛帽當即此類。'(見《唐代長安與西域文明》)日本學者原田淑人先生根據新疆阿斯塔那出土俑考證説,其中'有騎馬女子俑戴笠狀物,或者即爲胡帽。'(見《中國唐代服裝》)其他還有諸家考説,恕不一一。但大致不出沈、向二位先生之論。我們以爲史志中所説的胡帽並非單指一兩種胡人所戴的帽,而是泛指。這正如'胡服這兩個字的意思是當作外民族服飾的意義使用下來的,其所指不一定限於一個民族'一樣(見原田淑人《西域繪畫所見服裝的研究》)。因此,沈先生所説的'渾脱帽',向先生所説的胡騰舞舞人戴的'虛頂織成蕃帽'、柘枝舞舞人戴的'卷檐虛帽'等,都屬胡帽。胡帽同胡服一樣是隨著中西文化交流、貿易往來而漸入中國的。尤其在初唐、盛唐時期,由於封建經濟的比較繁榮,社會政治的相對穩定,一些統治階層的人們追求物質生活享受當勢所難免,而在服飾上的追新獵奇也更爲必然。西域諸民族之服飾對中原地區均有很大的影響。如若將'胡帽'只局限於一兩個民族的或一兩個種類的形式,那麼,對於唐朝社會與西域各民族間的文化交往并被之影響的歷史將無法解釋。事實上,從唐代畫塑反映的形象來看,胡帽抑如胡服一樣也是種類繁多,形式不一的(胡帽乃胡服的一個分類,因專題説明,故暫以分述),甚而至今尚有不能明瞭其族屬、形制及名稱。然而有一點可暫爲定論的是,盛唐女子流行之胡帽與胡樂、胡舞服飾有著密切關係。"

　　①　"舞山香",原作"舞香山",今據《東坡志林》《仇池筆記》改,見下條注釋。今按:《舞山香》,亦稱《山香》,古代樂舞名,又爲羯鼓曲名。唐南卓《羯鼓録》:"汝南王璡,寧王長子也。姿容妍美,秀出藩邸。玄宗特鍾愛焉,自傳授之。又以其聰悟敏慧、妙達音旨幸,頃刻不舍。璡嘗戴研絹帽打曲,上自摘紅槿花一朵,置於帽上。二物皆極滑,久之方安。遂奏《舞山香》一曲,而花不墜。(本色所謂定頭項,難在不搖動也。)上大喜笑,賜璡金器一廚。"

　　②　"西王母宴群仙……花皆落去"句,宋蘇軾《仇池筆記》卷上:"徐倅李陶有子,年十七八,忽咏《落花詩》云:'流水難窮目,斜陽易斷腸。誰同研光帽,一曲舞山香。'父驚,問之,若有物憑附者,云:'西王母宴群仙,有舞者戴研光帽,帽上簪花,舞《山香》一曲,未終,而花皆落去。'"○"研光帽",亦稱"研絹帽",以研光絹所製之帽,常在宴舞時戴。

　　③　"昭君套",清梁松年《夢軒筆談·昭君套》:"嘉慶、道光初,婦人冬月戴於額以爲飾。其製如豬脬,長四寸所。或以天鵝絨爲之,或以獺皮、海虎皮爲之。嚴冬天寒,恒戴之以暖額。梨園演劇《王昭君出塞》,昭君首戴狐尾,此飾近之,故名。其飾始於揚州娼妓,而寝流於豪富家婦女,又寝而流於良家婦女。初則省城,繼則鄉間,富侈之家,競尚趨時。專工妖冶,不顧室家之宜,不飭閨閫之範,此不足道。夫以大家婦女,而效娼妓之飾,不羞而惡,其去娼妓幾何耶? 昔崔樞婦人治家整肅,婦妾皆不許時世妝,惡其漸於奢也。今余家婦妾,戒不許戴昭君套,惡其近於娼也。"

　　④　"牟",原作"年";"紫",原作"索",今據康熙八年刻宋琬《二鄉亭詞》改。○"頻",加本作"頗",訛。宋琬《昭君套》詞:"宜伴鐵兜牟,卻在妝樓。文姬遺製尚風流。扶上雲鬟頻慰貼,紫玉搔頭。"

　　⑤　"荔裳",即清文學家宋琬。宋琬(1614—1673),字玉叔,號荔裳。山東萊陽人,順治進士,官户部郎中、四川按察使等。與王士禛、施閏章等合稱"清初六家"。

紗帽籠頭，卸卻殘妝戴。嬌羞壞。廣楊無奈。初學男兒拜。[①]宋荔裳《聽女郎度曲》。

天寶初，貴族及士民好爲胡服胡帽，婦人則簪步搖釵，衿袖窄小。[②]

蓋頭，婦女步通衢，以方幅紫羅幛蔽半身，俗謂之蓋頭，蓋唐幃帽之制也。[③]

氈帽，《五代史》："回鶻總髮爲髻，高五六寸，以紅絹囊之。既嫁，則加氈帽。"[④]

貫頭，扶南國婦人著之。[⑤]《梁書》。

---

① "紗帽籠頭"句，見於宋琬《點絳唇·劉峻度席上聽女郎度曲》。

② "釵"，加本無此字，朱校補。"小"，加本無此字。"天寶初……衿袖窄小"句，見於《新唐書·五行志》。○"衿袖窄小"，戴仕熊著《服飾文化沙龍》："隨著對外文化交流的擴大，如《胡旋舞》《胡騰舞》《柘枝舞》等各種胡舞在中原地區廣爲流行，胡服也很快在漢人中普及起來。史載，玄宗時，朝服'多參戎狄之制'。漢族固有的交領、右衽的寬衣大袖衫袍，此時已由圓領或折領、窄身小袖式朝服所取代。不僅男子時興胡服，女子也喜穿胡服。《新唐書·五行志》記曰：'天寶初，貴族及士庶好爲胡服胡帽，婦人則簪步搖釵，衿袖窄小。'不少詩人也都在他們的詩作中描寫過這種胡服的形制。如韓偓詩曰：'長長漢殿眉，窄窄楚宮衣。'白居易詩曰：'小頭鞋履窄衣裳，青黛點眉眉細長。'李賀詩曰：'禿衿小袖調鸚鵡，紫綉麻鞖踏哮虎。'元和年間，長安宮人和士庶婦人中流行回鶻裝，五代女詩人花蕊夫人作《宮詞》詩云：'明朝蠟日官家出，隨駕先須點内人。回鶻衣裝回鶻馬，就中偏稱小腰身。'連隨駕的宮女也堂而皇之地穿起了回鶻衣裝，可見這種來自西北少數民族地區的服飾，不僅廣泛普及於民間，而且已深入宮廷。回鶻裝是回鶻（即回紇，爲現今新疆維吾爾族先民）婦女的服裝，其形制與男子的長袍略同，袖子窄小而衣身寬大，翻領，衣長曳地。"

③ "幛"，加本作"幃"。○"婦女步通衢"句，見於周煇《清波雜志》。

④ "回鶻總髮爲髻"句，《新五代史》："（回鶻）婦人總髮爲髻，高五六寸，以紅絹囊之。既嫁，則加氈帽。"

⑤ "貫頭，扶南國婦人著之"，《梁書·扶南傳》："吳時，遣中郎康泰、宣化從事朱應使於尋國，國人猶裸，唯婦人著貫頭。"○"貫頭"，曾昭璇、張永釗、曾憲珊《海南黎族人類學考察》：貫頭衣是黎族古裝，"'貫頭衣'裁法和漢族衣不同。在中間一塊布料上，中間開一可穿頭進去的寬領口。原布料前後就成爲遮掩前胸和後背的衣面了。布料的領口及下邊都有刺綉裝飾。中間衣料兩側，再縫上三對側邊布料，最上一對，即爲上衣的兩袖，長及肘部，袖口亦有花邊；第二對是連接中間布料兩側，作爲衫身部分；第三對用苧麻布加上刺綉而成，縫在中間布料下部，作爲衫身的下部，所以，刺綉花紋成爲製作貫頭衣的主要工序之一。貫頭衣至今仍見於中南半島民族中。領口用紅絨綫鑲邊，布料四邊有動物圖案花紋刺綉，呈鋸齒狀，各處接口也如此，布身下面前後都有刺綉寬邊，寬4—5釐米，綉上美麗的花紋。袖口綉花邊2—4釐米寬。袖口圖式多用樹木花紋，而衣脚是用樹木、昆蟲、鳥、人物，衣身兩側用鳥紋、魚紋，主要色調多爲赭色，紅色次之。紅色（轉下頁）

頭巾類

金俗好衣白,婦人辮髮盤髻,無冠。自滅遼侵宋,漸有文飾。或裹逍遥巾,或裹頭巾,隨其所好。①《金志》。

麗嬪張阿玄,私製昆侖巾,上起三層,中有樞轉,玉質金枝,紉綵爲花團,綴於四面。又製爲蜂蝶雜處其中,行則三層磨運,百花自搖,蜂蝶欲飛。②《元氏掖庭記》。

婦人年老,以皂紗籠髻如巾狀,散綴玉鈿於上,謂之玉逍遥。《金史》。③

蓮花巾,李白詩:"吳江女道士,頭戴蓮花巾。"④

石虎后出,以女騎一千爲鹵薄,冬日皆著紫綸巾。⑤《鄴中記》。

青苗,在鎮寧州,婦人以青布一幅,曰九華巾著之。⑥《黔書》。

(接上頁)與黃、深綠相配,赭色多與黑綠灰相配。花紋能像絲織品一樣光彩,色彩對照强烈而深。孩子衣服更簡單,男孩十歲後纔穿遮陽布,女孩十歲纔穿花褊,成年纔穿寬衣,這種方式爲中南半島民族習俗,最早見於《後漢書》'以布貫頭而著之',即今潤族的'貫頭衣'方式。"今按:扶南國,又作夫南、跋南等,南海古國名。《梁書·海南諸國傳》:"扶南國在日南郡之南海西大灣中,去日南可七千里,在林邑西南三千餘里。"今可以海南黎族的貫頭衣爲參照,説明貫頭衣的形制。

①　"金俗好衣白"句,南宋宇文懋昭《大金國志》:"金俗好衣白。辮髮垂肩,與契丹異。垂金環,留顱後髮,繫以色絲。富人用珠金飾。婦人辮髮盤髻,亦無冠。自滅遼侵宋,漸有文飾。婦人或裹逍遥巾,或裹頭巾,隨其所好。至於衣服,尚如舊俗。"○"婦人辮髮盤髻,無冠",宋范成大《攬轡録》言女真人的服飾在漢人中流行:"惟婦女之服不甚改,而戴冠者絶少,多綰髻,貴人家即用珠瓏璁冒之,謂之方髻。"

②　"麗嬪張阿玄"句,陶宗儀《元氏掖庭記》:"阿玄乃私製一昆侖巾,上起三層,中有樞轉,玉質金枝,紉綵爲花團,綴於四面。又製爲蜂蝶雜處其中,行則三層磨運,百花自搖,蜂蝶欲飛,皆作攢蕊之狀。"

③　"金史",加本無。○"婦人年老"句,《金史·輿服下》:"年老者以皂紗籠髻如巾狀,散綴玉鈿於上,謂之玉逍遥。此皆遼服也,金亦襲之。"

④　"吳江女道士"句,李白《江上送女道士褚三清遊南岳》:"吳江女道士,頭戴蓮花巾。霓衣不濕雨,特異陽臺雲。"

⑤　"石虎后出"句,陸翽《鄴中記》:"皇后出,女騎一千爲鹵簿,冬月皆著紫衣巾,蜀錦袴褶。"《晋書·石季龍傳》:"季龍常以女騎一千爲鹵簿,皆著紫綸巾、熟錦袴、金銀鏤帶、五文織成靴,游于戲馬觀。"今按:鹵簿,皇帝出行時隨從的儀仗隊。蔡邕《獨斷》:"天子出,車駕次第,謂之鹵簿。"

⑥　"青苗"句,田雯《黔書》:"青苗在鎮寧州,服飾皆尚青。男子頂竹笠,躡草履,佩刀。婦人以青布一幅,製如九華巾著之。性强悍好爭鬥,同於羅羅,然不敢爲盜。"

紉巾，梁簡文詩："開函脫寶釧，向鏡理紉巾。"①

女人披帛，古無其制。開元中，詔令二十七世婦及寶林御女良人等，尋常宴參侍，令披畫披帛，至今然矣。至端午日，宮人相傳謂之"奉聖巾"，亦曰"續壽巾""續聖巾"，蓋非參從見之服。②《古今注》。

錦帕，山西蒲洲婦人，出以錦帕覆面，至老猶然。③《楊升庵集》。

秋雲羅帕，賈知微遇曾城夫人杜蘭香。以秋雲羅帕裹丹五十粒與生曰："此羅是織女繰玉繭織成，遇雷雨而密藏之。"後大雷雨，失帕所在。④《麗情集》。

步搖類

步搖，古詩："頭安金步搖。"注：美人首飾。⑤

人謂步搖爲女髻，非也。蓋以銀絲宛轉屈曲作花枝，插髻後，隨步輒搖，以增媖婧，故曰步搖。⑥《採蘭雜志》。

---

① "詩"，原脫，今據加本補。"開函脫寶釧"句，梁簡文帝《擬落日窗中坐詩》："杏梁斜日照，餘輝映美人。開函脫寶釧，向鏡理紉巾。"

② "女人披帛……蓋非參從見之服"句，此條見於馬縞《中華古今注》。

③ "山西蒲州婦人"句，楊慎《升庵集·羃䍦考》："今山西蒲州婦人，出以錦帕覆面，至老猶然。雲南大理婦人，戴次工大帽。亦古意之遺焉。"

④ "賈知微遇曾城夫人杜蘭香"句，張君房《麗情集·秋雲羅帕》："賈知微、曾城夫人杜蘭香既別，贈賈秋雲羅帕裹丹五十粒，云：'此羅是玉女繰玉蠶繭以織成。'"

⑤ "頭安金步搖"句，傅玄《有女篇·豔歌行》："容儀希世出，古乃無毛嬙。頭安金步搖，耳繫明月璫。"○"步搖"，戰國宋玉《諷賦》："主人之女，垂珠步搖。"高春明《中國服飾名物考·首飾考》：步搖是中國古代婦女的重要首飾，"魏晉南北朝時期是步搖的黃金時期。這個時期的步搖有兩種基本形制：一種呈花枝狀，屬單件首飾，使用時直接插在髻上；另一種則和冠身合爲一體，被稱爲'步搖冠'"。"唐代婦女非常重視儀容的修飾，使用步搖也很普遍"。"宋元時期的婦女，仍有插戴步搖的風習"。"'步搖'這個名稱，到了明清時已很少聽見。……其實，這種首飾並沒有淘汰，只是改變了名稱而已。《明史·輿服志》在記述命婦禮服時稱：'一品，禮服用山松特髻，翠松五株，金翟八，口銜珠結。……二品，特髻上金翟七，口銜珠結。'這種在鳥雀口部銜挂珠串的首飾，正是步搖的遺型。從當時的文學作品中可以看出，在明清時期，這種首飾不僅用於行禮，日常家居也可插之"。

⑥ "增"，原作"贈"，加本亦作"贈"，朱校作"增"，今據朱校改。○"插髻後"，加本作"插鬢後"。"人謂步搖爲女髻"句，宛委山堂本《說郛》卷三一《採蘭雜志》："人謂步搖爲女髻，非也。蓋以銀絲宛轉屈曲作花枝，插髻後，隨步輒搖，以增媖婧，故曰步搖。"

皇后首飾曰副。副，覆也，亦言副貳，兼用衆物成其飾。上有垂珠，步則搖也。①《釋名》。

金步搖，漢制，皇后謁廟，假結，步搖以黃金爲山題，貫白珠爲桂枝相繆，一爵九華，熊、虎、赤羆、天禄、辟邪、南山豐大特六獸，《詩》所謂"副笄六珈"者。②

鄧太后賜馬貴人步搖一具。《東觀漢記》。

玄宗與太真定情之夕，授金釵鈿合，又自執麗水鎮庫紫磨金琢成步搖，至妝閣，親與插鬢。③《太真外傳》。

太子納妃，有步搖一具，九鈿函盛之。④《東宮故事》。

孫皓使尚方以金作步搖、假髻以千數，令宮人著以相撲，朝成夕敗，輒命更作。⑤《天中記》。

————————

①　"皇后首飾曰副"句，劉熙《釋名·釋首飾》："王后首飾曰副。副，覆也，以覆首也，亦言副貳也，兼用衆物成其飾也。步搖，上有垂珠，步則搖也。"○"副"，李芽《中國古代首飾史》：東漢以後，步搖的製作繁複起來，"貴族婦女的步搖開始與假髻密切聯繫了起來了。《周禮·天官冢宰第一》：'追師掌王后之首服，爲副、編、次。'鄭玄注：'副之言覆，所以覆首爲之飾，其遺象若今之步搖矣，服之以從王祭祀。'《國風·鄘風·君子偕老》：'君子偕老，副笄六珈。'毛傳：'副者，后夫人首飾，編髮爲之。笄，衡笄也。珈，笄飾之最盛者，所以別尊卑。'鄭箋：'珈之言加也。副既笄而加飾，如今步搖上飾。'東漢經學大家鄭玄，對照先秦時候后夫人首服'副'的制度，便以漢時的'步搖'來解釋。其形態應是編髮爲假髻，再以飾有六珈的笄固髻於首。東漢劉熙《釋名·釋首飾》：'王后首飾曰副。副，覆也，以覆首，亦言副貳也，兼用衆物成其飾也。步搖，上有垂珠，步則搖動也。'由是觀之，這類高等級且與禮制密切相關的'步搖'，便是一個'兼用衆物以成其飾'的假髮髻，使用時無須煩瑣地盤縮青絲插戴首飾，可以直接佩戴於首。這大約也是從前文所述辛追夫人插飾步搖的假髻形態發展而來。這類盛飾的步搖，與禮儀制度密切相關。其使用場合，如《續漢書·輿服志》所載，有'皇后謁廟'及舉行親蠶禮、'長公主見會'。其中以皇后所佩戴的步搖形制記載最爲詳細。"

②　"結步"，加本作"步結"。○"皇后謁廟"句，見於司馬彪《續漢書·輿服志下》。○"山題"，古代婦女首飾之底座，制如山形，著於額前。

③　"玄宗與太真定情之夕"句，樂史《楊太真外傳》："是夕，授金釵鈿合、卻暑犀如意、辟塵香、雲母起花屏風、舞鳳交烟香爐、潤玉合歡條脫、紫瓊杯、玉竹水紋簟、白花紋石硯。上又自執麗水鎮庫紫磨金琢成步搖，至妝閣，親與插鬢。上喜甚，謂後宮人曰：'朕得楊貴妃，如得至寶也。'"

④　"函"，原作"匣"，今據《太平御覽》卷一四九《皇親部》引《東宮舊事》改。○"太子納妃"句，又葉廷珪《海録碎事》引《東宮故事》："太子納妃，有步搖一具，九鈿函盛之。"

⑤　"孫皓使尚方以金作步搖、假髻以千數"句，明陳耀文《天中記》引虞溥《江表傳》："孫皓使尚方以金作步搖、假髻以千數，令宮人著以相撲，朝成夕敗，輒命更作。"

魏制："長公主得有步摇。"①《通考》。

婕妤上趙后黃金步摇。《西京雜記》。②

袁術姬馮方女，有千金寶鑷，插之增媚。③《女史》。

簪　類

《説文》："簪首笄。也。"《釋名》："簪，兂也。以兂連冠於髮也。"④

宛珠之簪。⑤李斯《書》。

金蟲，簪飾也。樊南詩注。李商隱詩："金蟲不復收。"吴均《古意》："蓮花銜青雀，寶粟鈿金蟲。"李賀詩："坡陀簪碧鳳，腰裊帶金蟲。"⑥

---

① "長公主得有步摇"句，馬端臨《文獻通考》卷一一四《王禮考》九《后妃命婦以下首飾服章制度》："魏制：貴人、夫人以下助蠶，皆大手髻，七鏌音奠。蔽髻。黑玳瑁，又加簪珥。九嬪以下五鏌，世婦三鏌。諸王妃、長公主，大手髻，七鏌蔽髻。其長公主得有步摇，皆有簪珥。公、特進、列侯、卿、校世婦中二千石以下夫人，紺繒幗，黄金龍首銜白珠，魚須擿，長一尺，爲簪珥。其服制不依古法，多以文綉。"

② "西京雜記"，加本無此注。"婕妤上趙后黄金步摇"句，葛洪《西京雜記》："趙飛燕爲皇后。其女弟在昭陽殿遺飛燕書曰：'今日嘉辰，貴姊懋膺洪册，謹上襚三十五條，以陳踊躍之心：金華紫輪帽，金華紫羅面衣，織成上襦，織成下裳，五色文綬，鴛鴦襦，鴛鴦被，鴛鴦褥，金錯綉襠，七寶綦履，五色文玉環，同心七寶釵，黄金步摇……'"

③ "方女"，加本作"女方"。○"鑷"，原作"躡"，今據宛委山堂本《説郛續》卷四四《女紅餘志》改。○"袁術姬馮方女"句，龍輔《女紅餘志·寶鑷》："袁術姬馮方有女，有千金寶鑷，插之增媚。""寶鑷"，周汛、高春明《中國歷代婦女妝飾·首飾篇》："鑷子本來是婦女修容的一種工具，有時也可以用來插髮，俗稱'寶鑷'。梁江洪《咏歌姬詩》：'寶鑷間珠花，分明靚妝點。'龍輔《女紅餘志》：'袁術姬馮方女，有千金寶鑷，插之增媚。'均指此。這種首飾在考古發掘中常可看到。如廣州漢墓出土的鐵鑷，大多以扁鐵彎製而成，部分鑷子的頂端，還彎曲成各式花樣，當爲插髮所用。陝西西安郭家灘唐墓出土的實物也很有特色：整件器物以銅爲之，在器物的頂端飾有螺絲紐形圓球六個，上下相連，組成一串，通長14.5釐米；出土時尚在女性頭骨附近，同時出土的還有金釵等飾物。"曹旭、陳路、李維立《齊梁蕭氏詩文選注·戲贈麗人》"取花爭間鑷，攀枝念蕊香"，注："鑷：特指綴附於簪釵的垂飾。"今按：《後漢書·輿服志下》："簪以玳瑁爲擿，長一尺，端爲華勝，上爲鳳皇爵，以翡翠爲毛羽，下有白珠，垂黄金鑷。"

④ "簪首笄也"句，許慎《説文解字》："兂，首笄也。從人，匕象簪形。"又："笄，簪也。"

⑤ "宛珠之簪"句，秦李斯《諫逐客書》："所以飾後宫、充下陳、娱心意、悦耳目者，必出於秦然後可，則是宛珠之簪、傅璣之珥、阿縞之衣、錦綉之飾，不進於前。"○"宛珠"，《史記·李斯傳》索隱："宛音於阮反。傅音附，宛謂以珠宛轉而裝其簪。傅璣者，以璣傅著於珥。珥者，瑱也。璣是珠之不圓者。或云宛珠，隨珠也，隨在漢水之南，宛亦近漢，故云宛。"

⑥ "金蟲"句，《李義山詩集注·擬意》："璧馬誰能帶，金蟲不復收。"朱鶴齡注曰："吴均《古意》：'蓮花銜青雀，寶粟鈿金蟲。'李賀詩：'坡陀簪碧鳳，腰裊帶金蟲。'或曰金蟲，簪飾也。"宋宋祁《景文集》卷四七《金蟲贊》："蟲質甚微，翠體金光。取而槁之，參飾釵梁。"自注："出利州山中，舉體綠色，光若金。里人取以佐婦人釵鑷之飾云。"

　　皇后入廟，簪以玳瑁爲擿，長一尺，端爲花勝，上爲鳳雀，以翡翠爲毛羽，下垂白珠。《後漢書·輿服志》。①

　　雙蓮簪，《癸辛雜志》：“濟王夫人吳氏，恭聖太后之侄孫也，性極妒忌。王有寵姬數人，殊不能容，每入禁中，必察之。一日内宴，后以水精雙蓮花一枝，命王親爲夫人簪之，且戒其夫婦和睦。”②

　　玉搔頭，《西京雜記》：“武帝過李夫人，就取玉簪搔頭。自此宮人搔頭皆用玉，③玉價頓貴。”劉禹錫詩：“行到中庭數花朵，蜻蜓飛上玉搔頭。”白香山詩：“逢郎欲語低頭笑，碧玉搔頭落水中。”④

　　翡翠簪，韓偓《咏浴詩》：“再整魚犀攏翠簪，解衣先覺冷森森。”

　　龍蕊簪，形如朽木箸，日本所貴。吳越孫妃施龍興寺，胡人識之，重價易去。⑤

　　────────

　　①　“皇后入廟”句，《續漢書·輿服志》：“太皇太后、皇太后入廟服，紺上皂下，蠶，青上縹下，皆深衣制，隱領袖緣以絛。翦氂蔮，簪珥。珥，耳璫垂珠也。簪以玳瑁爲擿，長一尺，端爲華勝，上爲鳳皇爵，以翡翠爲毛羽，下有白珠，垂黃金鑷。左右一横簪之，以安蔮結。諸簪珥皆同制，其擿有等級焉。”玳瑁，是一種形似龜的爬行動物，甲殼光滑潤澤，有美麗的斑紋，較貴重。陳鶴歲《她物語：漢字與女性故事》説：“以玳瑁爲簪多爲貴人頭飾。”○《後漢書·輿服志》，加本無此六字。

　　②　“精”，加本作“晶”。○“濟王夫人吳氏……且戒其夫婦和睦”，周密《癸辛雜識·濟王致禍》：“濟王夫人吳氏，恭聖太后之侄孫也，性極妒忌。王有寵姬數人，殊不能容，每入禁中，必察之楊后，具言王之短，無所不至。一日内宴，后以水精雙蓮花一枝，命王親爲夫人簪之，且戒其夫婦和睦。”“簪”，有寄寓愛情意象。陳鶴歲《她物語：漢字與女性故事》：“古代文學作品中以簪爲緣起的情愛故事不少。唐李景亮傳奇小説《李章武傳》，明高濂《玉簪記》和月榭主人《碧玉簪》等作品，寫的都是由‘簪’而引出的愛情奇緣。明代著名世情小説《金瓶梅》更是把簪子作爲寄意傳情的女性化道具予以濃墨重彩的描寫。有人統計，全書凡一百回中有五十多回計百餘次寫到了簪子。”

　　③　“搔頭”前，加本衍“皆用”二字。“搔頭”，簪的別稱。陳鶴歲撰《她物語：漢字與女性物事》：“在多種質地的簪子中，玉簪的身價最高。《韓非子·内儲説》：‘周主亡玉簪，令史求之，三日不得也。’晉葛洪《西京雜記》：‘（漢）武帝過李夫人，就取玉簪搔頭，自此後，宮人搔頭皆用玉，玉價倍貴焉。’於是，玉簪就有了一個特別的美名叫‘玉搔頭’。玉搔頭得名後，玉簪、玉搔頭便頻頻出現於古代詩文，以至還衍生爲對美女的代稱。”

　　④　“武帝過李夫人”句，見於葛洪《西京雜記》。○“行到中庭數花朵”句，見於劉禹錫《和樂天春詞》。“低頭笑”，原作“低頭送”，今據郭茂倩《樂府詩集》卷五〇改。詩句見於白居易《采蓮曲》。

　　⑤　“貴”，加本作“貢”，誤。○“形如朽木箸”句，原作“形如朽木筋”，因“箸”異體字爲“筯”，字形與“筋”近，故訛，今據宛委山堂本《説郛》卷一二〇《清異録》改。陶穀《清異録·龍蕊簪》：“吳越孫妃嘗以一物施龍興寺，形如朽木箸，僧不以爲珍。偶出示，舶上胡人曰：‘此日本國龍蕊簪也。’增價至萬二千緡易去。”

鳳皇簪，李商隱詩：“皎皎非鸞扇，翹翹失鳳簪。”①

玳瑁擿，漢制，皇后簪以玳瑁爲擿，公、卿、二千石、列侯、大夫，魚須擿，長一尺，爲簪珥。玳瑁簪，溫庭筠詩：“素手琉璃扇，玄鬟玳瑁簪。”②

珠簪，張衡《觀舞賦》：“粉黛弛兮玉質燦，珠簪挺兮緇髮亂。”③

趙綸妻死，遺雪竹搔頭于階下。不數日，化楊梅花朵。《姑臧前後記》。④

犀簪，《飛燕外傳》：“后歌舞《歸風送遠》之曲，帝以文犀簪擊玉甌，令侍郎馮無方吹笙，以倚后歌。”⑤

鬟簪，梁簡文帝《茱萸女》樂府：“雜與鬟簪插，偶逐鬢鈿斜。”

---

① “皎皎非鸞扇”句，見於李商隱《念遠》。蔣文光、夏晨主編《中國古代金銀器珍品圖鑒》：“銀鎏金鳳簪。遼。1995年4月北京市瀚海藝術品拍賣公司拍賣。此鳳簪先將薄銀片錘擊成型，然後，經過鏨刻、鏤雕、焊接等工藝製作而成。鳳屹立在雕刻的銀座上，鳳冠豎立向後，雙目遠視，嘴微張，長長的尾向上翹，似作飛翔前的姿態。通體鎏金，金光熠熠。”

② “大夫”，加ме本作“夫大”。○“皇后簪以玳瑁爲擿”句，《續漢書·輿服志》：“（皇后）簪以玳瑁爲擿，長一尺，端爲華勝……公、卿、列侯、中二千石、二千石夫人，紺繒幗，黃金龍首銜白珠，魚須擿，長一尺，爲簪珥。”○“素手琉璃扇”句，見於溫庭筠《洞戶二十二韻》。○“簪珥”，李芽《漢魏耳瑵考》（《南都學刊》2012年第1期）：“簪珥（亦稱‘笄珥’）是漢晉時期宮廷上層女性朝服的必配之物。在《後漢書》和《晉書》的《輿服志》中有很詳細的記載。……漢魏之後，簪珥之俗逐漸衰微，耳瑵這種造型的飾物在漢代以後的墓葬中便不多見，這和簪珥在《輿服志》中僅見於漢魏也恰好吻合。珥在女性使用時將之繫縛於髮簪之首，將髮簪插入頭頂的高髻，珥則下垂於耳際，稱爲簪珥。以提醒用此者謹慎自重，勿聽妄言，並以擿（簪股）的質料區別等級。和帝王冕冠兩側所附之充耳（又名‘瑱’）是相同的含義。因此，佩戴簪珥必須要梳高髻、戴假髮或巾幗，是一種在比較隆重的正式場合或禮儀場合采用的禮儀用品。而漢墓中出土的女俑大多是陪葬俑，身份比較低下，大多梳漢代日常生活中最流行的垂髻，簪珥自然是無從佩戴，而且簪珥這類垂掛的首飾也不太適合以雕塑的形式來進行表現。但在漢魏時期的壁畫中，還是可以見到戴簪珥的貴族形象的，但由於漢魏壁畫風格比較放達，因此珥的細節很難考證。‘珥’亦稱‘瑱’‘充耳’，有時也和‘瑵’混用。”

③ “挺”，文淵閣四庫全書本《佩文韻府》卷七四作“挺”。

④ “臧”，加本作“藏”。○“趙綸妻死”句，見於馮贄《雲仙雜記》引《姑臧前後記》。○“雪竹”，一種幹節上有雪白粉的竹子。唐許棠《題開明里友人居》：“風巢和鳥動，雪竹向人斜。”

⑤ “后歌舞《歸風送遠》之曲”句，伶玄《飛燕外傳》：“后歌舞《歸風送遠》之曲，帝以文犀簪擊玉甌，令后所愛侍郎馮無方吹笙，以倚后歌。”○“犀簪”，用犀牛角製成的髮簪。晉干寶《搜神記·宮亭廟神》云：“南州人有遣吏獻犀簪於孫權者。”宋郭祥正《君儀惠玳瑁冠犀簪并分泉守茶六餅二首》其一：“玳瑁裁冠犀作簪，正宜蕭散野人心。從今頂戴拋烏帽，一任秋霜兩鬢侵。”《山堂肆考》卷二一八《毛蟲》：“《嶺表錄異》：以辟塵犀爲婦人簪梳，塵不著髮也。”

玳瑁簪，《續漢書》：“皇后、太皇皆簪玳瑁，長一尺，端爲花勝，左右各一，橫簪之。”①

圓頂簪，②魏文帝姬陳巧笑，挽髻別無首飾，惟用圓頂金簪一隻插之，文帝目曰：“玄雲黯靄兮金星出。”③《女史》。

鐵簪，唐漢陽公主名暢，永貞元年，時戚近争爲奢侈，而主獨以儉，嘗用鐵簪畫壁，自記田租所入。④

金簪，劉孝威詩：“紅衫向後結，金簪臨鬢斜。”⑤

荆簪，李山甫《貧女》詩：“平生不識繡衣裳，閑把荆簪益自傷。”⑥

釵　類

釵，枝也，因形名之也。⑦《釋名》。

釵頭，《釋名》：“爵釵，釵頭及上施爵也。”

金鳳釵，《古今注》：“釵子，蓋古笄之遺象也，至秦穆公以象牙爲之，敬王以玳瑁爲之，始皇以金銀作鳳頭，以玳瑁作腳，號曰鳳釵。隋

---

① “皇后、太皇皆簪玳瑁”句，《續漢書·輿服志》：“太皇太后、皇太后入廟服，紺上皂下，蠶，青上縹下，皆深衣制，隱領袖緣以絛。翦氂蔮，簪珥。珥，耳璫垂珠也。簪以玳瑁爲擿，長一尺，端爲華勝，上爲鳳皇爵，以翡翠爲毛羽，下有白珠，垂黃金鑷。左右一橫簪之，以安蔮結。諸簪珥皆同制，其擿有等級焉。”

② “頂”，原作“頭”，加本作“頂”，今據加本改。

③ “魏文帝姬陳巧笑”句，清陳元龍《格致鏡原》卷五五《簪》：“陸翽《鄴中記》：魏文帝陳巧笑挽髻別無首飾，惟用圓頂金簪一隻插之。文帝目曰：雲黯靄兮金星出。”此條又見於龍輔《女紅餘志》。○“圓頂簪”，李芽《中國古代首飾史》第五章《中國魏晉南北朝的首飾》：魏晉南北朝時期的簪，多是以金屬製成。《女紅餘志》記魏文帝陳巧笑用圓頂金簪的故事，“這個故事雖可能只是後世好事者所杜撰，對照文物卻可知其應當有所依托。原來，圓頂簪正是這一時期式樣最爲簡單的簪式。出土實物如山東臨沂洗硯池西晉墓所出的二枚，是以細圓的一根金絲爲簪，簪首鑄造出一枚小小金珠。時代稍後的南京象山東晉墓、仙鶴觀東晉墓所出的金簪，仍是此制。”

④ “年”，原作“初”，加本同，今據《新唐書》改。○“唐漢陽公主名暢”句，見於《新唐書·順宗十一女傳》。

⑤ “紅衫向後結”句，見於南朝梁劉孝威《都縣遇見人織率爾寄婦》。

⑥ “荆簪”，南充市地方志編纂委員會《南充市志》第二十四章《社會風俗》記清代頭飾，“貧窮人家以竹片或細樹枝作髮簪，又叫‘荆簪’。”

⑦ “釵，枝也，因形名之也”，此條今本《釋名》脱，《藝文類聚》引《補釋名》：“叉，枝也，因形名之也。”“釵”，李芽《中國古代首飾史》《中國隋唐五代的首飾》：“單股爲簪，雙股則爲釵，極少數可達三股。‘釵’本作‘叉’，因形似枝杈而得名。”

煬帝宮人插鈿頭釵子，常以端午日賜百僚玳瑁釵。"①

九鸞釵，《杜陽編》："同昌公主有玉釵，刻九鸞，皆九色，②有字曰玉兒，其巧妙非人工所製。公主一日晝寢，夢絳衣奴云：'潘淑妃取九鸞釵。'公主薨，釵亦亡。或云：'玉兒，潘妃小字也。'"③

理釵，溫庭筠詩："理釵低舞鬢，換袖回歌面。"④

金雀釵，陳思王《美女篇》："頭戴金雀釵，腰佩翠琅玕。"⑤

三珠釵，崔瑗《三珠釵箴》："元正上日，百福孔靈，鬒髮如雲，乃象衆星。三珠橫釵，攝媛贊靈。"⑥

瑤釵，元微之詩："瑤釵行彩鳳。"⑦

玳瑁釵，繁欽詩："何以慰別離，耳後玳瑁釵。"⑧

---

① "常"，加本作"嘗"。○"蓋古笄之遺象也……常以端午日賜百僚玳瑁釵"句，馬縞《中華古今注》："釵子，蓋古笄之遺象也。至秦穆公以象牙爲之，敬王以玳瑁爲之，始皇又金銀作鳳頭，以玳瑁爲脚，號曰鳳釵。又至東晉有童謠言：'織女死，時人插白骨釵子白妝，爲織女作孝。'至隋煬帝宮人插鈿頭釵子，常以端午日賜百僚玳瑁釵冠。《後漢書》：貴人助簪玳瑁釵。""玳瑁釵"，用玳瑁製作的釵。古人看重玳瑁製成的釵。常璩《華陽國志·巴志》："涪陵郡，巴之南鄙，山有大龜，其甲可卜，其緣可作叉，世號'靈叉'。"今按："叉"，通"釵"。

② "皆九色"，原作"皆五色"，今據文淵閣四庫全書本《杜陽雜編》改。

③ "同昌公主有玉釵"句，蘇鶚《杜陽雜編》："九玉釵，上刻九鸞，皆九色，其上有字曰'玉兒'，工巧妙麗，殆非人工所製。有得之金陵者，以獻公主，酬之甚厚。一日晝寢，夢絳衣奴授語云：'南齊潘淑妃取九鸞釵。'及覺，具以夢中之言言於左右。泊公主薨，其釵亦亡其處。韋氏異其事，遂以實話於門人，或有云：'玉兒即潘妃小字也。'逮諸珍異，不可具載。自兩漢至皇唐，公主出降之盛，未之有也。"

④ "理釵低舞鬢"句，溫庭筠《獵騎辭》："理釵低舞鬢，換袖回歌面。晚柳未如絲，春花已如霰。"

⑤ "雀釵"，雀形裝飾的釵。雀，通"爵"。金製，稱金雀釵，亦作金雀、金孔雀。《文選·曹植〈美女篇〉》："頭上金雀釵，腰佩翠琅玕。"李善注引《釋名》："爵釵，釵頭上施爵。"劉良注："釵頭上施金雀，故以名之。"《晉書·元帝紀》：永昌元年"將拜貴人，有司請市雀釵，帝以煩費不許"。南朝梁何遜《嘲劉咨議》："雀釵橫曉鬢，蛾眉豔宿妝。"

⑥ "攝"，原作"揭"，今據《藝文類聚》改。○"元正上日……攝媛贊靈"句，歐陽詢《藝文類聚》卷七〇《服飾部》引崔瑗《三珠釵箴》曰："元正上日，百福孔靈，鬒髮如雲，乃象衆星。三珠橫釵，攝媛贊靈。"

⑦ "瑤釵行彩鳳"句，元稹《會真詩三十韻》："瑤釵行彩鳳，羅帔掩丹虹。"○"瑤釵"，即玉釵。宋吳文英《宴清都》："東風睡足交枝，正夢枕、瑤釵燕股。"

⑧ "慰"，原作"表"；"後"，原作"服"，今據《玉臺新咏》卷一繁欽《定情》詩改。○"何以慰別離"句，見於繁欽《定情》詩。李芽《中國古代首飾史》第五章《中國魏晉南北朝的首飾》："戀人以釵相贈而定情，別離時也贈釵以相慰。"

翡翠釵，宋玉《諷賦》：“女以翡翠之釵，挂臣冠纓。”①

駭雞釵，黃香《九宮賦》：“連明月以爲懸，刻駭雞以爲釵。”②

龍角釵，《杜陽雜編》：“大曆中日林國獻龍角釵。上以賜獨孤妃，與帝同遊龍池，有紫雲自釵上起，俄頃滿於舟上。上命取釵置掌中，以水噴之，遂化二龍，騰空而去。”③

撩釵，李義山詩：“撩釵盤孔雀，惱帶拂鴛鴦。”④

寶釵，秦嘉《與婦徐淑書》：“今致寶釵一隻，價值千金，可以耀首。”徐答曰：“未奉光儀，則寶釵不設。”⑤

側釵，韓偓詩：“側釵移袖拂豪犀。”⑥

------

①　“女以翡翠之釵”句，宋玉《諷賦》：“爲臣炊雕胡之飯，烹露葵之羹，來勸臣食。以其翡翠之釵，挂臣冠纓。臣不忍仰視。”○“翡翠之釵”，翡翠鳥羽裝飾的釵。《漢書·賈山傳》：“被以珠玉，飾以翡翠。”注：“應劭曰：雄曰翡，雌曰翠。臣瓚曰：《異物志》云：翡色赤而大於翠。師古曰：鳥各別類，非雄雌異名也。”

②　“駭雞”，即駭雞犀，一種犀角名。《楚辭章句·離世》：“棄雞駭於筐簏。”王逸注：“雞駭，文犀也。筐簏，竹器也。言積漬衆芳，於污泥臭井之中；棄文犀之角，置於筐簏而不帶佩。蔽其美質，失其性也。以言棄賢智之士於山林之中，亦失其志也。一作駭雞。”葛洪《抱朴子内篇·登涉》云：“得真通天犀角三寸以上，刻以爲魚，而銜之以入水，水常爲人開，方三尺，可得氣息水中。又通天犀角，有一赤理如緃，有自本徹末，以角盛米置群雞中，雞欲啄之，未至數寸，即驚卻退。故南人或名通天犀爲駭雞犀。”

③　“大曆中日林國獻龍角釵”句，蘇鶚《杜陽雜編》：“大曆中，日林國獻靈光豆、龍角釵……龍角釵類玉而紺色，上刻蛟龍之形，精巧奇麗，非人所製。上因賜獨孤妃。與上同遊龍舟，池有紫雲自釵上而生，俄頃滿於舟楫。上命置之掌内，以水噴之，遂化爲二龍，騰空東去。”

④　“撩釵盤孔雀”句，見於李商隱《風》。

⑤　“耀”，原作“曜”，今據加本改。○“今致寶釵一隻”句，《太平御覽》卷七一八《服用部》：“秦嘉《與婦淑書》曰：‘今致寶釵一雙，價值千金，可以耀首。’淑答曰：‘未奉光儀，則寶釵不設。’”

⑥　“豪犀”，梳理頭髮尤其是鬢髮的刷子。《釋名疏證補·釋首飾》載：“刷，帥也。帥髮長短皆令上從也。亦言瑟也，刷髮令上瑟然也。”畢沅疏證：“葉德炯曰：《說文》：‘茘，草，根可作刷。’又《御覽·服用部》二十引《東宫舊事》云：‘太子納妃有七豬毫刷。’按此是二種：一以草根，一以豬毫。又《御覽》引《通俗文》：‘所以理髮，謂之刷。’”李芽《中國古代首飾史》第一章《中國古代首飾文化》：在馬王堆漢墓中，“在同墓的兩件妝奩中，還出土有三件‘茀’，長均爲15釐米，似爲植物纖維或動物鬃毛編束。柄髹黑漆，上繪朱色環紋四圈。其中一件的毛刷部分染紅色。墓内竹簡二三五記‘茀二，其一赤’即指此。”又說：“這種刷或用草根做，或用豬毫做，是用來理髮，尤其是鬢髮的。”

合心花釵，《藝文類聚》，見梁元帝《爲妾弘夜姝謝東宮啓》。①

貴人助蠶，戴玳瑁釵。《續漢書》。②

歌釵，白居易詩：“髮滑歌釵墜。”③

除釵，徐陵詩：“拭粉留花稱，除釵作小鬟。”④

舞釵，白居易詩：“香飄歌袂動，醉落舞釵遺。”⑤

雀釵，元稹詩：“翠娥轉盼搖雀釵。”⑥又何遜詩：“雀釵橫曉鬢。”⑦

隱居釵，梅堯臣詩：“細君惟有隱居釵。”⑧

秦釵，韓偓詩：“秦釵枉斷長條玉，蜀紙虛留小字紅。”⑨

玉釵，宋真宗後宮司寢李氏，從帝臨砌臺，玉釵墜，心惡之。帝私卜釵，完，當得生男，釵果不毀，已而生男，是爲仁宗。⑩

舊釵，陳陶詩：“舊樣釵篦淺淺衣。”⑪

---

①　“《爲妾弘夜姝謝東宮啓》”，見於《藝文類聚》卷八八《木部》上，此亦稱梁元帝蕭繹《爲妾弘夜姝謝東宮賚合心花釵啓》，“夜姝昔在陽臺，雖逢四照；曾遊灃浦，慣識九衢。未有仍代爵釵，還勝翠羽。飾以南金，裝兹麗玉。”

②　“貴人助蠶”句，《續漢書·輿服志》：“貴人助蠶服，純縹上下，深衣制。大手結，墨玳瑁，又加簪珥。”

③　“詩”，原脫，今據加本補。○“髮滑歌釵墜”，見於白居易《奉和汴州令狐相公二十二韻》。

④　“詩”，原脫，今據加本補。○“拭粉留花稱”句，見於徐陵《和王舍人送客未還閨中有望》。

⑤　“詩”，原脫，今據加本補。○“香飄歌袂動”句，見於白居易《代書詩一百韻寄微之》。

⑥　“詩”，原脫，今據加本補。○“翠娥轉盼搖雀釵”，元稹《何滿子歌》：“翠娥轉盼搖雀釵，碧袖歌垂翻鶴卵。”

⑦　“詩”，原脫，今據加本補。○“雀釵橫曉鬢”句，何遜《嘲劉郎》：“雀釵橫曉鬢，蛾眉豔宿妝。”

⑧　“詩”，原脫，今據加本補。○“細君惟有隱居釵”句，梅堯臣《過淮》：“旨蓄曾無禦寒具，細君惟有隱居釵。”○“隱居釵”，清徐德音《淥淨軒詩集·養疴雜咏》：“對酒忘羈旅，翻書遣老懷。時時學吳咏，自擊隱居釵。”

⑨　“詩”，原脫，今據加本補。○“枉”，加本作“在”。○“紙”，原作“緺”，今據明嘉靖刻本《萬首唐人絕句》卷五○改。○“秦釵枉斷長條玉”句，韓偓《寄恨》：“秦釵枉斷長條玉，蜀紙空留小字紅。○“秦釵”，指東漢秦嘉贈妻徐淑的寶釵，後泛指釵飾。秦嘉《贈徐淑》詩：“寶釵可耀首，明鏡可鑒形。”

⑩　“宋真宗後宮司寢李氏……是爲仁宗”句，《宋史·后妃傳》：“李宸妃，杭州人也。……初入宮，爲章獻太后侍兒，莊重寡言，真宗以爲司寢。既有娠，從帝臨砌臺，玉釵墜，妃惡之。帝心卜：釵完，當爲男子。左右取以進，釵果不毀，帝甚喜。已而生仁宗，封崇陽縣君；復生一女，不育。”

⑪　“舊樣釵篦淺淺衣”句，唐陳陶《西川座上聽金五雲唱歌》：“舊樣釵篦淺澹衣，元和梳洗青黛眉。”

宮釵，唐陸龜蒙詩：“草碧未能忘帝女，燕輕猶自識宮釵。”①

漢成帝得白燕玉釵，以賜趙婕好。至哀帝時，宮人見此釵，謀碎之。明日視匣中，見白燕升天而去。②《洞冥記》。李義山詩：“多羞釵上燕，真愧鏡中鸞。”③韓偓詩：“燕釵初試漢宮妝。”④

趙后手抽紫玉九雛釵，爲趙昭儀參髻。⑤《飛燕外傳》。

鸚鵡釵，韓偓詩：“水晶鸚鵡釵頭顫，斂袂佯羞忍笑時。”⑥

有誦相如《大人賦》者，曰：“吾初學時，爲趙昭儀抽七寶釵鞭，予痛實不徹。今日誦得，還是終身一藝名。”⑦《幽怪錄》。

合德上飛燕，同心七寶釵。⑧《西京雜記》。

孟光荊釵布裙。⑨《列女傳》。

美人釵，李白《春感》詩：“塵縈游子面，蝶弄美人釵。”

---

① “詩”，原脱，今據加本補。○“識”，原作“知”，今據文淵閣四庫全書本《全唐詩》卷六二五改。○“草碧未能忘帝女”句，唐陸龜蒙《奉和襲美館娃宮懷古次韻》：“草碧未能忘帝女，燕輕猶自識宮釵。”

② “漢成帝得白燕玉釵……見白燕升天而去”句，葉廷珪《海錄碎事》卷五《衣冠服用部》引《洞冥記》載：“漢成帝得白燕玉釵，以賜趙婕好。至哀帝時（文淵閣四庫全書本《海錄碎事》原作“昭帝”，今據《妝史》和《漢書》改），宮人見此釵，謀碎之。明日視匣中，見白燕升天而去。”

③ “羞”，原作“看”，今據加本改。○“多羞釵上燕”句，李商隱《無題四首》其三：“多羞釵上燕，真愧鏡中鸞。”

④ “燕釵初試漢宮妝”句，韓偓《梅花》：“龍笛遠吹胡地月，燕釵初試漢宮妝。”

⑤ “趙后手抽紫玉九雛釵”句，伶玄《飛燕外傳》：“后亦泣，持昭儀手，抽紫玉九雛釵爲昭儀簪髻乃罷。”

⑥ “水晶鸚鵡釵頭顫”句，韓偓《忍笑》：“水精鸚鵡釵頭顫，斂（一作舉）袂佯羞忍笑時。”

⑦ “有誦相如《大人賦》者……還是終身一藝名”，“徹”，原作“勝”，今據明陳應祥刻本《玄怪錄》改。漢牛僧孺《玄怪錄》載：“又有誦相如《大人賦》者，曰：吾初學賦時，爲趙昭儀抽七寶釵橫鞭，余痛實不徹。今日誦得，還是終身一藝名。”

⑧ “同心七寶釵”句，葛洪《西京雜記》：“趙飛燕爲皇后。其女弟在昭陽殿遺飛燕書曰：‘今日嘉辰，貴姊懋膺洪册，謹上襚三十五條，以陳踊躍之心：……五色文玉環，同心七寶釵……。’”

⑨ “孟光荊釵布裙”，《太平御覽》卷七一八《服用部》引《列女傳》：“梁鴻妻孟光荊釵布裙。”《後漢書·梁鴻傳》：“妻曰：‘以觀夫子之志耳。妾自有隱居之服。’乃更爲椎髻，著布衣，操作而前。鴻大喜曰：‘此真梁鴻妻也。能奉我矣！’字之曰德耀，名孟光。”

六品以下得服金釵以蔽髻。三品以上服爵釵。①《晋令》。

太子納妃,有金鐶釵。②《東宫舊事》。

正釵,梁簡文帝詩:"因羞强正釵,顧影時回袂。"③

石崇愛婢翔風,瑩金爲鳳冠之釵,刻玉爲倒龍之佩,結衰繞楹舞於晝夜,使聲聲相接,謂之恒舞。欲有所召者,不呼姓名,悉聽佩聲,視釵色,玉聲輕者居前,金色豔者居後,以爲行次而進。④《拾遺録》。

水精釵,司空圖詩:"月姊殷勤留不住,碧空遺下水精釵。"⑤

盤龍釵,梁冀婦所製。⑥《古今注》。

唐人詩句,多用金釵十二行事,如樂天"鍾乳三千兩,金釵十二行"是也,⑦《南史》:"周盤龍有功,上送金釵二十枚與其愛妾阿杜。"⑧其事甚佳,罕有用者。然金釵十二,或言六鬟耳。又梁武《河中之水

---

① "六品以下得服金釵以蔽髻。三品以上服爵釵",見於《太平御覽》引《晋令》。一説"六品以下得服爵釵以蔽髻,三品以上服金釵"。《北堂書鈔》卷一三六《服節部》:"《晋令》云:'第七品以下始服金釵,第三品以上蔽結爵釵。'今案《御覽》七百十八引《晋品令》作'六品下得服金釵以蔽髻',陳本與《御覽》同。下句作三品以上服爵釵,俞本亦然,嚴輯《晋令》據書鈔引同。"○"蔽髻",徐静主編《中國服飾史》第九章《魏晋南北朝服飾》:"魏晋南北朝時期,假髮技術有了很大進步,出現了各種式樣的假髻。'蔽髻'是當時流行的一種典型假髻。晋成公的《蔽髻銘》對'蔽髻'作了專門的描述:'或造兹髻,南金翠翼,明珠星列,繁華致飾'。'蔽髻'上面鑲有金飾,並有嚴格的制度規定,非命婦不得使用,且不同等級的命婦之間亦不可僭越。這種假髻大多很高,有時無法豎起,只好搭在眉鬢兩旁。而普通婦女除了將自身的頭髮挽成各種髮髻樣式外,也有戴假髻的。只不過這種假髻比較簡單,髻上的首飾也没有'蔽髻'那樣複雜和華麗。"

② "太子納妃,有金鐶釵",此條參見《北堂書鈔》卷一三六《服節部》引《東宫舊事》。

③ "因羞强正釵"句,見於梁簡文帝《咏獨舞》。

④ "石崇愛婢翔風……以爲行次而進"句,王嘉《拾遺記》:"石季倫愛婢名翔風,魏末於胡中得之。年始十歲,使房内養之。至十五,無有比其容貌,特以姿態見美。妙别玉聲,巧觀金色。……使翔風調玉以付工人,爲倒龍之佩,縈金爲鳳冠之釵,言刻玉爲倒龍之勢,鑄金釵象鳳皇之冠。結袖繞楹而舞,晝夜相接,謂之'恒舞'。欲有所召,不呼姓名,悉聽佩聲,視釵色,玉聲輕者居前,金色豔者居後,以爲行次而進也。"

⑤ "月姊殷勤留不住"句,見於司空圖《遊仙二首》其二。

⑥ "盤",原作"蟠",今據加本改。○"盤龍釵,梁冀婦所製",此條見於崔豹《古今注》。

⑦ "鍾乳三千兩"句,見於白居易《酬思黯戲贈同用狂字》。

⑧ "二十",加本作"十二"。○"周盤龍有功"句,《南史·周盤龍傳》:"高帝即位,進號右將軍。建元元年,魏攻壽春,以盤龍爲軍主、假節,助豫州刺史垣崇祖拒魏,大破之。上聞之喜,下詔稱美,送金釵以二十枚與其愛妾杜氏。手敕曰:'餉周公阿杜。'"

歌》曰："洛陽女兒名莫愁""頭上金釵十二行。"①是以一人而戴十二釵,此說又不同也。《説略》。

垂釵,劉孝綽詩:"垂釵繞落鬢,微汗染輕紈。"②

公主出降,有宮嬪數十,皆真珠釵插、吊朵、玲瓏簇羅頭面,紅羅銷金袍帔,乘馬雙控雙搭,青蓋前導,稱之短鐙。③《東京夢華録》。

涪陵山有大龜,其甲可卜,其緣可作釵,世號靈釵。④

南海豪富女子,以金銀爲大釵,執以扣銅鼓,故號銅鼓釵。⑤《廣州記》。

燕昭王賜旋娟以金梁卻月之釵,玉角紅輸之帔。⑥《女史》。

辟寒釵,《拾遺記》:"魏明帝時,昆明國貢嗽金鳥,常吐金屑如粟,用飾釵珮,謂之辟寒金。宮人因相嘲曰:'不服辟寒金,那得帝王心。'"⑦

安釵,庾肩吾詩:"安釵等疏密,著領俱周正。"⑧

玉釵,《拾遺記》:"漢獻帝爲李傕所敗,帝傷指,伏后以綉紱拭血,

---

① "洛陽女兒名莫愁"句,梁武帝《河中之水歌》:"河中之水向東流,洛陽女兒名莫愁。……頭上金釵十二行,足下絲履五文章。"

② "垂釵繞落鬢"句,見於劉孝綽《愛姬贈主人》。

③ "乘",加本作"垂"。○"雙控"下"雙搭",原無;"鐙"前"稱之短",原無,今據宋孟元老《東京夢華録》補。○"公主出降"句,《東京夢華録》:"公主出降,亦設儀仗、行幕、步障、水路。……又有宮嬪數十,皆真珠釵插、吊朵、玲瓏簇羅頭面,紅羅銷金袍帔,乘馬雙控雙搭、青蓋前導,謂之短鐙。"

④ "緣",原作"緑",今據《藝文類聚》改。○"涪陵山有大龜"句,《藝文類聚》引《華陽國志》:"涪陵山有大龜,其甲可卜,其緣可作釵,世號靈釵。"

⑤ "銀",加本作"釵"。"南海豪富女子……故號銅鼓釵"句,見於裴淵《廣州記》。

⑥ "燕昭王賜旋娟以金梁卻月之釵"句,見於龍輔《女紅餘志》。

⑦ "魏明帝時……那得帝王心",王嘉《拾遺記》:"明帝即位二年,起靈禽之園,遠方國所獻異鳥殊獸,皆畜此園也。昆明國貢嗽金鳥。……帝得此鳥,畜於靈禽之園,飴以真珠,飲以龜腦。鳥常吐金屑如粟,鑄之可以爲器。昔漢武帝時,有人獻神雀,蓋此類也。此鳥畏霜雪,乃起小屋處之,名曰辟寒臺,皆用水精爲户牖,使内外通光。宮人爭以鳥吐之金用飾釵珮,謂之辟寒金。故宮人相嘲曰:'不服辟寒金,那得帝王心?'於是媚惑者,亂爭此寶金爲身飾,及行卧皆懷挾以要寵倖也。魏氏喪滅,池臺鞠爲煨燼,嗽金之鳥,亦自翱翔矣。"

⑧ "安釵等疏密"句,見於庾肩吾《咏美人看畫應令》。

刮玉釵以拂於創,應手則愈。"①

　　魚釵。《幽明録》:"韓偓詩:'鏡獸金塗爪,釵魚玉鏤鱗。'"②

　　抽釵,韓昌黎詩:"抽釵脱釧解環佩,堆金疊玉光青熒。"③

　　銀釵,《續漢書》:"靈帝時,江夏黄氏母浴,而化爲黿,入於深淵,其後人時見出浴,簪一銀釵,猶在其首。"④

　　雀釵,《晋起居注》:"九日拜鄭夫人爲婕妤。按《儀注》當服雀釵。"⑤

　　墮釵,王建《白紵歌》:"墮釵遺珮滿中庭,此時但願可君意。"

　　辟寒釵,古詩:"辟寒釵影落瑶尊。"⑥《北里志》。

　　素釵,王建《宋氏五女》詩:"素釵垂兩髦,短窄古時儀。"⑦

　　銅釵,王建詩:"貧女銅釵惜如玉。"⑧

　　夜來入宮後,外國獻火珠龍鸞之釵。帝曰:"明珠翡翠尚不能勝,況乎龍鸞之重。"乃止不進。⑨《薛靈芸傳》。

　　蕨釵。見《清異志》。⑩

　　墜釵,司空圖詩:"鏡前空墜玉人釵。"⑪

---

①　"傕",原作"催",加本此處空闕,今據《後漢書·獻帝紀》改。○"刮",加本作"剖"。○"則",加本作"而"。○漢獻帝爲李傕所敗句,王嘉《拾遺記》:"獻帝伏皇后,聰慧仁明,有聞於內則。及乘輿爲李傕所敗,晝夜逃走,宮人奔竄,萬無一生。至河,無舟楫,后乃負帝以濟河,河流迅急,惟覺脚下如有乘踐,則神物之助焉。兵戈逼岸,后乃以身擁遏於帝。帝傷趾,后以綉拭血,刮玉釵以覆於瘡,應手則愈。"

②　"鏡獸金塗爪"句,見於韓偓《無題二首》之一。

③　"抽釵脱釧解環佩"句,見於韓愈《華山女》。

④　"靈帝時……猶在其首"句,參見《太平御覽》卷七一八《服用部》引《續漢書》。

⑤　"雀釵"條,加本在下"辟寒釵"後。○"九日拜鄭夫人爲婕妤"句,見於彭大翼《山堂肆考·雀釵》。

⑥　"辟寒釵影落瑶尊",見於唐趙光遠《題妓萊兒壁》(一作《題北里妓人壁》)。

⑦　"素釵垂兩髦"句,唐王建《宋氏五女》:"素釵垂兩髦,短窄古時儀(一作衣)。"

⑧　"貧女銅釵惜如玉",王建《失釵怨》:"貧女銅釵惜於玉,失卻來尋一日哭。嫁時女伴與作妝,頭戴此釵如鳳凰。"

⑨　"夜來入宮後……乃止不進"句,晋王嘉《拾遺記·薛靈芸傳》:"改靈芸之名曰夜來,入宮後居寵愛。外國獻火珠龍鸞之釵。帝曰:'明珠翡翠尚不能勝,況乎龍鸞之重!'乃止不進。"

⑩　"清異",加本作"異清"。

⑪　"詩",加本無此字。○"鏡",加本作"胸"。○"鏡前空墜玉人釵",見司空圖《華下對菊》:"不似春風逞紅豔,鏡前空墜玉人釵。"

懸釵，梁簡文帝詩：“懸釵隨舞落，飛袖拂鬟垂。”①

妓釵，孟浩然詩：“波影搖妓釵。”②

蠻女銅釵焰，比似西眉南臉。③朱文益詞。

金曾爲釵釧者，謂之辱金，陶隱居曰：“辱金不可合煉。”④《韻藻》。

鈿　類

金花曰鈿，《海録碎事》。今花飾。⑤

七鈿，《晋輿服志》：“貴人七鈿，公主夫人五鈿，世婦三鈿。”⑥

鳳文鈿，鮑溶：“雲髻鳳文鈿。”⑦

近世妝尚如射月，曰黄星靨。靨鈿之名，孫和鄧夫人始也。⑧《酉陽雜俎》。

菊花鈿，王珪：“内人争貼菊花鈿。”⑨

花鈿，古樂府：“大婦襞雲裘，中婦卷羅幬。少婦多妖豔，花鈿繫石榴。”⑩

———————————

①　“懸釵隨舞落”句，見於梁簡文帝《咏舞》。

②　“波影搖妓釵”，孟浩然《初春漢中漾舟》：“波影搖妓釵，沙光逐人目。”

③　“臉”，原無，據加本補。清朱昆田《一枝花》（送沈融谷宰來賓）：“蠻女銅釵焰，比似西眉南臉。”○“西眉南臉”，春秋時越國西施和晋國南威，皆是容貌美麗，後泛稱美女。唐李咸用《巫山高》：“西眉南臉人中美，或者皆聞無所利。”

④　“金曾爲釵釧者……辱金不可合煉”，此條參見段成式《酉陽雜俎》。《酉陽雜俎·前集》卷一一《廣知》：“金曾經在丘冢，及爲釵釧溲器，陶隱居謂之辱金，不可合鍊。”明陸卿《懷洪東木謝梁也兩給諫》：“辱金久已羞同煉，靈豆何從得度飢。”

⑤　“金花曰鈿”句，葉廷珪《海録碎事·衣冠服用部·釵珥門》：“金花曰鈿，音田，亦音甸。”

⑥　“貴人七鈿”句，《晋書·輿服志》：“貴人、貴嬪、夫人助蠶，服純縹爲上與下，皆深衣制。太平髻，七鐶蔽髻，黑玳瑁，又加簪珥。九嬪及公主、夫人五鐶，世婦三鐶。助蠶之義，自古而然矣。”

⑦　“雲髻鳳文鈿”，唐鮑溶《范傳真侍御累有寄因奉酬十首》其三：“雲髻鳳文鈿，對君歌少年。”

⑧　“近世妝尚如射月”句，段成式《酉陽雜俎》：“近代妝靨如射月，曰黄星靨。靨鈿之名，蓋自吴孫和鄭夫人也。”

⑨　“内人争貼菊花鈿”，宋王珪《宫詞》：“秋殿曉開重九宴，内人争貼菊花鈿。”

⑩　“繫”，原作“繁”，今據四部叢刊影刊汲古閣本《樂府詩集》改。“大婦襞雲裘”句，南朝梁庾肩吾《長安有狹斜行》：“大婦襞雲裘，中婦卷羅幬。少婦多妖豔，花鈿繫石榴。”

翠鈿，王建《宮詞》："不知紅藥闌干曲，日暮何人落翠鈿。"①翠鈿，②女面妝也。

花鈿，盧綸詩："推醉唯知弄花鈿，潘郎不敢使人催。"③白居易詩："索鏡收花鈿，邀人解袷襠。"④

雀鈿，《東宮舊事》："太子納妃，有同心雀鈿一具。"

李聽姬紫雲有金蟲寶粟之鈿。⑤《女史》。

陷鈿，白居易詩《素屏謠》："綴珠陷鈿貼雲母，五金七寶相玲瓏。"

花鈿，《續幽怪錄》："韋固旅次宋城，遇異人向月檢書，因問囊中赤繩，答曰：'以繫夫婦足，雖仇家異域，此繩繫不可易，君妻乃此店北賣菜陳姬之女。'固見抱二歲女，陋，刺女於稠人中，傷眉間。後十四年，參相州軍事。王泰妻以女，容貌端麗，眉間常貼花鈿。固逼問，曰：'妾郡守之猶子，父卒於宋城，幼時乳母抱以鬻菜，爲賊所刺，痕尚在。'宋城宰聞之，名其店曰定昏店。⑥梁庾肩吾詩：'縈鬟照鏡曉，誰忍去花鈿。'"⑦

---

① "不知紅藥闌干曲"句，作者《全唐詩》作"花蕊夫人"，《三家宮詞》作"王珪"。

② "鈿"，加本作"釵"，朱校作"鈿"。傅黎明、許靜《宋代女性頭飾設計藝術探賾及其文化索隱》第二章《精彩紛呈的宋代女性頭飾》："翠鈿是指以翡翠等玉石做成的飾品，通常很薄，不僅能貼在臉上，同時還能作爲頭飾，飾於髮間。宋王珪的《宮詞》中有'翠鈿貼靨輕如笑，玉鳳雕釵裊欲飛'之句，其中的翠鈿即是貼於面部作爲裝飾的玉薄片。翠鈿不僅在宋代流行，其作爲面飾亦延續到了元代的女性妝飾中，元白仁甫曾作'我推粘翠靨遮宮額，怕綽起羅裙露繡鞋'，關漢卿也有'額殘了翡翠鈿，鬢鬆了柳葉偏'的詩句。這種貼在面上的翠鈿可能緣於其薄、脆、細小的特點，少有實物出土，但從文字和畫作中仍可見其冰山一角，山西洪洞廣勝寺元代壁畫中即有較爲清晰的翠鈿女性畫像。"

③ "唯"，加本作"惟"。"催"，加本作"摧"。"推醉唯知弄花鈿"句，見於盧綸《古豔詩》。

④ "索鏡收花鈿"句，見於白居易《江南喜逢蕭九徹因話長安舊遊戲贈五十韻》。

⑤ "李聽姬紫雲有金蟲寶粟之鈿"，清吳兆宜《玉臺新咏箋注》卷五江洪《咏舞女》："腰纖蔑楚媛，體輕非趙姬。映袿（一作襟）闚寶粟，緣肘挂珠絲。"箋注："龍輔《女紅餘志》：李聽姬紫雲有金蟲寶粟之鈿。其製蓋自六朝始也。"

⑥ "韋固旅次宋城……定昏店"，此條見於李復言《續玄怪錄》。

⑦ "照鏡曉"，原作"起照鏡"，今據文淵閣四庫全書本《杜詩詳注》改，仇兆鰲《杜詩詳注》注文引庾肩吾《官軍臨賊濠》："縈環照鏡曉，誰忍去花鈿。"

勝　類

勝，婦人首飾也。漢代謂之華勝、花勝。言人形容正等，一人戴之則勝也。[1]

夜飛蟬，杜甫每朋友至，引見妻子。韋侍御見而退，使其婦送夜飛蟬，以助妝飾。[2]《放懷集》。

正月七日，剪綵爲人。或鏤金箔爲人，戴之頭鬢，像人入新年，形容改新。[3]《荆楚歲時記》。

人日鏤金箔爲人，戴於頭鬢，自晉賈充妻李氏始。[4]董勛《問禮俗》。

太后入廟爲花勝，上爲鳳凰爵以翡翠爲毛羽，下有白珠垂黄金鑷，左右一横簪之。《續漢書·輿服志》。

孝武帝時，湯穀民得金勝一枚，長五寸，形如織勝。[5]《晉中興書》。

---

[1]　“正”，原作“上”，加本同，今據《釋名》改。○“華勝、花勝”，《漢書·司馬相如傳》：“西王母暠然白首，戴勝而穴處兮。”顏師古注：“勝，婦人首飾也。漢代謂之華勝。”後成爲女子頭飾。南朝梁簡文帝《眼明囊賦序》：“雜花勝而成疏，依步搖而相逼。”宋後，新郎也可用花勝。孟元老《東京夢華録·娶婦》：“衆客就筵三杯之後，婿具公裳，花勝簇面，於中堂昇一榻，上置椅子，謂之高坐。”“言人形容正等，一人戴之則勝也”，劉熙《釋名·釋首飾》：華勝，“華，象草木華也；勝，言人形容正等，一人著之則勝。蔽髮前爲飾也”。

[2]　“杜甫每朋友至……以助妝飾”，參見舊題馮贄《雲仙雜記·夜飛蟬》引《放懷集》。

[3]　“正月七日”句，南朝梁宗懍《荆楚歲時記》：“正月七日爲人日，以七種菜爲羹。剪綵爲人，或鏤金箔爲人，以貼屏風，亦戴之頭鬢。又造華勝以相遺，登高賦詩。”又云：“剪綵人者，人人入新年，形容改從新也。”《北史·魏收傳》：“魏帝宴百僚，問何故名‘人日’，皆莫能知。收對曰：‘晉議郎董勛答《問禮俗》云：正月一日爲鷄，二日爲狗，三日爲猪，四日爲羊，五日爲牛，六日爲馬，七日爲人。’”

[4]　“自晉賈充妻李氏始”，宗懍《荆楚歲時記》：“華勝，起於晉代，見賈充《李夫人典戒》，云：‘像瑞圖金勝之形，又取像西王母戴勝也。’”唐韓鄂《歲華紀麗》卷一“人日”引董勛《問禮俗》云：“人日，鏤金薄爲人，以貼屏風，戴於頭鬢。起自晉代賈充妻李氏夫人。云俗人入新年，改舊從新也。”

[5]　“孝武帝時……形如織勝”句，見於《太平御覽》卷七一九《服用部》。○“金勝”，《宋書·符瑞志下》：“金勝，國平盜賊，四夷賓服，則出。晉穆帝永和元年二月，春穀民得金勝一枚，長五寸，狀如織勝。明年，桓温平蜀。”清王軒等《（光緒）山西通志》卷九九《歲時》：“《澤州府志》：清明節，婦女以描金勝子貼鬢，名柳葉符。”李芽《中國古代首飾史》第五章《中國魏晉南北朝的首飾》：“史書中常以發現金勝作爲吉祥的徵兆。”

明皇春宴，令宮嬪各插豔花，帝親捉粉蝶放之，隨蝶所著幸之。①《花瑣事》。

賈充《李夫人典戒》：“人日造華勝相遺，象瑞圖金勝之形，又像西王母戴勝也。”②杜甫詩：“勝裏金花巧耐寒。”③

京師立秋，滿街賣楸葉，婦女剪成花樣戴之，形製不一。④《四民月令》。

婦人以花子飾面，起自上官昭容，以掩黥迹。⑤迨大曆以前，士大夫妻多妒悍者，婢妾小不如意，輒印面，故有月點、錢點。⑥《酉陽雜俎》。

花滿頭，戎昱《采蓮曲》：“涔陽女兒花滿頭，毿毿同泛木蘭舟。”

---

① “明皇春宴……隨蝶所著幸之”句，唐王仁裕《開元天寶遺事》：“開元末，明皇每至春時，且暮宴於宮中。使嬪妃輩每插豔花，帝親捉粉蝶放之，隨蝶所止幸之。”

② “人日造華勝相遺”句，宗懍《荆楚歲時記》：“正月七日爲人日，以七種菜爲羹，剪綵爲人，或鏤金箔爲人，以貼屏風，亦戴之頭鬢。又造華勝以相遺，登高賦詩。”

③ “勝裏金花巧耐寒”，見於杜甫《人日》。今按：唐代盛行人日戴金勝、花勝的習俗。戴叔倫《和汴州李相公勉人日喜春》：“年來日日春光好，今日春光好更新。獨獻菜根憐應節，遍傳金勝喜逢人。”李商隱《人日即事》：“鏤金作勝傳荆俗，剪綵爲人起晋風。”

④ “京師立秋……形製不一”句，東漢崔寔《四民月令》：“京師立秋，滿街賣楸葉。婦女兒童，皆剪成花樣戴之，形製不一。”此條亦見於孟元老《東京夢華錄》。○“楸葉”，楸樹之葉。戴楸葉是一種民俗。宋敬東編著《二十四節氣知識》：“據説，當時人們認爲立秋日戴楸葉，可保一秋平安。據唐代陳藏器《本草拾遺》中記載，唐朝時立秋這天，長安城裏開始售賣楸葉，供人們剪花插戴，可見立秋日戴楸葉的習俗由來已久。《臨安歲時記》：‘立秋之日，男女咸戴楸葉，以應時序。’北宋孟元老《東京夢華錄》卷八記載：‘立秋日，滿街賣楸葉，婦女兒童輩皆剪成花樣戴之。’南宋周密《武林舊事》卷三記載：‘立秋日，都人戴楸葉、飲秋水、赤小豆。’吳自牧《夢梁錄》卷四記載：‘立秋日，太史局委官吏於禁廷內，以梧桐樹植於殿下，俟交立秋時，太史官穿秉奏曰：“秋來。”其時，梧葉應聲飛落一二片，以寓報秋意。都城內外，侵晨滿街叫賣楸葉，婦人女子及兒童輩爭買之，剪如花樣，插於鬢邊，以應時序。’可見南宋在立秋這天戴楸葉的情景，與北宋相同。戴楸葉歷經唐、宋、元、明、清各朝，一直流傳，至今不衰。進入近代，民間各地也有立秋日戴楸葉的習俗。”

⑤ “黥”，加本作“黔”，誤。

⑥ “妾”，原作“意”，今據加本改。“婦人以花子飾面……故有月點、錢點”句，唐段成式《酉陽雜俎》：“今婦人面飾用花子，起自昭容上官氏所製，以掩點迹。大曆已前，士大夫妻多妒悍者，婢妾小不如意，輒印面，故有月點錢點。今按：《南村輟耕錄》卷九“面花子”條引《酉陽雜俎》，作“月黥、錢黥”。○“花子”，即花鈿。王建《題花子贈渭州陳判官》詩，寫了贈品的各種花子，“膩如雲母輕如粉，豔勝香黃薄勝蟬。”

翠花,温庭筠詩:"侍女低鬟落翠花。"①

鶴子草蔓花,夏開。南人云:是媚草,女子佩之,爲丈夫所媚。②《北户録》。

---

　①　"温庭筠",原作"杜工部",今據四部叢刊影錢曾述古堂影宋抄本《才調集》等改。"侍女低鬟落翠花"句,見温庭筠《郭處士擊甌歌》:"宮中近臣抱扇立,侍女低鬟落翠花。"

　②　"草,女子佩之,爲丈",原脱,今據加本補。"鶴子草蔓花……爲丈夫所媚"句,段公路《北户録》卷三《鶴子草》:"鶴子草蔓,花也。其花麴塵色淺,紫蒂,葉如柳而小短,當夏開。南人云:是媚草,甚神。可比懷草、夢芝。採之曝乾,以代面靨,形如飛鶴狀,翅羽、觜距,無不畢備,亦草之奇者。草蔓上,春生雙蟲,常食其葉。土人收於奩粉間飼之,如養蠶法。蟲老不食,而蜕爲蝶。蝶赤黄色,女子佩之,如細鳥皮,號爲媚蝶。"

下　卷

袍　類

華袿，《七啓》：“被文縠之華袿。”袿，婦人上服也。①

公主、貴人、妃以上，嫁娶得服錦綺羅縠繒，十二色，重緣袍。特進、列侯以上錦繒，采十二色。六百石以上重練，②采九色，禁丹紫紺。三百石以上五色采，青絳黃紅綠。二百石以上四采，青黃紅綠。買人，紺縹而已。③《後漢書》。

王母降武帝宮中，服青霜袍，雲色亂目。《漢武内傳》。

上元夫人降武帝宮，服赤霜袍，戴靈芝夜光之冠，帶六出火玉之佩，垂鳳文琳華之綬。④《漢武内傳》。《上元夫人》詩：“裘披青毛錦，身著

---

①　“被文縠之華袿”句，曹植《七啓》：“然後姣人乃被文縠之華袿，振輕綺之飄颻。”○“袿，婦人上服也”句，劉熙《釋名·釋衣服》：“婦人上服曰袿。”

②　“緣”，原作“綠”；“練”，原作“緣”，今據百衲本影宋紹熙刻本《續漢書·輿服志》改。○“重緣袍”，徐家華著《漢唐盛飾·漢代服飾》：“公主、貴人、妃及以上的貴婦婚嫁時，穿綺羅、縠（有皺紋的紗）、繒（絲織品）爲材質的衣服。衣上的花紋可用十二色（青、絳、黃、紅、綠、紫、紺、丹、紺、縹等）。衣服可以緄雙重邊，袍制，袍服即有裏子的衣服。”

③　“公主……紺縹而已”句，《續漢書·輿服志下》：“公主、貴人、妃以上，嫁娶得服錦綺羅縠繒，采十二色，重緣袍。特進、列侯以上錦繒，采十二色。六百石以上重練，采九色，禁丹紫紺。三百石以上五色采，青絳黃紅綠。二百石以上四采，青黃紅綠。買人，紺縹而已。”

④　“上元夫人降武帝宮……垂鳳文琳華之綬”句，班固《漢武帝内傳》：“夫人年可二十餘，天姿精耀，靈眸絶朗，服青（一作赤）霜之袍，雲彩亂色，非錦非綉，不可名字。頭作三角髻，餘髮散垂至腰，戴九靈（一作雲）夜光之冠，帶（一作曳）六出火玉之珮，垂鳳文林華之綬，腰流黃揮精之劍。”

赤霜袍。”①

金鳥錦袍，昔唐玄宗幸温泉，與貴妃衣之。②

紫袍，楊國忠侍兒韋見素、張倚身著紫袍，與本曹郎趨走堂下，抱案牘，國忠顧女弟曰：“紫袍二主事何如？”皆大噱。③《酉陽雜俎》。

綺袍，楊維正《題王母醉歸圖》詩：“綺袍半脱露香肩。”④

飛瓊流翠袍，張阿玄製。《元氏掖庭記》。⑤

德宗幸翰林院，韋后衣蜀襭袍，從適學士韋綏方寢，帝以后袍覆之而去。⑥

帔　類

霞帔，《二儀實録》：“帔始于晋，唐令三妃以下通服之，宋代帔有三等，霞帔，非恩賜不得服，爲婦人之命服。”⑦

———————

①　“裘披青毛錦”句，李白《上元夫人》：“上元誰夫人，偏得王母嬌。嵯峨三角髻，餘髮散垂腰。裘披青毛錦，身著赤霜袍。”

②　“昔”，加本無此字。“金鳥錦袍”句，《新唐書·李石傳》：“(李)石曰：‘治道本於上，而下罔敢不率。’帝曰：‘不然。張元昌爲左街副使，而用金唾壺，比坐事誅之。吾聞禁中有金鳥錦袍二，昔玄宗幸温泉，與楊貴妃衣之，今富人時時有之。’”

③　“楊國忠侍兒韋見素……皆大噱”句，《新唐書·楊國忠傳》：“國忠則召左相陳希烈隅坐，給事中在旁，既對注，曰：‘已過門下矣。’希烈不敢異。侍郎韋見素、張倚與本曹郎趨走堂下，抱案牒，國忠顧女弟曰：‘紫袍二主事何如？’皆大噱。”○“紫袍”，《舊唐書》卷四五《輿服志》：“貞觀四年又制，三品已上服紫，五品已下服緋，六品、七品服緑，八品、九品服以青，帶以鍮石。婦人從夫色。”

④　“綺袍半脱露香肩”句，元楊維楨《題王母醉歸圖》：“綺袍半脱露香肩，飛控不動金連錢。”

⑤　“氏”，加本作“女”。○“飛瓊流翠袍”句，陶宗儀《元氏掖庭記》：“又置爲飛瓊流翠之袍，趨步之際，飄渺若月宫仙子。”

⑥　“德宗幸翰林院……帝以后袍覆之而去”句，《新唐書·韋綏傳》：“德宗時，以左補闕爲翰林學士，密政多所參逮。帝嘗幸其院，韋妃從。會綏方寢，學士鄭絪欲馳告之，帝不許，時大寒，以妃蜀襭袍覆去，其待遇若此。”

⑦　“始”，加本作“實”。○“帔始于晋……爲婦人之命服”句，明陳仁錫《潛確類書》引《二儀實録》：“三代無帔説；秦有披帛，以縑帛爲之；漢即以羅；晋永嘉中制縫暈帔子，是披帛始於秦、帔始於晋也。唐令三妃以下通服之，士庶女子在室搭披帛，出適披帔子，以别出處之義。宋代帔有三等，霞帔非恩賜不得服，爲婦人之命服，而直帔通於民間也。”○“霞帔”，清顧張思《土風録·霞帔》：“命婦服有霞帔。按：《三儀實録》云：‘披帛始於秦，帔始於晋，唐令三妃以下通服之。宋代帔有三等，霞帔非恩賜不得服，爲婦人之命服，而直帔通於民間。’是霞帔之制始於宋，其名則起於唐肅宗賜司馬承禎紅霞帔。帔，背子也，以其覆於肩背，故名。見程大昌《演繁露》。太白（轉下頁）

冠帔，《賈逵傳》：“逵遷秦鳳路鈐轄，以母老辭，不許，而賜母冠帔。”①

紅圈帔。②《燈影記》。

紅帔，梁簡文帝詩：“散誕垂紅帔，斜柯插玉簪。”③

霞帔，韋莊詩：“嫦娥曳霞帔，引我同攀躋。”④

香帔，李涉《寄荆娘》詩：“五銖香帔結同心，三寸紅箋替傳語。”⑤

修帔，蘇軾詩：“俯首見斜鬟，拖霞弄修帔。”⑥

虎帔，《雲笈七籤》：“鬱粲夫人，字曰飛雲。齊服靈錦，虎帔。”⑦

羽帔，《雲笈七籤》：“紫微王夫人詩：‘羽帔扇翠暉，玉佩何

<hr/>

（接上頁）‘受道籙于齊，有青綺冠帔一副’，見魏顥《李翰林集序》。是男子學道者，亦可服。元制，命婦服金搭子。即帔也。”曾黷《中國印象：詩詞與錦帛》第三章《穿戴佩飾》：“唐宋年間製作帔帛的面料既有高貴的羅，也有極素樸的葛，由此可見無論是富人還是窮人均有著帔的風俗，並不是只有某個階層的人纔能使用。‘霞帔’的‘霞’既是形容帔帛美麗的形容詞，同時也是最常見的帔的紋飾。呂渭老《滿江紅》‘正彩霞垂帔’，劉辰翁《虞美人》‘漫脫紅霞帔’，宋代無名氏《念奴嬌》‘雲帔拖霞’，這些‘霞帔’都是實指有雲霞花紋的帔。或許因爲‘霞’是最爲常見的紋樣，所以後來索性就與‘帔’連用了。但是，帔並不是只有‘霞’這一種紋飾，還有其他顏色和花色。”今按：清顧張思《土風錄·霞帔》所引《三儀實錄》，“三”字誤，當是“二”。

① “逵遷秦鳳路鈐轄……而賜母冠帔”句，《宋史·賈逵傳》：“是時，將校多以搜城故匿竊金寶，獨逵無所犯。遷西染院使、嘉州刺史、秦鳳路鈐轄。初，逵少孤，厚賂繼父，得其母奉以歸。至是，以母老辭，不許，而賜母冠帔。”“冠帔”，貴婦的妝飾，或道士妝飾。宋畢仲游《西臺集》卷一四《延安郡太君張氏墓誌銘》：“夫人姓張氏，其上世嘗顯功名于建隆、開寶之間，號爲勳臣。夫人年十有八歸王氏，爲故秦王審琦曾孫、西頭供奉官堯善之婦。生二男四女，而一尚皇叔，故贈太師尚書令、荆、徐二州牧魏王，爲潭國夫人，因得召見禁中，賜冠帔。”清延君壽《老生常談》：“《華山女》一首，用微言以諷之，與《諫佛骨》用直筆不同，詩文各有體裁耳。‘洗妝拭面著冠帔，白咽紅頰長眉青’，如見女道士風流裝束。”

② “紅圈帔”，馮贄《雲仙雜記》引《影燈記》：“正月十五日夜，玄宗於常春殿張臨光宴，白鷺轉花、黃龍吐水、金鳧銀燕、浮光洞、攢星閣，皆燈也。奏月分光曲，又撒閩江錦荔枝千萬顆，令官人爭拾，多者賞以紅圈帔，綠暈衫。”

③ “散誕垂紅帔”句，見於梁簡文帝《遙望》。

④ “嫦娥曳霞帔”句，見於韋莊《經月巖山》。

⑤ “箋”，加本作“牋”。○“五銖香帔結同心”句，見於唐李涉《寄荆娘寫真》。

⑥ “俯首見斜鬟”句，見於蘇軾《巫山》。

⑦ “鬱粲夫人……虎帔”句，宋張君房《雲笈七籤·奔晨飛登五星法》：“鬱粲夫人，字曰飛雲。齊服靈錦，虎帔虎裙。腰帶鳳符，首巾華冠。出無入虛，遨遊太元。前策青帝，後從千神。來見迎接，得爲飛真。”

堅零。’”①

碧霞帔，《宋史・樂志》：“女弟子隊，五曰拂霓裳隊，衣紅仙砌衣，碧霞帔，戴仙冠，紅綉抹額。”②

紫霞帔，《宋史・樂志》：“女弟子隊，九曰彩雲仙隊，衣黃色道衣，紫霞帔，冠仙冠，執幢節、鶴扇。”③

蛟龍帔，盧照鄰《行路難》：“倡家寶袜蛟龍帔。”④

淡紅花帔，白居易詩：“淡紅花帔淺檀蛾。”⑤

綬　類

西王母，佩交帶靈飛綬。上元夫人佩鳳文臨華綬。⑥《漢武内傳》。

---

①　“羽帔”句，加本此句在“虎帔”句前。

②　“五”，加本作“九”。“女弟子隊……紅綉抹額”句，《宋史・樂志》：“女弟子隊凡一百五十三人：一曰菩薩蠻隊，衣緋生色窄砌衣，冠卷雲冠……五曰拂霓裳隊，衣紅仙砌衣，碧霞帔，戴仙冠，紅綉抹額。”○“抹額”，李芽《中國古代首飾史》第九章《中國金代女真族的首飾》：“抹額是沿前額繞至腦後，並在腦後繫結的一種頭飾，一般用羅、綾等製成，夏則用紗製，講究者多飾以刺綉或珠玉。金代則多用於儀衛。《金史・儀衛志》中記載有黃、緋、銀、褐等幾種顏色，但從出土文物來看，金代貴族男女皆可著抹額，繫於巾帽内的一般爲素色，繫於巾帽外的則有裝花等裝飾。”高春明《中國歷代服飾藝術》第一章《首服篇》：“戴抹額的習俗早在商代已經出現，不分男女，無論尊卑，都喜歡在額間繫紮絲帛製成的頭箍狀飾物，用來固定頭髮。……宋代民間男子崇尚繫裹頭巾，婦女多用抹額。宋代婦女的抹額在製作上比先前講究，通常將五色錦緞裁製成各種特定的形狀，有的在上面綉上彩色花紋，有的還綴上珍珠寶石。抹額逐漸成爲一種裝飾性首飾。元代貴婦用抹額者不多，只有士庶之家的女子纔喜歡作這樣的裝束，因爲在額間繫紮這一道布帛，可防止鬢髮的鬆散和髮髻的垂落，便於勞作。明清時期是抹額的盛行時期，當時的婦女不分尊卑，不論主僕，額間常常繫有這種飾物。這個時期的抹額形制也發生了很大的變化。除了用布條圍勒於額外，還出現了多種樣式：有的用綵錦縫製成菱形，緊紮於額；有的用紗羅裁製成條狀，虛掩在眉間；有的則用黑色絲帛貫以珠寶，懸挂在額頭。還有一種抹額，用絲繩編織成網狀，上面綴珠翠花飾，使用時繞額一周，結打在腦後。”

③　“女弟子隊……執幢節、鶴扇”句，《宋史・樂志》：“九曰彩雲仙隊，衣黃生色道衣，紫霞帔，冠仙冠，執旌節、鶴扇；十曰打毬樂隊，衣四色窄綉羅襦，繫銀帶，裹順風脚簇花幞頭，執毬杖。大抵若此，而復從宜變易。”今按：“旌節”，《文獻通考》作“幢節”。

④　“袜”，加本作“抹”。○“袜”，又稱“襴裙”“抹胸”，非指足衣的“襪”。○“倡家寶袜蛟龍帔”句，盧照鄰《行路難》：“倡家寶袜蛟龍帔，公子銀鞍千萬騎。”

⑤　“詩”，原脱，今據加本補。○“淡紅花帔淺檀蛾”，見於白居易《吳宮辭》。

⑥　“西王母，佩交帶靈飛綬”句，《漢武帝内傳》：“王母上殿，東向坐，著黃金褡襴，文采鮮明，光儀淑穆，帶靈飛大綬，腰佩分景之劍，頭上太華髻，戴太真晨嬰之冠，履玄璃鳳文之舄。”“上元夫人佩鳳文臨華綬”句，《漢武帝内傳》：“夫人年可二十餘，天姿精耀，靈眸絶朗，服青（轉下頁）

妃玄朱綬，郡公主朱綬。《晋令》。①

婕妤上趙后五色文綬。②《西京雜記》。

皇后赤綬玉璽，貴人緺綬金印，緺綬色如綠。緺，音戈。綬，文也。③《獨斷》。

衣　類

衣始，《世本》曰："胡曹作衣。"宋衷注曰："黄帝臣也。"④

（接上頁）（一作赤）霜之袍，雲彩亂色，非錦非繡，不可名字。頭作三角髻，餘髮散垂至腰，戴九靈（一作雲）夜光之冠，帶（一作曳）六出火玉之珮，垂鳳文林華之綬，腰流黄揮精之劍。""綬"，綬帶，象徵高級官位和權勢。《漢書》卷一九："太尉，秦官，金印紫綬，掌武事。"《史記·范睢蔡澤傳》："懷黄金之印，結紫綬於要。"《初學記》卷二六《器物部》：《漢官儀》曰：綬者，有所承受也，所以別尊卑，彰有德也。呂忱《字林》曰：綬，紱也。董巴《輿服志》曰：戰國解去紱佩，留其絲襚，以爲章表。秦乃以采組連結於襚，光明章表，轉相結綬，故謂之綬。"唐王昌齡《青樓曲》其二："金章紫綬千餘騎，夫婿朝回初拜侯。"

①　"晋令"，加本作"西京雜記"，朱校作"晋令"。○妃玄朱綬"句，《初學記》："《晋令》曰：'皇太子及妃、諸王玄朱綬，郡公主朱綬，郡侯青朱綬。'"

②　"婕妤上趙后五色文綬"句，葛洪《西京雜記》："趙飛燕爲皇后。其女弟在昭陽殿遺飛燕書曰：'今日嘉辰，貴姊懋膺洪册，謹上襚三十五條，以陳踊躍之心：金華紫輪帽，金華紫羅面衣，織成上襦，織成下裳，五色文綬……'"

③　"皇后赤綬玉璽……緺綟色如綠"句，見於蔡邕《獨斷》。許慎《説文解字·糸部》："緺，綬紫青也。""綬，韍維也。從糸，受聲。"《後漢書·伏皇后紀》："今使御史大夫郗慮持節策詔，其上皇后璽綬，退避中宫，遷於他館。"李賢注："蔡邕《獨斷》曰：皇后赤綬玉璽。《續漢志》曰：乘輿黄赤綬。四綵黄赤縹紺，淳黄圭，綬長二丈九尺九寸，五百首。太皇太后、皇太后其綬皆與乘輿同。"

④　"衣始……黄帝臣也"句，見於陳耀文《天中記》。《世本》："伯余作衣裳""胡曹作衣。""衣"，《釋名疏證補》卷五《釋衣服》："凡服上曰衣。衣，依也，人所依，以庇寒暑也。下曰裳。裳，障也，所以自障蔽也。"畢沅疏證曰："《説文》：'衣，依也。上曰衣，下曰裳，象覆二人之形也。'又曰：'常，下裙也，從巾，尚聲。又或從衣。'《白虎通》曰：'衣者，隱也；裳者，障也，所以隱形自障閉也。'《説文》有'庇'無'芘'。案《莊子·人間世篇》用芘字，與庇同。《玉篇》芘爲古文比字。""胡曹作衣"，清陳逢衡《竹書紀年集證》卷一："初制冕服。"集證："衡案《家語》：'黄帝與炎帝戰，克之始，垂衣裳，作黼黻。《拾遺記》：'軒轅始造書契，服冕垂衣，故有衮龍之頌。'《黄帝内傳》：'帝伐蚩尤，乃服衮冕。'《世紀》：'黄帝始去皮服，爲上衣，以象天；爲下裳，以象地。'《通典》：'黄帝作冕，垂旒，目不邪視也。黈纊，示不聽讒言也。'《路史》：'法乾坤以正衣裳，制衮冕，設斧黻，深衣大帶，屝履赤舄，玄衣纁裳，紘綖黈瑱，以規視聽之逸。房觀肇翬，草木之花，染爲文章，以爲内服，故於是有衮龍之頌。'以上數條俱黄帝初制冕服之證。《統箋》引據《周禮·司服》《大行人》諸制，殊贅。又按《吕氏春秋》：'胡曹作衣。'《淮南子》：'伯余作衣。'《説文》：'黄帝初作冕。'《世本》：'黄帝作旃冕，伯余作衣裳，於剕作屝履。'胡曹、伯余、於則，俱黄帝臣。"今按：尚秉和《歷代社會風俗事物考·伏羲神農黄帝時社會狀況》："按：神農始織衣帛，其時尚貴，只短衣蔽體，尚無威儀；（轉下頁）

（轉下頁）

唐武德中制令，皇后褘衣，首飾花釵十二樹，餘各有差。①

翟衣，《隋書·禮儀志》："皇后衣十有二種。"②

陳依前制，貴妃金章龜鈕，紫綬，佩于闐玉，獸頭鞶。太子妃金璽綉衣，佩瑜玉，女侍中，假金印，服鞠衣，佩水蒼玉。③

後周制，皇后之服，祀郊媒，則服翬衣；朝命婦，則服揄衣；受獻繭，則服鷩衣；采桑，則服鳩衣；黃色，音卜。④ 聽女教，則服鵫衣；白色，音罩。命婦歸寧，則服翾衣。玄色，音秩。⑤

內司服，掌王后之六服：褘衣，揄搖。狄，闕狄，鞠衣，展衣，綠象。衣，素紗。《周禮》。⑥

───────────

（接上頁）至黃帝始講求儀式，襟袖寬博，彬彬下垂矣。百姓化之，漸褒衣博帶也。黃帝以前，只努力於衣服之構造，至冠履則未聞；至黃帝衣服垂垂，既已完備，遂漸及於首足。帝既服冕，人民必冠幘矣。足無衣則寒，且不利行走，於是以草制扉，以皮制履，蓋足衣之發明爲最後，較衣服更難也。"

　　① "唐武德中制令……餘各有差"句，唐杜佑《通典·后妃命婦首飾制度》："【大唐】武德中制令，皇后褘衣，首飾花釵十二樹，餘各有差。開元中，又定品命。其制度，並見《開元禮序例》。"

　　② "衣"，加本脫，朱校補。○"皇后衣十有二種"句，《隋書·禮儀志》："皇后衣十二等。其翟衣六，從皇帝祀郊禖，享先皇，朝皇太后，則服翬衣。

　　③ "陳依前制……佩水蒼玉"，杜佑《通典》："陳依前制，皇后謁廟，袿襡大衣，皂上皂下，親蠶則青上縹下，隱領袖緣。貴妃、嬪，金章龜鈕，紫綬，佩于闐玉，獸頭鞶。……皇太子妃，璽綬佩同皇太子，服揄翟，從蠶則青紗公服。郡長公主、公主、王國太妃、妃，纁朱綬，章服佩同內命婦一品。郡長君，玄朱綬，闕翟，章佩與公主同。郡君、縣主，佩水蒼玉，餘與郡長君同。太子良娣視九嬪服。縣主青朱綬，餘與良娣同。女侍中，假金印紫綬，服鞠衣，佩水蒼玉。"

　　④ "黃色"，原作"黃花"，加本同，朱校作"色"，今據朱校改。

　　⑤ "後周制……玄色，音秩"，元馬端臨《文獻通考》："後周制，皇后首飾，花釵十有二樹。諸侯之夫人，亦皆以命數爲之節。三妃、三公夫人以下，又各依其命。一命再命者，俱以三爲節。……（后服）十有二等。其翟衣六：從皇帝祀郊禖，享先皇，朝皇太后，則服翬衣；祭陰社，朝命婦，則服揄衣；祭群小祀，受獻繭，則服鷩衣，采桑則服鳩衣（黃色，音卜）。從皇帝見賓客，聽女教，則服鵫衣（白色，音罩）。食命婦，歸寧，則服翾衣（玄色，音秩）。"

　　⑥ "內司服……素紗"，《周禮·天官》："內司服，掌王后之六服：褘衣、揄狄、闕狄、鞠衣、展衣、緣衣、素沙。鄭玄注曰："鄭司農云：'褘衣，畫衣也。《祭統》曰：君卷冕立于阼，夫人副褘立于東房。揄狄，闕狄，畫羽飾。展衣，白衣也。《喪大記》曰：復者朝服，君以卷，夫人以屈狄，世婦以禮衣。屈者音聲與闕相似。禮與展相似，皆婦人之服。鞠衣，黃衣也。素沙，赤衣也。'玄謂：狄當爲翟。翟，雉名。伊雒而南，素質，五色皆備成章曰翬；江淮而南，青質，五色皆備成章曰搖。王后之服，刻繒爲之形而采畫之，綴於衣以爲文章。褘衣畫翬者，揄翟畫搖者，闕翟刻而不畫，此三者皆祭服。從王祭先王則服褘衣，祭先公則服揄翟，祭群小祀則服闕翟。今世有圭衣者，蓋三翟之遺俗。鞠衣，黃桑服也，色如麴塵，象桑葉始生。《月令》：'三月薦鞠衣于上帝，告桑事。'（轉下頁）

王后從王祭先王則服褘衣，祭先公則服揄狄，祭群小祖則服闕狄。《周禮》。

唐制，皇后有禮衣鈿釵三等。①

《唐書·車服志》：“五品以上，母、妻服紫衣，腰攀褾，緣用錦綉。”②

隋制，皇后褘衣，鞠衣，青衣，朱衣。素紗内單，黼領，羅縠褾襈，色皆以朱。蔽膝，隨裳色，以緅爲緣，三章。大帶青襪舄，舄以金飾。③

鴛衣，《隋書·禮儀志》：“三妃，三公夫人之服。”④

太子妃，翟衣，九章。素紗内單，二章。大帶，朱襪，青舄，舄加金飾。⑤

宋制，皇后入廟，服褘襦大衣，謂之褘衣。皂上皂下，蠶則青上縹

（接上頁）展衣，以禮見王及賓客之服，字當爲襢。襢之言亶。亶，誠也。《詩·國風》曰‘玼兮玼兮，其之翟也’，下云‘胡然而天也，胡然而帝也’，言其德當神明；又曰‘瑳兮瑳兮，其之展也’，下云‘展如之人兮，邦之媛也’，言其行配君子。二者之義與禮合矣。《雜記》曰：‘夫人復稅衣、揄狄。’又《喪大記》曰：‘士妻以禒衣。’言禒者甚衆，字或作稅。此緣衣者，實作禒衣也。禒衣，御于王之服，亦以燕居。男子之禒衣黑，則是亦黑也。六服備於此矣。褘、揄、狄、展，聲相近。緣，字之誤也。以下推次其色，則闕狄赤，揄狄青，褘衣玄。婦人尚專一，德無所兼，連衣裳不異其色。素沙者，今之白縛也。六服皆袍制，以白縛爲裏，使之張顯。今世有沙縠者，名出于此。”

①　“皇后有禮衣鈿釵三等”，《舊唐書·輿服志》：“武德令，皇后服有褘衣、鞠衣、鈿釵禮衣三等。”

②　“母、妻”，加本脱，朱校補。○“五品以上……緣用錦綉”，《新唐書·車服志》：“婦人服從夫、子，五等以上親及五品以上母、妻，服紫衣，腰襻褾緣用錦綉。九品以上母、妻，服朱衣。流外及庶人不服綾、羅、縠、五色綫靴、履。凡襴色衣不過十二破，渾色衣不過六破。”

③　“單”，加本作“罩”，朱校作“單”。○“隋制……舄以金飾”句，宋鄭樵《通志·器服略》：“隋制，皇后褘衣，鞠衣，青衣，朱衣四等。褘衣，深青質織成。領、袖文以翬翟，五采重行十二等。素紗内單，黼領，羅縠褾襈，色皆以朱。蔽膝，隨裳色，以緅爲緣，用翟三章。大帶隨衣裳，飾以朱綠之錦。革帶，青韈舄，舄以金飾。白玉佩，玄組綬，章采尺寸同於乘輿。祭及朝會大事服之。”

④　“三妃，三公夫人之服”，《隋書·禮儀志》：“三妃，三公夫人之服九：一曰鵁衣，二曰鶅衣，三曰翙衣，四曰青衣，五曰朱衣，六曰黄衣，七曰素衣，八曰玄衣，九曰鴛衣（似鴛）。華皆九樹。其雉衣亦皆九等，以鵁雉爲領褾，各九。”

⑤　“太子妃……舄加金飾”句，加本脱。唐杜佑《通典》：“皇太子妃，服揄翟衣，九章。金蟉龜鈕。素紗内單，黼領，羅褾、襈，色皆用朱，蔽膝二章。大帶，同褘衣，青綠革帶朱襪，青舄，舄加金飾。”

下，隱領袖緣。①

　　元世祖昭睿順聖皇后，親執女工，拘諸舊弓弦練之，緝爲紬，以爲衣，其韌密比綾綺。②《元史》。

　　元制，命婦衣服，一品至三品服渾金，四品、五品服金答子，六品以下惟服銷金，並金紗答子。③《元輿服志》。

　　故衣，《史記・外戚世家》："武帝詔使邢夫人衣故衣，獨身來前。尹夫人望見之，乃低頭俛泣，自痛其不如也。"④

　　卷衣，庾信："卷衣秦后之床。"《樂府解題》有《秦女解衣》，言解衣以贈所歡。⑤

　　碧鸞朱綃衫，元成宗春暮，命宮人掃落花，鋪蘭苕殿，施金帳諸樣，⑥衣碧鸞朱綃衫，頭纏吉貝錦，⑦臂繫秋雲紫縰帕，著白氎褲，成群相逐，滾蕊翻花，戲狎彌日。帝曰："上燦黃金，下設莩席，使美人爲鞠

----

　　① "宋制……隱領袖緣"句，杜佑《通典》："宋制，太后、皇后入廟，服褘襊大衣，謂之褘衣。……陳依前制，皇后謁廟，褘襊大衣，皂上皂下，親蠶則青上縹下，隱領袖緣。"

　　② "元世祖昭睿順聖皇后……其韌密比綾綺"句，見於《元史・世祖后察必傳》。

　　③ "元制……並金紗答子"句，《元史・輿服志》："命婦衣服，一品至三品服渾金，四品、五品服金答子，六品以下惟服銷金，并金紗答子。首飾，一品至三品許用金珠寶玉，四品、五品用金玉珍珠，六品以下用金，惟耳環用珠玉。"

　　④ "武帝詔使邢夫人衣故衣……自痛其不如也"句，《史記・外戚世家》："尹夫人與邢夫人同時並幸，有詔不得相見。尹夫人自請武帝，願望見邢夫人，帝許之。即令他夫人飾，從御者數十人，爲邢夫人來前。尹夫人前見之，曰：'此非邢夫人身也。'帝曰：'何以言之？'對曰：'視其身貌形狀，不足以當人主矣。'於是帝乃詔使邢夫人衣故衣，獨身來前。尹夫人望見之，曰：'此真是也。'於是乃低頭俛而泣，自痛其不如也。諺曰：'美女入室，惡女之仇。'"

　　⑤ "卷衣秦后之床"句，清吳兆宜《庾開府集箋注》卷一《燈賦》："卷衣秦后之床，送枕荆臺之上。"箋注："《樂府解題》有《秦女卷衣》，言解衣以贈所歡也。"今按："秦女解衣"，《樂府古題要解》有《秦王卷衣曲》，非《秦女解衣曲》。明吳兢《樂府古題要解》卷下："《秦王卷衣曲》，右言咸陽春景及宮闕之美，秦王卷衣以贈所歡也。"清王琦《李太白全集》卷五《樂府・秦女卷衣》解題："《樂府古題要解》有《秦王卷衣曲》，言咸陽春景及宮闕之美，秦王卷衣以贈所歡也。太白作《秦女卷衣》，辭旨各殊，未詳所本。"卷衣，猶言疊衣。唐崔國輔《秦女卷衣》："雖入秦帝宮，不上秦帝牀。夜夜玉窗裏，與他卷衣裳。"清曹貞吉《珂雪詞箋注》卷上《南鄉子》："秦女卷衣何限恨，淒清。"

　　⑥ "諸樣"，《錢神志》卷二作"諸嬪"，《全史宮詞》卷一九、《駢字類編》卷一一二《數目門》三五同。今按：若作"諸嬪"，當屬下讀。

　　⑦ "貝"，原作"見"，今據元李材《解醒語》改。

弋流蹌之戲。"①

金縷衣，②《侍兒小名録》："唐杜秋娘爲李錡妾，嘗爲錡詞云：'勸君莫惜金縷衣，③勸君莫惜少年時。有花堪折君須折，莫待花殘空折枝。'"④

軿羅衣，敬宗時，閩東國貢舞女二人，衣軿羅之衣，無縫而成。⑤

醮碧衣，《鳳池編》："李紳爲相時，俗尚輕綃，紫醮碧爲婦人衣，紳自爲小君裁剪。"⑥

春衣，庾肩吾《謝賚内人春衣啓》："階邊細草，猶推縥葉之光，户前桃樹，反訝藍花之色，遂得裙飛合燕，領鬥分鶯。"⑦

白練衣，東坡《仙童詩》曰："故將白練作仙衣，不許紅膏污天質。"事見則天長壽二年詔書曰："應天下尼，用白練爲衣。"⑧

---

①　"碧鷺朱綃衫……使美人爲鞠弋流蹌之戲"句，原脱，今據加本補。加本"蹌"字處空闕。此條見於李材《解醒語》。

②　"縷"，加本作"鏤"。○"金縷衣"，織有金縷的衣服。韓金科、李發良《試論法門寺文化在中國文化史上的地位和作用》（柏明主編《宗教研究論集》）："法門寺地宫出土絲綢均爲皇室所用上品，已辨出錦、綾、羅、紗、絹、綺、綉等類，其中織金錦爲首次發現，'捧真身菩薩'披蹙金绣襖、金花袈裟、案裙，拜墊保存完好，足以反映唐代絲織技術水準。唐詩中有'勸君莫惜金縷衣'等名句，如能在這些織金錦中確定'金縷衣'的實際意義，對於唐代社會史、文化史研究均有極大貢獻。"

③　"縷"，加本作"鏤"。

④　"莫"，加本作"須"。○"唐杜秋娘爲李錡妾"句，洪炎《侍兒小名録·秋娘》："唐杜秋娘，金陵女子也。年十五，爲浙西觀察使李錡妾。嘗爲錡辭云：'勸君莫惜金縷衣，勸君莫惜少年時。有花堪折君須折，莫待花殘空折枝。'"今按：《樊川集》收録杜秋娘詞并序，應爲"勸君須惜少年時"。

⑤　"軿羅衣……無縫而成"句，此條見於陳耀文《天中記》。又參見蘇鶚《杜陽雜編》："寶曆二年，瀕東國貢舞女二人……衣軿羅之衣，戴輕金之冠，表異國所貢也。軿羅衣無縫而成，其紋巧織，人未之識焉。"

⑥　"李紳爲相時……紳自爲小君裁剪"句，馮贄《雲仙雜記》引《鳳池編》："唐李紳爲相時，俗尚輕綃，染（《山堂肆考》作紫）醮碧爲婦人衣，紳自爲小君剪裁。"

⑦　"細"，原作"春"；"葉"原作"例"，今據文淵閣四庫全書本《藝文類聚》卷六七《服飾部》改。庾肩吾《謝賚内人春衣啓》："階邊細草，猶推縥葉之光；户前桃樹，反（一作翻）訝藍花之色，遂得裙飛合燕，領鬥分鶯。試顧采薪，皆成留客。"

⑧　"故將白練作仙衣"句，見於宋彭乘《墨客揮犀》卷四《詩使事實》，《仙童詩》係蘇軾《薄命佳人》。"白練"，唐徐鉉《和印先輩及第後獻座主朱舍人郊居之作》："積雨暗封青蘚徑，好風輕透白練衣。"

薰衣荳蔲香，霍小玉事。①

纈衣，杜牧詩："纈衣簾裏動香塵。"胡元時，染工有夾纈之名，別有檀纈、蜀纈、漿水纈、三套纈、綠絲班纈諸名，問之今時機坊，亦不知也。②

窄衣，李商隱詩："長長漢殿眉，窄窄楚宮衣。"③又庾肩吾詩："細腰宜窄衣，長釵巧挾鬟。"④

太掖衣，⑤漢宣帝爲太子擇妃，有王禁女政君與焉。時與擇者五

_____

① "薰衣荳蔲香，霍小玉事"，明陳繼儒《小窗幽記・綺》："養紙芙蓉粉，薰衣豆蔲香。"清鄧志謨《古事苑定本》卷九《衣服三》："唐霍小玉嘗云：養紙芙蓉粉，薰衣荳蔲香。"陳尚君輯校《全唐詩補編・續拾》卷二五李惟《霍小玉歌》："衣飄荳蔲減濃香，臉射芙蓉失嬌色。"

② "杜牧"，原作"王建"，今據《樊川集》改。○"纈衣簾裏動香塵"句，杜牧《倡樓戲贈》："細柳橋邊深半春，纈衣簾裏動香塵。"○"胡元時……亦不知也"條，見於楊慎《升庵詩話》；亦見於楊慎《丹鉛總録》，缺"胡"字。○"夾纈"，亦稱"甲纈""梜纈""夾結""甲頡"。王㷭編著《中國古代紡織與印染》第八章《古代印染技術》："夾纈，是用兩片薄木板鏤刻成同樣的空心花紋，把布、帛對折起來，夾在兩片木板中間，用繩捆好，然後把染料注入鏤花的縫隙裏，等乾了以後去掉鏤板，布、帛就顯出左右對稱的花紋來。這種夾纈方法，在秦朝時就已經有了。在我國西北地方曾經發現了不少唐朝時候用夾纈方法染成的布、帛。日本正倉院也保存有唐朝五彩的夾纈紗羅、巨幅夾纈的'花樹對鹿'、'花樹對鳥'屏風和夾纈綢絹製成的屏風套等。……夾纈始於秦漢之際，隋唐以來開始盛行。據文獻記載，隋大業年間，隋煬帝曾命令工匠印製五色夾纈花裙數百件，以賜給宮女及百官的妻妾。唐玄宗時，安禄山入京獻俘，玄宗也曾以'夾纈羅頂額織成錦簾'爲賜。表明當時夾纈品尚屬珍稀之物，僅在宮廷內流行，其技術也宮廷壟斷，還沒有傳到民間。《唐語林》記載了這樣一件事：'玄宗柳婕好有才學，上甚重之。婕好妹適趙氏，性巧慧，因使工鏤板爲雜花象之而爲夾結。因婕好生日，獻王皇后一匹，上見而賞之，因敕宮中依樣製之。當時其樣甚秘，後漸出，遍於天下，乃爲至賤所服。'説明夾纈印花是在玄宗以後纔逐漸流行於全國的。"○"檀纈"，楊慎《升庵集》卷六九《纈衣》："前元時，染工有夾纈之名，別有檀纈、蜀纈、漿水纈、三套纈、綠絲班纈諸名，問之今時機坊，亦不知也。"吳元新等編著《中國傳統民間印染技藝》第二章《絞纈（扎染）》："由於宋朝政府對絞纈的禁止，使不少絞纈的結扎法失傳，元明時期的幼學啓蒙讀物《碎金》上記載了部分染纈的名稱，其中也有提到唐代盛行的多種絞纈花紋，現介紹如下。檀纈：由於顔色類似紫檀，因而得其名。加之絞纈形成的色暈產生了由深至淺的檀色變化，在當時甚爲流行。蜀纈：即蜀地生產的絞纈，由於當時蜀地的絞纈量大物全，且品種多樣，質量又好，深受皇室的喜愛，因而得以命名。……三套纈：採用三次印染，每次染色前將需要染製的花紋縫紮起來，從而形成單色浸染的不同層次或多色浸染的色彩對比，對工藝要求很高。"

③ "李商隱"，原作"李賀"，今據《李義山詩集》改。○"長長漢殿眉"句，見於李商隱《效長吉》。

④ "衣"，加本作"之"，朱校作"衣"。○"細腰宜窄衣"句，庾肩吾《南苑還看人》："細腰宜窄衣，長釵巧挾鬟。"○"釵"，原作"鬐"，今據四部叢刊影明活字本《玉臺新咏》改。

⑤ "掖"，加本作"液"。

人，政君獨衣絳緣諸于太掖衣也。①

玉衣，《魏書》："文昭甄后，每寢寐家中，仿佛見有人持玉衣覆其身者。"②

紅綃衣，唐大曆中，有崔千牛以父命往候汾陽。③汾陽命衣紅綃妓送出。《昆侖奴傳》。④

短布衣裳，《東觀漢記》："鮑宣妻，桓氏女，字少君。裝送甚盛，宣謂妻曰：'少君生富驕，習美飾，吾貧賤不敢當禮。'妻乃悉歸侍御服

---

① "絳緣"，原作"絳綠"；"諸于"原作"諸於"。今皆據《漢書·元后傳》改。《漢書·元后傳》："宣帝聞太子恨過諸娣妾，欲順適其意，乃令皇后，擇後宮家人子可以虞侍太子者。政君與在其中。及太子朝，皇后乃見政君等五人，微令旁長御問知太子所欲。太子殊無意於五人者，不得已於皇后，强應曰：'此中一人可。'是時政君坐近太子，又獨衣絳緣諸于。長御即以爲是。"○"漢宣帝爲太子擇妃……政君獨衣絳緣諸于太掖衣也"條，參見《初學記》卷一〇《中宮部》引《漢書》："宣帝令皇后擇後宮家人子可以娛侍太子者，王禁女政君預焉。時預擇者五人。政君獨衣絳緣諸于，太掖衣也，使侍送入太子宮，見於景殿。得御幸有身，立爲太子妃。"○"絳緣"，王昕《張家山漢簡〈二年律令〉織物名詞試析》（鄧文寬主編《出土文獻研究》第 7 輯）："'緣'爲'衣純也'。因此，'縓緣'當指青赤色的衣緣。佐證在文獻記載及出土物中均可找到。《漢書》卷九八《元后傳》：'是時政君坐近太子，又獨衣絳緣諸于，長御即以爲是。師古注：'諸于，大掖衣，即袿衣之類也。'此句中'絳緣'當指絳色的衣緣。馬王堆一號漢墓出土有'袍緣一件'。江陵馬山一號楚墓出土的大菱形紋錦'多作衣袖袍緣和下擺，一般由深棕、深紅、土黃三色經緯爲一副，深棕爲地紋，土黃、深紅顯示花紋'。而這一顏色的衣緣與青赤色的'縓'顏色比較靠近，由此不僅證明'縓緣'即指衣緣，而且在當時，以這種較深顏色的布帛製衣緣或應是比較普遍的。"○"諸于"，大袖衣。《漢書·元后傳》："是時政君坐近太子，又獨衣絳緣諸于。"師古曰："諸于，大掖衣，即袿衣之類也。"《釋名》："婦人上服曰袿，其下垂者，上廣下狹如刀圭也。"此形制亦用斜裁法，將上闊下狹之斜幅垂於衣旁，所以謂如刀圭狀。"諸于"爲"諸衧"省字，楊樹達《漢書窺管·元后傳》"又獨衣絳緣諸于"："《說文》八篇上《衣部》云：衧，諸衧也。此作于，省形存聲字。"

② "文昭甄后"句，《三國志·后妃傳》："文昭甄皇后，中山無極人，明帝母，漢太保甄邯後也，世吏二千石。父逸，上蔡令。后三歲失父。"注引《魏書》曰："后以漢光和五年十二月丁酉生。每寢寐，家中髣髴見如有人持玉衣覆其上者，常共怪之。"

③ "以父命"，加本無此三字。

④ 《昆侖奴傳》，加本無此注。○"紅綃衣……汾陽命衣紅綃妓送出"句，《太平廣記》卷一九四《豪俠》引裴鉶《昆侖奴傳》："唐大曆中，有崔生者。其父爲顯僚，與蓋代之勳臣一品者熟。生是時爲千牛，其父使往省一品疾。生少年，容貌如玉，性稟孤介，舉止安詳，發言清雅。一品命妓軸簾召生入室，生拜傳父命，一品忻然愛慕，命坐與語。時三妓人豔皆絕代，居前以金甌貯含桃而擘之，沃以甘酪而進。一品遂命衣紅綃妓者擘一甌與生食。生少年靦妓輩，終不食。一品命紅綃妓以匙而進之，生不得已而食。妓哂之，遂告辭而去。一品曰：'郎君閑暇，必須一相訪，無間老夫也。'命紅綃送出院。"

飾,更著短布衣裳,與宣共挽鹿車歸鄉里。"①

綻衣,和政公主最貧,代宗詔諸節度餉億,主一不取。親紉綻裳衣,諸子不敢服紈綺。②　.

愍懷以體上白絹單衣一領,因士寄與妃。③《晋惠帝起居注》。

《史記》:"文帝衣弋綈,所幸慎夫人,令衣不得曳地。"④

楊妃寵愛特甚,其宮中主貴妃刺綉者七百人。揚、益及諸戚里,每歲進衣服,布之於庭,光奪人目。⑤《酉陽雜俎》。

袙服,王宏遣吏科檢婦人袙服,袙,女秩反。蓋近身衣也。一曰衷衣,一曰澤衣。⑥

---

①　"鮑宣妻……與宣共挽鹿車歸鄉里"句,漢劉珍《東觀漢記》:"鮑宣之妻,桓氏女,字少君。宣嘗就少君父學,父奇其清苦,以女妻之,資送甚盛(一作"裝送甚盛")。宣不悦,謂妻曰:'少君生而嬌富,習美飾,而吾貧賤,不敢當禮。'妻曰:'大人以先生修德守約,故使賤妾侍執巾櫛。既奉君子,唯命是從。'宣笑曰:'能如是,乃吾志也。'乃悉歸侍御服飾,更著短布裳,與宣共挽鹿車歸鄉里。拜姑禮畢,提甕出汲,修行婦道,鄉邦稱之。"

②　"和政",原作"政和",今據清乾隆武英殿刻本《新唐書》改。《新唐書·公主傳》:"和政公主……代宗以主貧,詔諸節度餉億,主一不取。親紉綻裳衣,諸子不服紈綺。"

③　"愍懷以體上白絹單衣一領"句,此條參見《太平御覽》卷六九三《服章部》引《晋惠帝起居注》。張承宗《六朝婦女》第四章《婦女的服飾》:"《太平御覽》卷六九三引《晋惠帝起居注》曰:'愍懷以體上白絹單衣一領,寄與妃。'白絹單衣,是貼身内衣,男女均可穿。愍懷太子以體上白絹單衣寄與妃子,是表達思念之情的一種方式。"

④　"弋綈",原作"戈綌",今據《史記》《漢書》改。弋綈,黑色粗厚的絲織物。《史記·孝文本紀》:"孝文帝從代來,即位二十三年,宮室苑囿狗馬服御無所增益,有不便,輒弛以利民。嘗欲作露臺,召匠計之,直百金。上曰:'百金中民十家之産,吾奉先帝宮室,常恐羞之,何以臺爲!'上常衣綈衣,所幸慎夫人,令衣不得曳地,幃帳不得文綉,以示敦樸,爲天下先。"又《漢書·文帝紀》:"身衣弋綈,所幸慎夫人,衣不曳地,帷帳無文綉,以示敦樸,爲天下先。"

⑤　"楊妃寵愛特甚……光奪人目"句,今本《酉陽雜俎》不見此條,此條參見《太平御覽》卷六八九《服章部》引《唐書》。《舊唐書·后妃傳》:"宮中供貴妃院織錦刺綉之工,凡七百人,其雕刻鎔造,又數百人。揚、益、嶺表刺史,必求良工造奇器異服,以奉貴妃獻賀,因致擢居顯位。"

⑥　"袙,女秩反",加本無此注。○"王宏遣吏科檢婦人袙服"句,見於葉廷珪《海錄碎事》卷五。《晋書·王宏傳》:"帝常遣左右微行,觀察風俗,宏緣此復遣吏科檢婦人袙服,至褰發於路。"○"衷衣""澤衣",《廣雅疏證》卷七下:"襗袍,襡,長襦也。"疏證:"襗,通作澤也。《釋名》云:'汗衣,近身受汗垢之衣也。《詩》謂之澤,受汗澤也。或曰鄙袒,或曰羞袒,作之,用六尺裁,足覆胸背,言羞鄙於袒,而衣此耳。'《秦風·無衣篇》:'與子同袍。''與子同澤。'鄭箋云:'澤,褻衣,近汗垢。'"

越羅衣，唐詩：“美人猶舞越羅衣。”①

百花舞衣，《採蘭雜志》：“越嶲國有吸華絲，凡華著之不墜。漢時奉貢，武帝賜麗娟二兩，命作舞衣。春暮宴於花下，舞時故以袖拂落花，滿衣都著，舞態愈媚。”②

龍綃衣一襲，無一二兩，元載以寵姬薛瑤英不勝重衣，故求之外國。③《海録碎事》。

古者衣服短而齊，不至於地。④《後漢書》：“梁冀妻始製狐尾單衣。”注云：“後襬曳地，若狐尾。”⑤至今婦人裙衫皆偏裁其後，曰偏後衣也。⑥《說略》。

俗衣，顏如玉，不著人家俗衣服。見豔麗。⑦

海西有富浪國，婦人衣冠，如世所畫菩薩狀。《西使記》。⑧

承雲，衣領也。昔姚夢蘭贈東陽以領邊繡脚下履。領邊繡即承雲也。⑨《女史》。

穆宗以玄綃白書、素紗墨書爲衣服，賜承幸宮人，皆淫鄙之詞，時

①　“美人猶舞越羅衣”，加本作“美人猶舞越羅女”。唐許渾《祗命南海盧陵逢表兄軍倅奉使淮海別後卻寄》：“盧橘花香拂釣磯，美（一作佳）人猶舞越羅衣。”

②　“越嶲國有吸華絲……舞態愈媚”句，《採蘭雜志》：“越嶲國有吸華絲，凡華著之，不即墜（一作墮）落，用以織錦。漢時國人奉貢，武帝賜麗娟二兩，命作舞衣。春暮宴於花下，舞時故以袖拂落花，滿身都著，舞態愈媚，謂之百花之舞。”

③　“瑤英”，加本作“英瑤”。○“龍綃衣一襲……故求之外國”句，此條參見葉廷珪《海録碎事》。又《全唐詩話》：“元載末年，納薛瑤英爲姬，處以金絲帳、卻塵褥，衣以龍綃衣一襲，無一兩。載以瑤英體輕，不勝重衣，於異國求此服也。”

④　“古者衣服短而齊，不至於地”，此條參見隋劉存《事始》。

⑤　“梁冀妻始製狐尾單衣”，《後漢書·梁統列傳》：“冀亦改易輿服之制，作平上軿車，埤幘，狹冠，折上巾，擁身扇，狐尾單衣。”

⑥　“古者衣服短而齊……曰偏後衣也”句，此條參見顧起元《說略》，並見於五代馮鑑《續事始》。

⑦　“麗”，原作“冕”，今據加本改。○“不著人家俗衣服”句，白居易《霓裳羽衣歌》：“案前舞者顏如玉，不著人家俗衣服。”

⑧　“菩薩狀西使記”六字，原脱，今據加本補。○“海西有富浪國……如世所畫菩薩狀”句，劉郁《西使記》：“海西有富浪國。婦人衣冠，如世所畫菩薩狀。”

⑨　“夢蘭贈”“邊繡、脚下履”“女”，原殘缺，今據加本補。○“承雲……領邊繡即承雲也”句，見龍輔《女紅餘志》。

號諢衣。①《叙小志》。

緩衣，舞衣也。皆繡一大窠，隨其衣本色。製純緩衫，下纔及帶，若短汗衫者以籠之，所以藏繡窠也。②《教坊記》。

鬱衣，白香山詩："鬱衣香汗裛歌巾。"③

褧衣，《詩》"君子偕老"章，夫人嫁則錦衣加褧襜。④

蘊麝衣，袁淑《正情賦》："解蘊麝之衣裳。"⑤

大倭國女子，被髮屈紒，衣如單被，穿其中央，貫頭而著之，以丹朱塗其身體，如中國之用粉也。⑥《後漢書》。

文衣，《史記·孔子世家》："犁鉏曰：'請先嘗沮之。'於是選齊國中女子好者八十人，皆衣文衣而舞《康樂》，文馬三十駟，以遺魯君。"⑦

澣衣，《詩經》："薄澣我衣。"小序：《葛覃》，后妃之本也。躬儉節用，服澣濯之衣。⑧

帝置酒於天香亭，香兒衣絳繒方袖之衣，帶雲肩迎風之組，執干

① "穆宗以玄綃白書、素紗墨書爲衣服"句，此條見於朱揆《叙小志》。

② "緩衣……所以藏繡窠也"句，見於唐崔令欽《教坊記》"聖壽樂舞"條。

③ "香山"，加本作"居易"。"鬱衣香汗裛歌巾"，見白居易《盧侍御小妓乞詩座上留贈》："鬱衣（一作金）香汗裛歌巾，山石榴花染舞裙。"

④ "夫人嫁則錦衣加褧襜"句，《詩經·衛風·碩人》："碩人其頎，衣錦褧衣。"毛傳："錦，文衣也。夫人德盛而尊，嫁則錦衣加褧襜。"鄭箋："褧，禪也。國君夫人，翟衣而嫁，今衣錦者，在塗之所服也。"《詩經·鄭風·豐》："衣錦褧衣，裳錦褧裳。"鄭箋："褧，禪也，蓋以禪縠爲之中衣。裳用錦，而上加禪縠，爲其文之大著也。"

⑤ "解蘊麝之衣裳"，見於南朝宋袁淑《正情賦》。

⑥ "大倭國女子"句，《後漢書·東夷列傳·倭》："女人被髮屈紒，衣如單被，貫頭而著之；並以丹朱扮身，如中國之用粉也。"

⑦ "史記"，加本無此二字，朱校句後補注"史記"。"犁鉏曰……以遺魯君"句，《史記·孔子世家》："齊人聞而懼，曰：'孔子爲政必霸，霸則吾地近焉，我之爲先并矣。盍致地焉？'黎鉏曰：'請先嘗沮之；沮之而不可則致地，庸遲乎！'於是選齊國中女子好者八十人，皆衣文衣而舞《康樂》，文馬三十駟，遺魯君。陳女樂文馬於魯城南高門外。季桓子微服往觀再三，將受，乃語魯君爲周道游，往觀終日，怠於政事。"

⑧ "薄澣我衣"句，《詩經·國風·葛覃》："薄汙我私，薄澣（一作浣）我衣。"《小序》："葛覃，后妃之本也。后妃在父母家，則志在於女功之事，躬儉節用，服澣濯之衣，尊敬師傅，則可以歸安父母，化天下以婦道也。"

昂鸞縮鶴而舞。①《元氏掖庭記》。

宜春院舞女，皆著縵衣，舞至第二疊，相聚場中，即於衆中，從領上抽去籠衫，各納懷中。觀者忽見衆女咸文綉炳炳，莫不驚異。②《教坊記》。

畫衣，《周禮》"六服"注："褕衣，畫衣也。"③曹唐《李夫人詩》："隔水殘霞見畫衣。"④

鶯鶯出拜張生，常衣悴容，不加新飾，垂鬟接黛，雙臉斷紅而已，顔色豔異，光輝動人。⑤《會真記》。

曹洪令女倡著羅縠之衣。⑥《釵小志》。

張士誠城破時，出珍衣二十餘種，於卧龍街將焚之，正舉火，我軍已入。小校單發拾其二種，一爲綵鸞摩雲衣，一爲春花競秀衣。見《逐鹿記》。⑦

羅衣，王維《西施咏》："邀人傅香粉，不自著羅衣。"

陶穀使江南，端介不可犯。熙載使歌姬秦蒻蘭衣弊衣，爲驛卒

---

① "干"，加本作"千"，朱校改作"干"。○"帝置酒於天香亭"句，陶宗儀《元氏掖庭記》："（順）帝復置酒於天香亭，爲賞月飲。香兒復易服趨亭前，衣絳縐方袖之衣，帶雲肩迎風之組，執干昂鸞縮鶴而舞。"○"雲肩"，杭間主編《服飾英華·胡化時代漢化風》："蒙古婦人沿用金代的雲肩，楊子器《元宮詞》中有'金綉雲肩翠玉纓'。《元氏掖庭記》中載：'帶雲肩迎風之組。'此時圍帶雲肩者多以舞女和宮人爲主。"

② "宜春院舞女"句，崔令欽《教坊記》："舞人初出樂次，皆是縵衣，舞至第二疊，相聚場中，即於衆中從領上抽去籠衫，各内懷中。觀者忽見衆女咸文綉炳焕，莫不驚異。"

③ "六服"，《周禮·天官》："内司服，掌王后之六服：褘衣，揄狄，闕狄，鞠衣，展衣，緣衣，素沙。鄭司農注："褕衣，畫衣也。"

④ "見"，加本作"看"，朱校作"見"。○"隔水殘霞見畫衣"，曹唐《漢武帝思李夫人》："迎風細荇傳香粉，隔水殘霞見畫衣。"

⑤ "接黛"，原作"黛接"，今據民國影明嘉靖談愷刻本《太平廣記》卷四八七《雜傳記》改。○"鶯鶯出拜張生"句，元稹《會真記》："常服晬容，不加新飾，垂鬟接黛（一作垂鬟淺黛），雙臉銷紅（一作斷紅）而已。顔色豔異，光輝動人。"

⑥ "曹洪令女倡著羅縠之衣"，此條見於《釵小志》，參見《三國志·魏志》："洪置酒大會，令女倡著羅縠之衣，蹋鼓，一坐皆笑。"

⑦ "見"，加本無此字。○"張士誠城破時"句，明王褘《逐鹿記》："張士誠於城破時，縱宮人數百於民間，開庫藏，令其自取。……又取珍衣二十餘種，出於卧龍街將焚之，正舉火，朱吳軍已入。小校單發拾其二種，一爲綵鸞摩雲，一爲春花競秀。一時銀帛狼籍於道。徐達下令封府庫，禁士卒。"

女,穀見之而喜,遂犯慎獨之戒。①《侍兒小名錄》。

真宗宴近臣,語及《莊子》,忽命"秋水"至,則翠鬟綠衣一小女童,誦《秋水》一篇,聞者竦立。②《貴耳錄》。

酋妻衣,文袖之衣,如中國鶴氅,寬長曳地,行則兩女奴拽之。③《蒙達備錄》。

回鶻婦人,類男子,白晳,著青衣,如中國道服然,以薄青紗冪首而見其面。④《松漠紀聞》。

燈籠錦,文彥博令工人織金綫燈籠載蓮花,中爲錦紋,以獻張貴妃。妃始衣之,上驚曰:"何處有此錦?"妃以博告。⑤

天衣,《集仙錄》:"謝自然在静室,有仙人將天衣來迎,即乘麒麟升天。"⑥

林邑國,女嫁者,著迦藍衣,橫幅合縫如井闌,頭戴花寶。⑦《南齊書》。

鳳毛金,鳳凰頸下毛所織也。明皇時,國人奉貢,宮中多以飾衣,

---

①　"名",加本作"女"。"陶穀使江南"句,洪炎《侍兒小名錄》:"國初,朝廷遣陶穀使江南,以假書爲名,實使覘之。丞國李獻以書抵韓熙載,曰:'五柳公驕甚,其善待之。'穀至則果如李所言。熙載謂所親曰:'陶秀實非端介者,其守可隳,當使諸君一笑。'因令宿,俟贍六朝書,半年乃畢。熙載使歌姬秦蒻蘭衣弊衣,爲驛卒女,穀見之而喜,遂犯慎獨之戒,作長短句贈之。明日,中主燕客,穀凜然不可犯。"

②　"真宗宴近臣"句,張端義《貴耳集》:"真廟宴近臣,語及《莊子》,忽命'秋水'至,則翠鬟綠衣一小女童,誦《秋水》一篇,聞者竦立。"

③　"酋妻衣"句,孟珙《蒙韃備錄》:"婦女所衣如中國道服之類,凡諸酋之妻,則有顧姑冠,用鐵絲結成,形如竹夫人,長三尺許,用紅青錦綉或珠金飾之,其上又有杖一枝,用紅青絨飾之。又有紋袖衣,如中國鶴氅,寬長曳地,行則兩女奴拽之。"

④　"回鶻婦人"條,見於宋洪皓《松漠紀聞·回鶻》。

⑤　"燈籠",加本作"籠燈"。"燈籠錦……妃以博告"句,梅堯臣《碧雲騢》:"彥博知成都,貴妃以近上元,令織異色錦。彥博遂令工人織金綫燈籠載蓮花,中爲錦紋……貴妃始衣之,上驚曰:'何處有此錦?'妃曰:'昨令成都文彥博織來,以嘗與妾父有舊然。然妾安能使之? 蓋彥博奉陛下耳。'上色怡,自爾屬意彥博。"

⑥　"謝自然在静室"句,《佩文韻府》引《集仙錄》。《太平廣記》卷六六《女仙》卷一一《謝自然》:"十月十一日,入静室之際,有仙人來召,即乘麒麟升天,將天衣來迎。自然所著衣留在繩床上,卻回,著舊衣,置天衣於鶴背,將去,云:'去時乘麟,回時乘鶴也。'"

⑦　"林邑國"句,《南齊書·東南夷列傳·扶南國》:"女嫁者,迦藍衣橫幅合縫如井闌,首戴花寶。"

夜中有光，惟貴妃所賜最多，裁衣爲帳，燦若白日。①《林下詩談》。

　　李煜末年，宮中收露水，染淺碧爲衣，號天水碧。②《宋史新編》。

　　蒙衣，《左傳》：衛孔氏之豎渾良夫，與太子蒙衣而乘。杜注：“蒙衣，爲婦人衣也。”③

　　景衣，《儀禮·士婚禮》：“女次純衣。乘婦以几，姆加景，乃驅。”④注：“景之制，蓋如明衣，加之以爲行道禦塵，令衣鮮明。景，亦明也。”⑤

　　撁衣，段成式《妓醉毆詩》：“擲履仙鳧起，撁衣蝴蝶飄。”⑥

　　女真衣，鄭谷詩：“麻姑乞與女真衣。”⑦

　　瑟瑟衣，王周詩：“仙女瑟瑟衣，風梭晚來織。”⑧

　　嫁時衣，葛鵶兒詩：“蓬鬢荆釵世所稀，布裙猶是嫁時衣。”⑨

　　寬衣，《神仙感遇記》：“唐明皇與羅公遠同登月宮，見仙女數百，皆素練寬衣，舞於廣庭。”⑩

----

　　①　“鳳毛金”句，宋無名氏《林下詩談》：“鳳毛金者，鳳凰頸下有毛，若綬，光明與金無二，而細軟如絲。遇春必落，山下人取織爲金錦，名鳳毛金。明皇時，國人奉貢，宮中多以飾衣，夜中有光，惟貴妃所賜最多，裁以爲帳，燦若白日。”

　　②　“李煜末年”句，此條見於明柯維騏《宋史新編》，又《宋史·南唐李煜世家》：“又煜之妓妾嘗染碧，經夕未收，會露下，其色愈鮮明。煜愛之。自是宮中競收露水，染碧以衣之，謂之天水碧。”

　　③　“衛孔氏之豎渾良夫”句，《左傳·哀公十五年》：“閏月，良夫與大子入，舍於孔氏之外圃。昏，二人蒙衣而乘，寺人羅御，如孔氏。”服虔注：“蒙衣，爲婦人之服，以巾蒙其頭而共乘也。”杜預注：“蒙衣爲婦人服。”

　　④　“驅”，原作“駐”，今據《儀禮·士昏禮》改。《儀禮·士昏禮》：“婦乘以几，姆加景，乃驅。”

　　⑤　“女次純衣”句，《儀禮·士昏禮》：“婦乘以几，姆加景，乃驅。”鄭玄注：“景之制，蓋如明衣，加之以爲行道禦塵，令衣鮮明也。景，亦明也。”

　　⑥　“擲履仙鳧起”句，見於段成式《光風亭夜宴妓有醉毆者》。○“仙鳧”，代指鞋履，典出《後漢書·方術傳·王喬》。唐姚月華《製履贈楊達》：“願化雙仙鳧，飛來入閨裏。”

　　⑦　“麻姑乞與女真衣”，唐鄭谷《黃鶯》：“應爲能歌繫仙籍，麻姑乞與女真衣。”○“女真”，嚴壽澂等《鄭谷詩集箋注·黃鶯》：“女真，此爲雙關，道家稱修真得道者爲真人，女真，切上‘仙’意，又鶯羽黃，黃色中有女真黃者，道家亦衣黃，故稱。元劉因《薔薇》詩：‘色染女真黃，露凝天水碧。’可參證。”明代朱權《天皇至道太清玉册》卷六載“女真衣”，云：“又作青紗之裙，令用紗十五尺，作八幅，幅長四尺九寸，餘作攀腰，分八幅，作三十二條，此則飛青之裙也。”

　　⑧　“織”，原作“碧”，今據文淵閣四庫全書本《全唐詩》改。○“仙女瑟瑟衣”句，唐王周《巴江》：“巴江江水色，一帶濃藍碧。仙女瑟瑟衣，風梭晚來織。”

　　⑨　“蓬鬢荆釵世所稀”句，見於唐葛鵶兒《懷良人》。

　　⑩　“唐明皇與羅公遠同登月宮”句，見於《佩文韻府》引杜光庭《神仙感遇記》（或作《神仙感遇傳》）。

褻衣,司馬相如《美人賦》:"女乃弛其上服,表其褻衣。"①

卷衣,李頎《鄭櫻桃》歌:"後庭卷衣三萬人,翠眉清鏡不得親。"

海鹽婦人,皆窄衣尖髻。比至京師,見婦人曳長衣,飄大袖,髻卑而平頂。不數月,余歸海鹽,而婦女裝飾,亦如京師矣。俗尚移人,其疾如此。②《碧里雜存》。

壞衣,《酉陽雜俎》:"婦人過妒婦津,皆壞衣毀妝,不則便生風浪。"③

皓衣,《龍城錄》:"明皇與申天師遊月宮,見素娥十餘人,皆皓衣乘白鸞,笑舞於廣庭大桂樹下。"④

畫衣,乃沂水高中丞,諱名衡,字平仲,⑤所寄其妻張夫人者。衣以白練縫之,上冪青紗,寫折枝墨卉二十五種,作三十二叢,衣之前後及左右袂,皆題五七言斷句,凡八首。五言云:"金臺風乍軟,先爲寄春衣。著處逢花發,遙分上苑輝。""上苑花枝好,烏紗插已繁。畫取羅襦上,似與爾同看。""對月偏成憶,臨風更有思。鄉心無可寄,聊寫最嬌枝。""花枝鮮且妍,置之在懷袖。好記花枝新,憐取衣裳舊。""輕襦畫折枝,悠然感我思。畫時腸已斷,著時心自知。""霧縠偏宜暑,冰綃迥出塵。⑥著時憐百朵,應憶畫眉人。"七言云:"客邸長安一事無,畫

---

①　"如",加本作"女"。

②　"海鹽婦人……其疾如此"句,《奩史》卷七一《梳妝門》一引《碧里雜存》:"四方風俗,皆本於京師,自古然矣,故有廣眉高髻之謠。三十年前,吾鄉婦女,皆尖髻。余始至京師,見皆髻卑而平頂,甚訝其制之異也。還鄉,又皆然矣。"

③　"毀",加本作"壞"。○"婦人過妒婦津"句,段成式《酉陽雜俎》:"妒婦津,相傳言,晉太始中,劉伯玉妻段氏,字明光,性妒忌。伯玉常於妻前誦《洛神賦》,語其妻曰:'娶婦得如此,吾無憾焉。'明光曰:'君何得以水神美而欲輕我? 吾死,何愁不爲水神。'其夜乃自沉而死。死後七日,托夢語伯玉曰:'君本願神,吾今得爲神也。'伯玉寤而覺之,遂終身不復渡水。有婦人渡此津者,皆壞衣枉妝,然後敢濟,不爾風波暴發。醜婦雖妝飾而渡,其神亦不妒也。婦人渡河無風浪者,以爲己醜,不致水神怒。醜婦諱之,無不皆自毀形容,以塞嗤笑也。故齊人語曰:'欲求好婦,立在津口。婦立水旁,好醜自彰。'"

④　"明皇與申天師遊月宮"句,見於唐柳宗元《龍城錄》。

⑤　"名",加本無此字。

⑥　"冰",加本作"水"。

長人静影形孤。閑將一段鵝溪絹，①寫作名花百種圖。""墨瀋淋漓寫暗香，不將開落問東皇。憑教霧縠傳深意，永矢糟糠不下堂。"後書："辛未夏日作於燕邸，寄内子，平仲題。"此衣久藏安丘張起元家，②後傳與新城公矣。③

仙仙蝴蝶衣，窄窄檀香板。纖纖欲飛揚，只恨春風軟。④宋荔裳《鞦韆詞》。

繡領。⑤見《春夢録》。

衫　類

兩襠衫，《南史》：⑥"薛安都臨陣，著絳衲兩襠衫。"⑦

唐高宗嘗内宴，太平公主紫衫、玉帶、皂羅折上巾，具紛礪七事，歌舞於帝前。帝與武后笑曰："女子不可爲武官，何爲此裝束？"⑧

---

①　"閑"，原作"間"，今據加本改。

②　"丘"，加本作"邱"。"起元"，加本作"杞園"。

③　"畫衣……後傳與新城公矣"，清張貞《杞田集》卷四《畫衣記》注："余家舊藏畫衣，一稱沂水高中丞筆也。蓋寫折枝墨卉於白練，上冪以青紗而成之者，領圍尺，博二寸有半，寸三其縫而飾以金，身長三尺有五寸，三分其長而殺其二以爲廣，袂長三尺，三分其長而殺其一以爲寬。兩袪亦皆以金緣之，圖於前襟者曰梅，曰繡球，曰山茶，曰水仙，曰竹石。觀其後背，上秋葵一，稍下紫薇一，榴花一，一榴房尤怪偉，又下荷花一，而畫水仙於南旁。肩上作芙蓉、木犀各一枝，柯葉交亞，頗極盤紆紛披之致。左袂爲海棠，爲芍藥，爲辛夷，爲玫瑰，爲秋菊，爲靈芝、蕙草。又有桃、杏、牡丹、梔子、百合、萱花。在右袂兩袖下各綴蘭石。合之得花卉二十五種，作三十二叢，便娟映帶，窮態盡變，覺奕奕生氣，射人眉睫，所謂妙而真者也。衣之前後及左右袂，皆題五七言斷句，凡八首，詩亦秀麗饒韻，讀者豔之。……嘗考唐穆宗以玄綃白書、素紗墨書爲衣，以賜宮人，號譚衣。然此以正，彼以狎，固不可同日語矣。此衣自辛未以來，藏吾家者已六十六年。庚辰春日，余在京師，過大司寇新城公邸舍，偶與言及，公甚豔其事，因以贈之，而記其始末，詳其形制，用存吾家一段致語，且使子孫知前輩交情也。康熙三十六年六月六日，張貞起元記。記成，司寇題一《絶句》云：幾幅冰綃寫折枝，淡勻麝墨與燕支。笑他駙馬張京兆，玉鏡窗前只畫眉。"

④　"仙仙蝴蝶衣"句，見於宋琬《生查子·鞦韆》。

⑤　"繡領"，元鄭禧《春夢録》："嬋娟難見，珠簾故懶上於銀鈎。信悼不特，羅襦乃拆寄於繡領。"

⑥　"南史"，原作"後漢書"，誤，今據《南史·柳元景傳》改。

⑦　"薛安"，原作"薛女"，今據《宋書·柳元景傳》改。○"薛安都臨陣"句，《宋書·柳元景傳》："安都怒甚，乃脱兜鍪，解所帶鎧，唯著絳衲兩當衫，馬亦去其裝，馳入賊陣。"

⑧　"唐高宗嘗内宴……何爲此裝束"句，見於《新唐書·五行志》。

末無袖端，《釋名》：“衫，芟也。衫末無袖端也。”“襦襠，其一當胸，其一當背也。”①

籠桶衫，柿油巾。②出《浣花旅地志》。③

緑暈衫。④《燈影記》。

陽洞羅漢苗在黎平，婦人錦服短衫，繫雙帶，結於背，胸前刺綉一方，以銀錢飾之。⑤《黔書》。

瑣里緣蒙之衫，瑣里國所進，帝賜凝香兒著之。⑥《元氏掖庭記》。

帝命工以金籠之妝，出鸞鳳之形，製爲十大衫。香兒得一焉。《元氏掖庭記》。

正月初八至十八日，婦女著白綾衫，隊而宵行，謂無腰腿諸疾。⑦《帝城景物略》。

蘇紫蒻愛謝耽，靡由得親。遣侍兒假耽恒著小衫，晝則私服於內，夜則擁之而寢。⑧《釵小志》。

王師入武昌，友諒愛妃欒氏投臺死，即取其尸埋臺下，軍校掘地見尸，即妃也。一校脱其金鴻戲藻衫去。⑨《逐鹿記》。

---

① “《釋名》……其一當背也”句，見於劉熙《釋名·釋衣服》。

② “柿”原作“拂”，今據四部叢刊續編景明本馮贄《雲仙雜記》改。“籠桶衫”句，《雲仙雜記·籠桶衫柿油巾》：“杜甫在蜀，日以七金買黃兒米半籃，細子魚一串，籠桶衫，柿油巾，皆蜀人奉養之粗者。”

③ “出《浣花》”，三字原誤作正文，加本同，但實爲引書，今據《雲仙雜記》改。

④ “緑暈衫”，《影燈記》：“正月十五日夜，玄宗於常春殿張臨光宴，白鷺轉花、黃龍吐水、金鳧銀燕、浮光洞、攢星閣，皆燈也。奏月分光曲，又撒閩江錦荔枝千萬顆，令官人爭拾，多者賞以紅圈帔，緑暈衫。”

⑤ “陽洞羅漢苗在黎平”句，清田雯《黔書》：“陽洞羅漢苗在黎平，婦人養蠶織錦，服短衫，繫雙帶結於背，胸前刺綉一方，以銀錢飾之。”

⑥ “瑣里緣蒙之衫”句，陶宗儀《元氏掖庭記》：“帝嘗中秋夜泛舟禁池，香兒著瑣里緣蒙之衫。瑣里，夷名産，撒哈剌蒙茸如氈毹，但輕薄耳，宜於秋時著之，有紅、緑二色，至元間進貢。帝又命工以金籠之，妝出鸞鳳之形，製爲十大衫。香兒得一焉。”

⑦ “正月初八至十八日”句，明劉侗《帝城景物略》：“八日至十八日，集東華門外，曰燈市。貴賤相沓，貧富相易貿，人物齊矣。婦女著白綾衫，隊而宵行，謂無腰腿諸疾，曰走橋。”

⑧ “蘇紫蒻愛謝耽”句，見於朱揆《釵小志·謝郎衣》。

⑨ “王師入武昌”句，明王禕《逐鹿記》：“王師入武昌，陳友諒愛妃欒氏投臺死，內人取其尸埋臺下。軍校毀臺，忽聞太息聲，掘地見尸，即妃也，一校脱其金鴻戲藻衫去。或曰千兵胡德又裨將陸純夫私其宮娥，奪臂上玉盤螭。”○“欒”，後文作“桑”。當以後者爲準。

開元中，奴婢服襴衫，而士女以胡服。①

徐湛之母，會稽公主。高祖微時，有納布衫襖等衣，皆是敬皇后手自作。高祖既貴，以此付公主曰：“後代若驕侈不節者，可以此示之。”②

輕衫不愛繡銀鵝，蜻蜓淺碧縲文羅。西樵《春閨詞》。

春衫，楊萬里《嶺雲》詩：“天女似憐山骨瘦，爲縫霧縠作春衫。”③

碧衫，蘇軾《記夢詩》：“亂點餘花唾碧衫。”④

綠暈衫，《雲仙雜記》：“正月十五日，明皇張宴，撒閩江錦荔枝千萬顆，令宮人爭拾，多者賞以紅圈帔、綠暈衫。”⑤

單衫，古歌：“單衫杏子紅，雙鬢鴉雛色。”⑥

小衫，蕭愨詩：“小衫飄霧縠，豔粉拂輕紅。”⑦

紅衫，劉孝威詩：“紅衫向後結，金簪臨鬢斜。”⑧

藕絲衫，元稹詩：“藕絲衫子柳花裙。”⑨

畫衫，盧延讓詩：“騎馬佳人卷畫衫。”⑩

吳衫白紵，只愛吳中梳裏。⑪竹垞《贈妓詞》。

---

① “奴婢服襴衫”句，《新唐書·車服志》：“開元中，初有綾鞋，侍兒則著履，奴婢服襴衫，而士女衣胡服，其後安禄山反，當時以爲服妖之應。”

② “徐湛之母”句，《宋書·徐湛之傳》：“會稽公主身居長嫡，爲太祖所禮，家事大小，必咨而後行。西征謝晦，使公主留止臺內，總攝六宮。忽有不得意，輒號哭，上甚憚之。初，高祖微時，貧陋過甚，嘗自往新洲伐荻，有納布衫襖等衣，皆敬皇后手自作。高祖既貴，以此衣付公主，曰：‘後世若有驕奢不節者，可以此衣示之。’”

③ “天女似憐山骨瘦”句，“山”，原作“仙”，今據四部叢刊影宋寫本《誠齋集》改。

④ “亂點餘花唾碧衫”，蘇軾《記夢回文二首》其一：“酡顏玉碗捧纖纖，亂點餘花唾碧衫。”

⑤ “正月十五日……綠暈衫”句，見於馮贄《雲仙雜記》引《影燈記》：“正月十五日夜，玄宗於常春殿張臨光宴，白鷺轉花、黃龍吐水、金鳧銀燕、浮光洞、攢星閣，皆燈也。奏月分光曲，又撒閩江錦荔枝千萬顆，令宮人爭拾，多者賞以紅圈帔，綠暈衫。”

⑥ “單衫杏子紅”句，見於南北朝民歌《西洲曲》。

⑦ “小衫飄霧縠”句，見於蕭愨《臨高臺》。

⑧ “紅衫向後結”句，見於劉孝威《都縣遇見人織率爾寄婦》。

⑨ “藕絲衫子柳花裙”，元稹《白衣裳》：“藕絲衫子柳花裙，空著沉香慢火熏。”

⑩ “騎馬佳人卷畫衫”，唐盧延讓《送周太保赴浙西》：“臂鷹健卒懸氈帽，騎馬佳人卷畫衫。”

⑪ “裏”，原作“裏”，今據加本改。○“吳衫白紵”句，朱彝尊《鵲橋仙·席上贈伎張伴月》：“吳歌白紵，吳衫白紵，只愛吳中梳裏。”

襦　類

《釋名》：“婦人上服曰袿。”《廣雅》云：“袿，長襦也。”①

左開之襦，《吴越春秋》：“勾踐與妻入臣吴。夫人衣無緣之裳、左開之襦，堊以養馬。”②

珠襦，昌邑王被廢，太后被珠襦，盛服坐武帳中，王前聽詔。如淳曰：“以珠飾襦。”晋灼曰：“貫珠爲襦。”③

布襦，《東觀漢記》：“梁鴻妻孟氏女布襦褲裙。鴻曰：‘此真梁鴻妻也。’”④

小襦，《後魏書》：“高祖復至鄴，見公卿曰：朕昨日入城，見車上婦人冠帽而著小襦襖者，尚書何爲不察？”⑤

---

① “云”，加本作“曰”。○“婦人上服曰袿”句，劉熙《釋名·釋衣服》：“婦人上服曰袿，其下垂者上廣下狹如刀圭也。”“袿，長襦也。”《爾雅》疏引《廣雅·釋器》此條，今本脱“袿”字。

② “勾踐與妻入臣吴”句，見於《太平御覽》卷六九五《服章部》所引《吴越春秋》。《吴越春秋·勾踐入臣外傳》：“吴王起入宫中，越王、范蠡趨入石室。越王服犢鼻，著樵頭，夫人衣無緣之裳，施左關之襦。夫斫剉養馬，妻給水、除糞、灑掃。三年不慍怒，面無恨色。”○“左開之襦”，張開城、徐質斌《海洋文化與海洋文化產業研究》：“‘左開之襦’即‘左衽’之俗，原爲古越人的一種服式。《戰國策·趙策》中説：‘被髮文身，錯臂左衽，甌越之民也。’在這裏，所謂左衽，即爲上衣的對襟從左邊開。”今按：“左開”，《太平御覽》卷六八八所引《吴越春秋》作“左關”。

③ “后”，加本作“皇”。○“晋灼”，原作“晋書”，今據《漢書》改。○“昌邑王被廢……貫珠爲襦”，此條見於《太平御覽》卷六九五《服章部》引《漢書》：“昌邑王被廢，太后被珠襦，盛服坐武帳中，王前聽詔。（如淳曰：‘以珠飾襦。’《晋書》曰：‘貫珠爲襦。’）”今通行本《漢書·霍光傳》：“太后被珠襦，盛服坐武帳中，侍御數百人皆持兵，期門武士陛戟，陳列殿下。群臣以次上殿，召昌邑王伏前聽詔。如淳注曰：‘以珠飾襦也。’”晋灼注曰：“貫珠以爲襦，形若今革襦矣。”師古注曰：“晋説是也。”今按：據《漢書》可知，《太平御覽》此條誤將注釋“晋灼”抄作“晋書”，《妝史》同誤。

④ “女”，加本無此字。○“梁鴻妻孟氏女布襦褲裙”句，《東觀漢記·梁鴻傳》：“梁鴻鄉里孟氏女，容貌醜而有節操，多求之，不肯。父母問其所欲，曰：‘得賢婿如梁鴻者。’鴻聞之，乃求之。梁鴻妻椎髻，著布衣，操作具而前。鴻大喜曰：‘此真梁鴻妻也，能奉我矣。’字之曰德耀，名孟光。”

⑤ “高祖復至鄴”句，《魏書·拓跋澄傳》：“高祖幸鄴，值高車樹者反叛，車駕將親討之。澄表諫不宜親行。……高祖曰：‘朕昨入城，見車上婦人冠帽而著小襦襖者，若爲如此，尚書何爲不察？’澄曰：‘著猶少於不著者。’”

珠襦，《吴越春秋》：“吴王闔閭葬女以珠襦之寶。”①

上襦，古詞：“湘綺爲下裙，紫綺爲上襦。”②

羅襦，謝朓詩：“輕歌急綺帶，含笑解羅襦。”③

綉腰襦，古樂府：“妾有綉腰襦，葳蕤自生光。”④

合歡襦，《謝氏詩源》：“李夫人著綉襦，作合歡廣袖，故《羽林郎》曰：‘長裾連理帶，廣袖合歡襦。’⑤”

鴛鴦襦。⑥《西京雜記》。

合德上飛燕鴛鴦，織成上襦。⑦《西京雜記》。

《舊唐書·倭國傳》：“倭國婦人，衣長腰襦，束髮於後，佩銀花，長八寸，左右各數枚，以明貴賤等級。”⑧

---

① “吴王闔閭葬女以珠襦之寶”，《吴越春秋·闔閭内傳》：“吴王有女滕玉，因謀伐楚，與夫人及女會，食蒸魚。王前嘗半而與女，女怒曰：‘王食我殘魚，辱我，不忍久生。’乃自殺。闔閭痛之，葬於國西閶門外。鑿池積土，文石爲椁，題凑爲中。（題凑，棺木内向也。）金鼎、玉杯、銀樽、珠襦之寶皆以送女。”

② “上”，加本作“下”。○“湘綺爲下裙”句，見於漢樂府《陌上桑》。

③ “急綺”，加本作“綺急”。○“輕歌急綺帶”句，見於謝朓《贈王主簿》二首其一。

④ “妾有綉腰襦”句，見於漢樂府《孔雀東南飛》。

⑤ “裾”原作“裙”，今據四部叢刊影明活字本《玉臺新咏》改。○“長裾連理帶”句，辛延年《羽林郎》：“長裾連理帶，廣袖合歡襦。”

⑥ “鴛鴦襦”，葛洪《西京雜記》：“趙飛燕爲皇后。其女弟在昭陽殿遺飛燕書曰：‘今日嘉辰，貴姊懋膺洪册，謹上襚三十五條，以陳踊躍之心：金華紫輪帽，金華紫羅面衣，織成上襦，織成下裳，五色文綬，鴛鴦襦，鴛鴦被，鴛鴦褥……’”

⑦ “合德上飛燕鴛鴦”句，見前注。○“織成”，亦稱“織成錦”“偏諸”，是以絲、毛作原料，經緯交織，且另以綵緯挖花而成的織物，屬於高檔的實用織品。杜甫《太子張舍人遺織成褥段》：“客從西北來，遺我翠織成。開緘風濤湧，中有掉尾鯨。”中華文化通志編委會編《中華文化通志·紡織與礦冶志》：“織成又稱綖，清代任大椿《釋繒》中認爲它是‘織而成之，不待裁剪之物’。因此早期的衣緣、鞋、帔、褲、衰衣等均有織成所製者。唐代有織成繖、織成褥段、織成帶、織成背子、織成裙、織成綾等名目，日本正倉院中保存著一塊由我國唐朝輸出的織成袈裟，題作‘七條織成樹皮袈裟’，其組織爲地結類斷緯織物。明清時期，更有織成袍料，則大部分爲妝花織物。”

⑧ “倭國婦人”句，《舊唐書·倭國傳》：“婦人衣純色裙，長腰襦，束髮於後，佩銀花，長八寸，左右各數枝，以明貴賤等級。衣服之制，頗類新羅。”“腰襦”，黄强《南京歷代服飾·隋唐五代篇》：“上古至秦漢魏晋時期，襦也是女性的一種主要服飾。《禮記·内則》記載：‘十年，出就外傅，居宿於外，學書計，衣不帛襦袴。’襦是一種短衣，長度一般僅至腰間，故有腰襦之稱。劉熙《釋名·釋衣服》記載：‘腰襦，形如襦，其腰上翹，下腰齊也。’漢樂府《古詩爲焦仲卿妻作》有云：‘妾有綉腰襦，葳蕤自生光。’所謂‘綉腰襦’就是有織綉的腰襦。”

《唐書·回鶻列傳》："公主被可敦服，絳通裾大襦，冠金冠，前後銳。"①

馬祖常《拾麥女歌》："豈不見貴家妾？豈不知娼家婦？② 綉絲繫襦蓮曳布。"

何景明《織女賦》："傅羅襪與絳襦兮。"③

襖　類

襖子，蓋袍之遺象也，漢文帝以立冬日賜宮侍承恩者，以五色綉羅，並錦爲之，始有其名。④

煬帝引船人名殿脚女，一千八十人，⑤並著雜錦綵妝襖子、行纏、鞋襪等。⑥《大業雜記》。

有桑妃者，陳友諒愛姬也，海賈所進金絲紐花襖，賜以著之。⑦《雲蕉館紀談》。

綉襖，《世説補》："李昌夒在荆州打獵，大修裝飾，其妻獨孤氏亦

------

① "公主被可敦服"句，《新唐書·回鶻傳下》："於是可汗升樓坐，東向，下設氊幬以居公主，請襲胡衣，以一姆侍出，西向拜已，退即次，被可敦服，絳通裾大襦，冠金冠，前後銳，復出拜已，乃升曲輿。""可敦服"，王永莉《唐代邊塞詩與西北地域文化》："可敦，即北方遊牧民族稱最高首領夫人，地位如匈奴閼氏。可敦服，'通裾大襦，皆茜色，金飾冠如角前指'。裾者，衣之前、後襟也；襦者，短衣、短襖也。所謂'通裾大襦'，或許是前、後襟連爲一體的短襖？茜色，指暗紅色或帶紫色的紅色。如此，則回紇可敦服可能是一種前、後襟連爲一體的暗紅色短襖，頭戴金冠，形狀像前伸的角。"今按：可敦服非短襖。

② "娼"，加本作"倡"。

③ "傅羅襪與絳襦兮"句，明何景明《織女賦》："卷縞匹之繽紛兮，斂容輝於雲閨。傅羅襪與絳襦兮，居煢煢而少依。"

④ "襖子……始有其名"，馬縞《中華古今注》："宮人披襖子，蓋袍之遺象也。漢文帝以立冬日，賜宮侍承恩者及百官披襖子，多以五色綉羅爲之，或以錦爲之，始有其名。"

⑤ "人"，加本作"文"，朱校作"人"。

⑥ "煬帝引船名殿脚女"句，唐杜寶《大業雜記》："車駕幸江都宮……次洛口，御龍舟。……以青絲大條繩六條，兩岸引進，其引船人並名殿脚（《隋煬帝豔史》作殿脚女），一千八十人，並著雜錦綵妝襖子、行纏、鞋襪等。"

⑦ "有桑妃者"句，孔爾《雲蕉館紀談》："有桑妃者陳所至愛，海賈所進金絲紐花襖、紫霞帳、水晶樓、鳳箱，皆以賜之。"

出女隊二千人,皆著紅紫綉襖子及錦鞍韉。"①

　　煬帝宮中有雲鶴金銀泥披襖子,②則天以赭黃羅上銀泥襖子以燕居。③《古今注》。

縠　類

　　縠,細繒也。《魏志》:"袁術僭號,④荒侈滋甚,後宮數百,服綺縠,餘梁肉。"⑤

　　金縷縠,《許老翁傳》:"仙女天衣,有金縷單絲錦縠,銀泥五暈羅裙。"

　　綃縠,《龍女傳》:"柳毅至洞庭,俄而紅妝千萬,笑語熙熙,中有一人,自然蛾眉,明璫滿身,綃縠參差。"⑥

　　太子納妃,有白縠、白紗、白絹衫並紫結纓,紫縠襦,絳紗襦,綉縠襦。《東宮舊事》。

　　單絲縠,白居易詩:"袖軟異文綾,裾輕單絲縠。"⑦

袖　類

　　伊尹始制婦人大袖,秦始皇制霞帔,二世作背子,隋煬帝作長袖。⑧

----

　　①　"李昌夔在荆州打獵"句,此條見於李贄《初潭集·苦海諸媼》,亦見於《大唐傳載》:"李昌夔爲荆南,打獵大修富飾。其妻獨孤氏亦出女隊二千人,皆著紅紫錦綉襖子。此三府亦因而空耗。"

　　②　"金銀",加本作"金泥銀",衍"泥"字。

　　③　"煬帝宮中有雲鶴金銀泥披襖子"句,此條見於馬縞《中華古今注》。

　　④　"術",原作"紹",今據加本改。

　　⑤　"袁術僭號"句,《三國志·魏志·袁術傳》:"術嘿然不悦。用河內張炯之符命,遂僭號。以九江太守爲淮南尹。置公卿,祠南北郊。荒侈滋甚,後宮數百皆服綺縠,餘梁肉,而士卒凍餒,江淮間空盡,人民相食。"

　　⑥　"柳毅至洞庭"句,唐李朝威《柳毅傳》:"俄而祥風慶雲,融融怡怡,幢節玲瓏,簫韶以隨。紅妝千萬,笑語熙熙。中有一人,自然蛾眉,明璫滿身,綃縠參差。"

　　⑦　"袖軟異文綾"句,見於白居易《和夢遊春詩一百韻》。

　　⑧　"長袖",原作"大袖",今據文淵閣四庫全書本董斯張《廣博物志》改。○"伊尹始制婦人大袖"句,又見於羅頎《物原》。

《文選》："紅袖颯纚。"注云："長袖貌。"①

小袖，李賀："禿襟小袖調鸚鵡。"②

紫袖，白居易詩："柘枝紫袖教丸藥，羯鼓蒼頭遣種蔬。"③

桃葉袖，白居易詩："燭淚夜沾桃葉袖，酒痕春污石榴裙。"④

短袖，蘇軾："巧舞困短袖。"⑤

障袖，陸游："傾鬟障袖不應人。"⑥

吳娘袖，白居易："夜舞吳娘袖，春歌蠻子詞。"⑦

牽袖，陳後主詩："牽袖起衣香。"⑧

石花廣袖，《飛燕外傳》："趙飛燕誤唾婕妤袖，婕妤曰：'姊唾染人紺碧，正如石上花。'乃號石花廣袖。"⑨

冶袖，唐上官儀詩："新妝漏影浮輕扇，冶袖飄香入淺流。"⑩又張正見詩："舞衫飄冶袖，歌扇掩團紗。"⑪

元宗爲太子時，愛妾號鸞兒，多從中貴董逍遙微行，以輕羅造梨花散蕊，裛以月麟香，號袖裏春，所至暗遺之。⑫《敘小志》。

海國純女無男。又説得一布衣，從海中浮出，其身如中國人衣，

---

① "紅袖颯纚"，《文選·西都賦》："紅羅颯纚，綺組繽紛。精耀華燭，俯仰如神。"薛綜注："颯纚，長袖貌也。"

② "禿襟小袖調鸚鵡"，李賀《秦宮》："禿襟小袖調鸚鵡，紫綉麻霞踏哮虎。"

③ "詩"，原脱，今據加本補。○"柘枝紫袖教丸藥"句，見於白居易《改業》。

④ "詩"，原脱，今據加本補。○"燭淚夜沾桃葉袖"句，見於白居易《諭妓》。

⑤ "巧"，原作"長"，今據明成化本《蘇文忠公全集》改。"巧舞困短袖"，蘇軾《次韻答章傳道見贈》："宏材乏近用，巧舞困短袖。"

⑥ "傾鬟障袖不應人"，陸游《采蓮曲》："傾鬟障袖不應人，遥指石帆山下雨。"

⑦ "夜舞吳娘袖"，見於白居易《對酒自勉》。

⑧ "詩"，原脱，今據加本補。○"牽袖起衣香"，陳後主《舞媚娘》："轉身移佩響，牽袖起衣香。"

⑨ "趙飛燕誤唾婕妤袖"句，伶玄《飛燕外傳》："后與婕妤坐，誤唾婕妤袖，婕妤曰：'姊唾染人紺袖，正似石上華，假令尚方爲之，未必能若此衣之華。'以爲石華廣袖。"

⑩ "詩"，原脱，今據加本補。○"冶袖"，加本作"袖冶"。○"新妝漏影浮輕扇"句，見於上官儀《咏畫障》。

⑪ "舞衫飄冶袖"句，見於張正見《怨詩》。

⑫ "元宗爲太子時"句，見於朱揆《敘小志·袖裏春》。

其兩袖長三丈。①《魏志》。

南丹州男女之未婚嫁者，於每歲七月聚於州主之廳。鋪大毯於地。②女衣青花大袖，用青絹蓋頭，手執小青蓋，與男子分立。左右隊長各以男女一人推仆於毯，③互相抱持，以口相呵，謂之聽氣，合者爲配。④《癸辛雜志》。

吳綾白，偏愛縫、雙袖鴉翎黑，多應北里新妝，怕墮尋常標格。⑤竹垞《贈伎詞》。

裳　類

障蔽，《釋名》：“上曰衣，下曰裳。裳，障也。以自障蔽也。”⑥

澗裳，《荊楚歲時記》注：“元日至月晦，士女悉澗裳，酹酒於水湄，以爲度厄。”⑦

連裳，《唐書·車服志》：“大袖連裳者，六品以下妻嫁服也。”⑧

翬裳，楊修《神女賦》：“翠鬑翬裳，纖縠文袿。”

祭遵爲人廉約，其夫人裳不加緣。⑨《後漢書》。

---

① “海國純女無男”句，見於《三國志·魏志·烏丸鮮卑東夷傳》。

② “毯”，加本作“氊”。

③ “毯”，加本作“氊”。

④ “南丹州男女之未婚嫁者……合者爲配”，宋周密《癸辛雜識·南丹婚嫁》：“周子功云：‘南丹州男女之未婚嫁者，於每歲七月聚於州主之廳。鋪大毯於地。女衣青花大袖，用青絹蓋頭，手執小青蓋；男子擁髻，皂衣皂帽，各分朋而立。既而左右隊長各以男女一人推撲於毯，男女相抱持，以口相呵，謂之聽氣。合者即爲正偶，或不合則別擇一人配之。蓋必如是而後成婚，否則論以奸罪也。’”

⑤ “吳綾白”句，見於朱彝尊《尉遲杯·七夕懷靜憐》。

⑥ “上曰衣”句，劉熙《釋名·釋衣服》：“凡服，上曰衣，衣，依也，人所依以庇寒暑也。下曰裳。裳，障也，所以自障蔽也。”

⑦ “元日至月晦”句，宗懍《荊楚歲時記》：“元日至於月晦，並爲酺聚飲食。”注云：“（杜臺卿）《玉燭寶典》曰：‘元日至於月晦，人並酺食、渡水，士女悉澗裳，酹酒於水湄，以爲度厄。’”

⑧ “大袖連裳者”句，《新唐書·車服志》：“大袖連裳者，六品以下妻，九品以上女嫁服也。青質，素紗中單，蔽膝、大帶、革帶，韈、履同裳色，花釵，覆笄，兩博鬢，以金銀雜寶飾之。庶人女嫁有花釵，以金銀琉璃塗飾之。連裳，青質，青衣，革帶，韈、履同裳色。”

⑨ “祭遵爲人廉約”句，《後漢書·祭遵傳》：“遵爲人廉約小心，克己奉公，賞賜輒盡與士卒，家無私財，身衣韋絝，布被，夫人裳不加緣，帝以是重焉。”

華裳,王粲《神女賦》:"襲羅綺之麗衣,曳緆綉之華裳。"①

卉裳,柳宗元文:"柳州古爲南夷,椎髻卉裳。"②

下裳,韓偓詩:"撲粉更添香體滑,解衣惟見下裳紅。"③

在裳,陶潛《閑情賦》:"願在裳而爲帶,束窈窕之纖身。"④

鬱金裳,沈佺期詩:⑤"盧家少婦鬱金堂。"⑥

霞裳,謝朓詩:"厭白玉而爲飾,霏丹霞而爲裳。"⑦

芙蓉裳,薩都剌詩:"美人日暮采蘭去,風吹露濕芙蓉裳。"⑧

《後漢書·逸民傳》:"戴良五女並賢。每有求姻,輒便許嫁。疏裳布被,竹笥木屐以遣之,五女皆遵其教。"

縫裳,《詩》:"摻摻女手,可以縫裳。"⑨沈約詩:"歌童暗理曲,游女夜縫裳。"⑩白居易詩:"老人秋向火,小女夜縫裳。"⑪

香兒,服玉河花蕊之裳,以小艇蕩漾於波中,舞婆娑之隊,歌弄月之曲。⑫《元氏掖庭記》。

---

① "緆綉",加本作"綉緆"。

② "柳州古爲南夷,椎髻卉裳",見於柳宗元《柳州新修文宣王廟碑》。

③ "撲粉更添香體滑"句,見於韓偓《晝寢》。

④ "情",加本作"居"。○"願在裳而爲帶"句,陶淵明《閑情賦》:"願在衣而爲領,承華首之餘芳……願在裳而爲帶,束窈窕之纖身。"

⑤ "佺",原作"全",今改。

⑥ "盧",原作"羅";"堂",原作"裳",今據四部叢刊影汲古閣本《樂府詩集》改。此句見於沈佺期《獨不見》。

⑦ "厭白玉而爲飾"句,見於南朝齊謝朓《七夕賦》。

⑧ "美人日暮采蘭去"句,見於薩都剌《蘭皋曲》。

⑨ "摻摻女手"句,《詩經·魏風·葛屨》:"摻摻女手,可以縫裳。"毛傳曰:"摻摻,猶纖纖也。婦人三月廟見,然後執婦功。"鄭箋云:"言女手者,未三月未成爲婦。裳,男子之下服,賤又未可使縫。"

⑩ "詩",加本作"請"。○"暗",加本作"晴"。○"歌童暗理曲"句,見於南朝宋沈約《咏桃》。

⑪ "向",原作"問",今據文淵閣四庫全書本《全唐詩》改。○"老人秋向火"句,白居易《酬夢得窮秋夜坐即事見寄》:"老人秋向火,小女夜縫裳。"

⑫ "香兒"句,陶宗儀《元氏掖庭記》:"又服玉河花蕊之裳,于闐國鳥至河生花蕊草,采其蕊,織之爲錦。香兒以小艇蕩漾於波中,舞婆娑之隊,歌弄月之曲。"

袿裳，《女紅餘志》："張麗華被素袿裳，梳凌雲髻。"①

鶴林寺杜鵑花開，有紅裳女子遊花下，謂殷七七曰："妾久司此花，今爲道者開之。"②《南部烟花記》。

袿　類

輕袿，六朝文："披輕袿，曳華文。"③皆舞女衣服。又曰："袿，婦人上服。"④

袿徽，《文選》："揚錯雜之袿徽。"美女服也。⑤

寶小含泉，花翻露蒂，兩兩巫峰最斷腸。添惆悵，有纖袿一抹，即是紅墻。⑥竹垞《咏乳詞》。

蜚襳，《子虛賦》："蜚襳垂髾。"⑦

《漢書》："齊國有吹綸。"顏師古注："綸，似絮而細，名吹者，言可吹噓也。"⑧梁費昶詩："金輝起步搖，紅彩發吹綸。"⑨按：吹綸不知是何物，疑是婦人所執之物，如暖扇之類。一說吹綸美人衣飾。

---

① "張麗華被素袿裳"句，龍輔《女紅餘志·桂宮》："陳後主爲張貴妃麗華造桂宮於光昭殿後，作圓門如月，障以水晶，後庭設素粉罘罳，庭中空洞無他物，惟植一桂樹，樹下置藥杵臼，使麗華恒馴一白兔，麗華被素桂裳，梳凌雲髻，插白通草蘇朵子，靸玉華飛頭履，時獨步於中，謂之月宮，帝每入宴樂，呼麗華爲張嫦娥。"

② "鶴林寺杜鵑花開"句，宋莊綽《雞肋編·司花女》引《南部烟花記》："煬帝令袁寶兒持花，號司花女。"又引《續仙傳》："鶴林寺杜鵑花開，有紅裳女子遊花下，謂殷七七曰：'妾久司此花，今爲道者開之。'"

③ "披輕袿，曳華文"，漢邊讓《章華臺賦》："被輕袿，曳華文。羅衣飄搖，組綺繽紛。"

④ "六朝文……婦人上服"，彭大翼《山堂肆考·輕袿》："六朝文：'披輕袿，曳華文。'輕袿、華文皆舞女衣服也。又曰：'袿，婦人上服。'"

⑤ "揚錯雜之袿徽"句，《文選·思玄賦》："舒妙婧之纖腰兮，揚雜錯之袿徽。"

⑥ "露蒂"，加本作"蒂雨"，朱校改。○"寶小含泉……即是紅墻"句，見於清朱彝尊《沁園春·隱約蘭胸》。

⑦ "蜚襳垂髾"，漢司馬相如《子虛賦》："紛紛裶裶，揚袘戌削，蜚纖垂髾。"

⑧ "漢書……言可吹噓也"，此條見於彭大翼《山堂肆考·吹綸》。《後漢書·肅宗帝紀》："癸巳，詔齊相省冰紈、方空縠、吹綸絮。"李賢注："綸，似絮而細。吹者，言吹噓可成，亦紗也。""吹綸"，楊慎《韻藻》："齊國有吹綸絮。"注："綸似絮而細，名吹者，言可吹噓也。或云美人衣飾，或云婦人所執紈扇。"

⑨ "彩"，加本作"采"。○"金輝起步搖"句，見於南朝梁費昶《春郊望美人》。

貂襜褕，襜諂，褕於遥。平聲二音。張衡詩："美人贈我貂襜褕，何以報之明月珠。"①

襪，小襦也，又單襦也。髾，帶也。皆婦人袿衣之飾。②

雲綃，絳綃，紫綃，雲霧綃，皆美人之衣。③

古之女子衣與裳連，如披衫，短長與裙相似。秦始皇方令短作衫子，④長袖至於膝。衫裙之分，自秦始也。⑤《説略》。

婦人上服曰袿，其下垂者，上廣下狹，如刀圭也。⑥《釋名》。

賈充使妓女服袿襹，炫金翠，統危坐如故。⑦《晋·隱逸·夏統傳》。

唐李龜年至岐王宅，二妓女贈三破紅綃。⑧

鄭注赴河中，姬妾百餘，盡薰麝，香氣數里，逆於人鼻。是歲，自

---

① "美人贈我貂襜褕"句，見於張衡《四愁詩》。

② "襪……皆婦人袿衣之飾"句，見於彭大翼《山堂肆考·蚩襪垂髾》。"襪"，黃能馥、陳娟娟《中國服飾史》第五章《魏晋南北朝時期的服飾文化》："傳統的深衣，在魏晋時男子已少有服用的，女子深衣在下擺部位加襪髾。在衣服下擺施加一些相連接的尖角形裝飾，就稱爲髾。在深衣腰部加圍裳，從圍裳伸出長長的飄帶，稱爲襪。這種裝飾始於東漢，走動時可以起助長動姿的作用。這種形式的出現，也和中國絲綢原料輕柔的質感有關。"周啓澄、趙豐、包銘新主編《中國紡織通史》第二十三章《秦漢至隋唐服飾》："魏晋南北朝時期流行的雜裾垂髾服屬深衣制，造型上儉下豐。在裙子的前面飾以纖髾。纖通常以絲織物製成，上寬下尖如三角，層層相疊。髾是從圍裳中伸出來的飄帶，飄帶比較長，走動時衣帶隨風飄動。"

③ "雲綃"句，見於彭大翼《山堂肆考·雲綃》。

④ "子"，加本作"字"。

⑤ "古之女子衣與裳連……自秦始也"句，高承《事物紀原·衫子》："《實錄》曰：'女子之衣與裳連，如披衫，短長與裙相似。秦始皇方令短作衫子，長袖猶至於膝。'宜衫裙之分自秦始也。又云陳宮中尚窄衫子，纔用八尺。當是今制也。"《説略》引《二儀實錄》云："古女子衣與裳連，狀如披衫，而制之短長與裙相似。秦始皇方令短作衫子，長袖猶至於腰。"

⑥ "垂"，原作"乘"，今據四部叢刊影明翻宋書棚本《釋名》改。○"婦人上服曰袿"句，劉熙《釋名·釋衣服》："婦人上服曰袿，其下垂者，上廣下狹，如刀圭也。""袿"，周啟澄、趙豐、包銘新主編《中國紡織通史》第二十三章《秦漢至隋唐服飾》："袿衣是漢代高等級的女子服飾之一。"

⑦ "賈充使妓女服袿襹"句，《晋書·隱逸·夏統傳》："充欲耀以文武鹵簿……又使妓女之徒服袿襹，炫金翠，繞其船三帀。統危坐如故，若無所聞。充等各散曰：'此吳兒是木人石心也。'統歸會稽，竟不知所終。"

⑧ "唐李龜年至岐王宅"句，此條見於彭大翼《山堂肆考》所引《辨音集》。又馮贄《雲仙雜記》"辨琴秦楚聲"一條注云出自《辨音集》："李龜年至岐王宅，聞琴聲曰此秦聲。良久，又曰此楚聲。主人入問之，則前彈者，隴西沈妍也；後彈者，揚州薛滿。二妓大服，乃贈之破紅綃、蟾酥粉。龜年自負，強取妍秦音琵琶捍撥而去。"今按：孫機《華夏衣冠——中國古代服飾文化》云：《新唐書·車服志》記唐代婦女服制時，"破""服"二字互見。

京兆至河中，所過，瓜一蒂不獲。①《釵小志》。

　　素袿，無瑕嘗著素袿於佛堂前折桂，明年折桂花開，潔白如玉。②《花瑣事》。

　　縐絺，《毛詩》：“蒙彼縐絺，是紲袢也。”③

　　霧綃裾。④《洛神賦》。

　　耀光綾，其繭乃江淹文集中壁魚所化。⑤絲織爲裳，必有奇文。越溪進上，帝獨賜司花女泪絳仙，他姬莫預。⑥《大業拾遺記》。

　　天寶中，宮中下紅雨，色若桃花，太真用染衣裾，鮮豔可愛。⑦《致虛雜俎》。

　　《舊唐書·輿服志》：“婦人帷帽之制，⑧絕不行用，⑨俄又露髻馳騁，或有著丈夫衣服靴衫，⑩而尊卑內外，斯一貫矣。”

　　齊婁逞，乃東陽女子，變服爲丈夫，能弈、解文，仕至揚州從事。

----

　　① “鄭注赴河中……瓜一蒂不獲”，見於朱揆《釵小志·鄭姬香》。又段成式《酉陽雜俎》：“瓜惡香，香中尤忌麝。鄭注太和初，赴職河中，姬妾百餘，盡騎，香氣數里，逆於人鼻。是歲，自京至河中，所過路，瓜盡死，一蒂不獲。”

　　② “素袿……潔白如玉”，見於明薛素素《花瑣事》。又明陳詩教《花裏活》：“無瑕嘗著素袿裳，於佛堂前折桂，明年折桂開花，潔白如玉，女伴折取簪髻，私號無瑕玉花。”此條又見於清愛菊主人《花史》。

　　③ “蒙彼縐絺”，《詩經·鄘風·君子偕老》：“瑳兮瑳兮，其之展也。蒙彼縐絺，是紲袢也。”毛傳：“蒙，覆也。絺之靡者爲縐，是當暑袢延之服也。”

　　④ “霧”，原作“露”，今據四部叢刊影宋本《六臣注文選》改。曹植《洛神賦》：“踐遠遊之文履，曳霧綃之輕裾。”

　　⑤ “中”，加本無此字。

　　⑥ “他”，原作“它”，加本作“他”，今據加本改。○“預”，加本作“與”。○“耀光綾”句，舊題顏師古《大業拾遺記》：“時越溪進耀光綾，綾紋突起，時有光彩。越人乘樵風舟，泛於石帆山下，收野繭繰之。繰絲女夜夢神人告之曰：‘禹穴三千年一開，汝所得野繭，即江淹文集中壁魚所化也。絲織爲裳，必有奇文。’織成果符所夢，故進之。帝獨賜司花女泪絳仙，他姬莫預。”

　　⑦ “天寶中”句，見於伊世珍《琅嬛記》所引《致虛閣雜俎》：“天寶十三年，宮中下紅雨，色若桃花，太真喜甚，命宮人各以碗杓承之，用染衣裾，天然鮮豔，惟襟上色不入處若一‘馬’字，心甚惡之。明年七月，遂有馬嵬之變，血污衣裾，與紅雨無二，上甚傷之。”

　　⑧ “帷帽”，加本作“帽帷”。

　　⑨ “用”，加本無此字。

　　⑩ “靴衫”，加本作“衫靴”。

後事發,始作婦人服。①《誠齋雜記》。

《洛陽伽藍記》:"于闐國,其婦人褲衫束帶,乘馬馳走,與丈夫無異。"②

女子許嫁者服綽子,製如婦人服,以紅或銀褐明金爲之,對襟彩領,前齊拂地,後曳五寸餘。③《金史》。

宣和末,京師競以鵝黄爲腹圍,謂之腰上黄。婦人便服,不施衿紐,束身短製,謂之不製衿。始自宮掖,未幾,通國皆服之。④《宋史新編》。

前蜀王衍,嘗與太后太妃遊青城山,宮人衣服,皆畫雲霞,望之飄然若仙。⑤

狐白裘,《史記》:"秦昭王囚孟嘗君,欲殺之。孟嘗君使人抵昭王幸姬求解,姬曰:'妾願得君狐白裘。'入秦時,裘已獻之昭王。客有下坐爲狗盜者,入秦宮,取以奉姬,⑥姬爲言於王,王釋孟嘗君。"⑦

---

① "齊婁逞"句,元林坤《誠齋雜記》:"齊婁逞,乃東陽女子,變服爲丈夫,能弈,又解文義,仕至揚州從事。後事發,始作婦人服。語曰:'有如此技,還作老嫗。'"又《南史·東陽女子婁逞傳》:"先是,東陽女子婁逞變服詐爲丈夫,粗知圍棋,解文義,徧游公卿,仕至揚州議曹從事。事發,明帝驅令還東。逞始作婦人服而去,歎曰:'如此之伎,還爲老嫗,豈不惜哉。'"

② "于闐國"句,北魏楊衒之《洛陽伽藍記》:"于闐國……其俗婦人褲衫束帶,乘馬馳走,與丈夫無異。"

③ "女子許嫁者服綽子……後曳五寸餘",見於《金史·輿服志》。

④ "宣和末……通國皆服之"句,見於柯維騏《宋史新編·五行志》,又宋岳珂《桯史·宣和服妖》:"宣和之季,京師士庶競以鵝黄爲腹圍,謂之腰上黄。婦人便服,不施衿紐,束身短製,謂之不製衿。始自宮掖,未幾而通國皆服之。""腰上黄",圍腰、腰巾。周錫保《中國古代服飾史》第九章《宋代服飾》:"宋代婦女與男子同樣在腰間圍一幅腰圍,其色尚鵝黄,因稱之謂'腰上黄',或稱'邀上皇'。《爐餘録》中有《宮中即事長短句》云:'漆冠並用桃色,圍腰尚鵝黄。'即是。亦有腰間繫以青花布巾者。"

⑤ "前蜀王衍……望之飄然若仙",見於《新五代史·前蜀世家·王衍》。

⑥ "取",加本無此字。

⑦ "秦昭王囚孟嘗君……王釋孟嘗君"句,《史記·孟嘗君列傳》:"齊愍王二十五年,復卒使孟嘗君入秦,昭王即以孟嘗君爲秦相。人或説秦昭王曰:'孟嘗君賢,而又齊族也,今相秦,必先齊而後秦,秦其危矣。'於是秦昭王乃止。囚孟嘗君,謀欲殺之。孟嘗君使人抵昭王幸姬求解。幸姬曰:'妾願得君狐白裘。'此時孟嘗君有一狐白裘,直千金,天下無雙,入秦獻之昭王,更無他裘。孟嘗君患之,徧問客,莫能對。最下坐有能爲狗盜者,曰:'臣能得狐白裘。'乃夜爲狗,以入秦宮臧中,取所獻狐白裘至,以獻秦王幸姬。幸姬爲言昭王,昭王釋孟嘗君。"

主人女披翠雲之裘，來排臣户。①《諷賦》。

袜 類

袜胸，一名襴裙。②《説略》。

袜，婦人脇衣也。③《釋名》。

袜，音襪，脚衣。又音末，袜肚也。按：袜爲女人脇衣，又謂之腰綵，煬帝詩："錦袖淮南舞，寶袜楚宫腰。"④盧照鄰詩："娼家寶袜蛟龍被。⑤"謝偃詩："細風吹寶袜，輕露濕紅紗。"⑥《正字通》。

猩紅寶袜，朝朝約向酥胸。⑦王西樵《凝體詞》。

綠墮鴉環金雀隱，紅斜寶袜玉膚柔，風邊小立只低頭。王西樵《夏閨詞》。

《左傳》："陳靈公與孔寧儀行父通於夏姬，皆衷其衵服，以戲於朝。"⑧

---

① "主人女披翠雲之裘"句，加本在"狐白裘"條前。宋玉《諷賦》："主人之女，翳承日之華，披翠雲之裘，更披白縠之單衫，垂珠步揺，來排臣户。"

② "袜胸"句，顧起元《説略》："今之袜胸，一名襴裙。隋煬帝詩：'錦袖淮南舞，寶袜楚宫腰。'謝偃詩：'細風吹寶袜，輕露濕紅紗。'盧照鄰詩：'倡家寶袜蛟龍被。'袜，女人脇衣也。崔豹謂之腰綵，引《左傳》'衵服'：'陳靈公衷衵服而戲於朝。''衵，日日近身衣也。'按：寶袜乃在外，以束裙腰者，觀圖畫古美人妝可見。故曰'楚宫腰'、曰'細風吹'者，此也。若貼身之衵，則風不能吹矣。自後而圍向前，故又名合歡襴裙。沈約詩'領上蒲桃綉，腰中合歡綺'是也。其綉帶亦名袜帶。""袜"，亦稱"袜腹"，是婦女的内衣，不是今之足襪。馬縞《中華古今注·襪肚》説："蓋文王所製也，謂之腰巾，但以繒爲之。宫女以綵爲之，名曰'腰綵'。至漢武帝以四帶，名曰'襪肚'。至靈帝賜宫人蹙金絲合勝襪肚，亦名'齊襠'。"程旭《絲路畫語：唐墓壁畫中的絲綢文化》第三章《唐韻胡風》："襴裙又稱'抹胸'。隋唐時多爲宫妝或教坊歌舞女伎所服。"

③ "袜，婦人脇衣"，今本《釋名》無此條。許慎《説文解字》："幒，裙也，一曰岐也，一曰婦人脇衣。"劉熙《釋名·釋衣服》："韈，末也，在脚末也。"

④ "錦袖淮南舞"句，見於隋煬帝《喜春遊歌二首》其一。

⑤ "娼家寶袜蛟龍被"句，盧照鄰《行路難》："娼家寶袜蛟龍被，公子銀鞍千萬騎。"

⑥ "細風吹寶袜"句，見於謝偃《踏歌詞三首》其一。"袜"，"袜，音襪，脚衣。……輕露濕紅紗"。見於張自烈《正字通》："袜，舊注音襪，脚衣。又音末，袜肚也。按：袜爲女人脇衣，隋煬帝詩：'錦袖淮南舞，寶袜楚宫腰。'盧照鄰詩：'倡家寶袜蛟龍被。'崔豹《古今注》謂之腰綵。謝偃詩：'細風吹寶袜，輕露濕紅紗。'今吳人謂之袜胸。"又見於顧起元《説略》。

⑦ "猩紅寶袜"句，參見《河滿子·效和凝體二首》："争似猩紅寶袜，朝朝約向酥胸。"

⑧ "陳靈公與孔寧儀行父通於夏姬"句，見於《左傳·宣公九年》。杜預注："衵服，近身衣。"

衵，近身衣也，一名腰綵者是也。①《古今注》。

　　寶袜乃在外以束裙腰者，觀圖畫古美人妝可見，故曰"楚宮腰"、曰"細風吹"者，此也，若帖身之衵，則風不能吹矣。自後而圍向前，故又名合歡襠裙。沈約詩"領上蒲桃綉，腰中合歡綺"是也。其綉帶一名袜帶。②《說略》。

　　西施體有異香，每沐浴竟，宮人爭取其水，下有濁滓，凝結如膏，取以曬乾，謂之沉水，製錦囊盛之，佩於寶袜。③

　　楊太真私安禄山，爲禄山爪傷胸乳，爲訶子束胸。世紀。④

　　乾道《邸報》：臨安府浙漕司所進成恭后御衣之目，有粉紅紗袜胸，真紅羅裹肚。⑤《建炎以來朝野雜記》。

　　崔生入山，遇仙女爲妻，還家得隱形符，潛遊宮禁，爲術士所知，追捕甚急，生逃還山中，隔洞見其妻告之，妻擲錦袜成五色虹橋度崔，追者不及。⑥《誠齋雜記》。

---

　　①　"是"，加本無此字。○"一名腰綵者是也"，馬縞《中華古今注》："袜肚，蓋文王所製也，謂之腰巾，但以繒爲之，宮女以綵爲之，名曰腰綵。至漢武帝，以四帶，名曰襪肚。至靈帝，賜宮人蹙金絲合勝襪肚，亦名齊襠。"

　　②　"袜"，加本作"袜"。

　　③　"西施體有異香"句，《採蘭雜志》："西施舉體異香。沐浴竟，宮人爭取其水，積之甖甕，用灑帷幄，滿室皆香。甕中積久，下有濁滓，凝結如膏，宮人取以曬乾，錦囊盛之，佩於寶袜，香逾於水。"

　　④　"世紀"，原誤爲正文，今正之。顧起元《說略》："今襦裙在内有袖者曰主腰，領襟之緣上綉蒲桃花，言其花朵朵園如蒲桃也。又觀胡侍《墅談》云：'《建炎以來朝野雜記》云乾道《邸報》：臨安府浙漕司所進成恭后御衣之目，有粉紅紗抹胸，真紅羅裹肚。乃知抹胸、裹肚之制，其來不近世紀。楊太真私安禄山，爲禄山爪傷胸乳，爲訶子束胸者，或妄傳矣。'"○"訶子"，吳欣《衣冠楚楚：中國傳統服飾文化》第三章《霓裳羅裙》："大唐女子穿的襦，由原來的大襟多變爲對襟，衣襟敞開，不用紐扣，下束於裙内。爲配合外衣的穿著，這一時期的内衣發生了較大的變化——首次出現了不繫帶的内衣，稱爲'訶子'。唐代女子喜穿半露胸式裙裝，她們將裙子高束在胸際，然後在胸下部繫一闊帶，兩肩、上胸及背袒露，外披透明羅紗，内衣若隱若現。内衣面料極爲考究，色彩繽紛，與今天所倡導的'内衣外穿'頗爲相似。爲配合這樣的穿著習慣，内衣需無帶繫吊。訶子常用的面料爲'織成'，挺括且略有彈性，手感厚實。穿時在胸下紮束兩根帶子即可。'織成'可保證訶子内胸上部分達到挺立的效果。"

　　⑤　"乾道《邸報》"句，見於顧起元《說略》所引《建炎以來朝野雜記》。

　　⑥　"崔生入山……追者不及"，見於林坤《誠齋雜記》，亦見於《海録碎事》《天中記》。

倡家出入，止服皂褙子，不許坐車乘馬。①《元輿服志》。

文宗尤惡世流侈，漢陽公主入，問曰："姑所服，何年法也?"對曰："妾自貞元時辭宮，所服者皆當時賜，未嘗敢變。元和後，內外矜奢成風，若陛下示所好於下，誰敢不變。"帝悦，詔宮人視主衣製廣狹遍諭諸主。②

文帝朝，節度使李德裕奏：比以婦人長裾大袖，③朝廷制度，尚未頒行，微臣之分，合副天心。比聞閭閻之間，袖闊四尺，今令闊一尺五寸；裙曳四尺，今曳五寸。初，延安公主以衣服逾制，駙馬竇澣得罪，德裕因而奏之。④

釧 類

金釧。⑤《甄異記》。

環臂謂之釧。⑥《天中記》。

金條脱爲臂飾，即今釧也。⑦《殷芸小説》。

---

① "倡家出入"句，《元史·輿服志》："娼(一作倡)家出入，止服皂褙子，不得乘坐車馬，餘依舊例。"

② "文宗尤惡世流侈……徧諭諸主"，《新唐書·順宗十一女傳》："文宗尤惡世流侈，因主入，問曰：'姑所服，何年法也? 今之弊，何代而然?'對曰：'妾自貞元時辭宮，所服皆當時賜，未嘗敢變。元和後，數用兵，悉出禁藏纖麗物賞戰士，由是散於人間，內外相矜，忸以成風。若陛下示所好於下，誰敢不變?'帝悦，詔宮人視主衣製廣狹，徧諭諸主，且敕京兆尹禁切浮靡。"

③ "比"，加本作"此"。○"裾"，加本作"裙"。

④ "文帝朝……德裕因而奏之"，此條見於《太平御覽》卷六八九《服章部》引《唐書》，今本《唐書》無此條。又王若欽《册府元龜》："德裕後爲淮南節度使，又奏：比以婦人長裾大袖，朝廷制度，尚未頒行，微臣之分，合副天心。比聞閭閻之間，袖闊四尺，今令闊一尺五寸；裙曳四尺，今令曳五寸。事關釐革，不敢不奏。"○"延安公主以衣服逾制，駙馬竇澣得罪"句，《舊唐書·文宗本紀》："上性節儉，延安公主衣裾寬大，即時斥歸，駙馬竇澣待罪。詔曰：'公主入參，衣服逾制，從夫之義，過有所歸。澣宜奪兩月俸錢。'"

⑤ "金釧"，《太平御覽》卷一七八《服用部》引戴祚《甄異記》："見一女同時被録，乃脱金釧二雙，托沉以與主者，亦得還。"

⑥ "環臂謂之釧"，見於《天中記》引《通俗文》。許慎《説文解字》："釧，臂環也。"

⑦ "金條脱爲臂飾"句，此條見於《殷芸小説》。○"條脱"，亦稱條達、跳脱，即臂飾、手鐲，一幅二枚。宋吴曾《能改齋漫録》卷三"條脱爲臂飾"："余按，周處《風土記》：'仲夏造百索繫臂，又有條達等織組雜物，以相贈遺。'唐徐堅撰《初學記》，引古詩云：'繞臂雙條達。'然則條達之(轉下頁)

房太尉家法，婦女不著半臂。①《妝樓記》。

萼緑華，贈羊權金、玉條脱各一枝。②《真誥》。

金環，陳思王《美女篇》："攘袖見素手，皓腕約金環。"③環，釧也。王粲《閑居賦》："願爲環以約腕。"④

玉釧，何偃《與謝尚書》云："珍玉名釧，因物寄情。"⑤

玉臂支，《明皇雜録》："玄宗以玉臂支賜妃子，妃子後以賜阿蠻。"⑥

玉釧，齊東昏侯，晋時獅子國獻玉像，高四尺二寸，東昏毀像爲潘妃作釵釧。⑦

姚氏女月華端午看龍舟之戲，素腕褰簾，結五色絲跳脱，鬒髮如

（接上頁）爲釧必矣。第以達爲脱，不知又何謂也。徐堅所引古詩，乃後漢繁欽《定情篇》云：'何以致契闊，繞腕雙條脱。'但跳脱二字不同。"徐連達《隋唐文化史》第二章《衣冠服飾》："釧是套在手臂上的臂飾，唐人亦稱爲'條脱'，亦作'跳脱''條達'。其質地亦有金、玉、銀、銅之别。《南部新書》載，唐大中年間，一日宣宗在内廷閑暇賦詩，詩中用'金步摇'三字，未能找出適當的詞來對，便令温飛卿續對。飛卿隨口説出'玉條脱'三字，對得十分工整。'條脱'二字古雅，不通俗，並非臣僚們人人得知。如《盧氏雜記》載，一日文宗問宰相，古詩中有'輕衫襯條脱'，其中條脱爲何物？宰相默然，未能答出。文宗説：'即今之腕釧。安妃有金條脱。'可見條脱爲尋章摘句、精于典故的文人學士們所知曉。李白詩'舉袖露條脱，招我飯胡麻'，即是指臂釧而言。釧也有套在脚上的，稱脚釧。唐歌舞女伎有的即用脚釧，舞蹈時叮當作響。"

①　"太"，加本作"大"。○"房太尉家法"句，見於張泌《妝樓記》。

②　"萼緑華"句，陶弘景《真誥》："萼緑華者，九疑山得道女羅郁也。年可二十許，上下青衣，顔色絶整。晋升平中降羊權家，贈權詩一篇，并火澣布手巾一條，金玉條脱各一枝。條脱似指環而大，異常精好。"

③　"篇"，加本作"賦"；"手"，加本作"女"。

④　"閑"，原作"間"，今據加本改。○"願爲環以約腕"，見於王粲《閑邪賦》。《北堂書鈔》卷一三六《服節部》引此條作王粲《閑居賦》。今按：《北堂書鈔》所引"居"字，恐是"邪"字誤。劉文典《三餘札記》卷一《閑情賦》："《北堂書鈔》百三十六引王粲《閑居賦》'願爲環以約腕'，疑即《閑邪賦》之逸句也。"

⑤　"珍玉名釧"句，《北堂書鈔》卷一三六《服節部》引何偃《與謝尚書》："珍玉名釧，因物托情，風人言味。"

⑥　"玄宗以玉臂支賜妃子"句，鄭處誨《明皇雜録》："玄宗曰：'我祖破高麗，獲紫金帶、紅玉支二寶，朕以岐王初進龍池篇，賜之金帶，以紅玉支賜妃子。'後以賜阿蠻。"

⑦　"齊東昏侯"句，《南史·師子國傳》："晋義熙初，始遣使獻玉像，經十載乃至。像高四尺二寸，玉色潔潤，形制殊特，殆非人工。……至齊東昏遂毁玉像，前截臂，次取身，爲嬖妾潘貴妃作釵釧。"

漆，玉鳳斜簪，巧笑美盼。①《琅環記》。

安妃有蹏粟金跳脱。②

東昏侯爲潘妃作虎魄釧，一隻直七十萬。③《海録碎事》。

仲夏造百索繫臂，又有條達等織組雜物，相贈遺。④《風土記》。

唐末尚琉璃釵釧，⑤繁欽《定情篇》：“何以致契闊，繞腕雙跳脱。”

建安中，河間太守劉照夫人卒於府。後太守至，夢見一好婦人，就爲室家。持一雙金鑽與太守，太守不能名，曰：此鏤鑽也，狀如鈕珠，大如指，屈伸在人。太守得，置枕中。前太守迎喪，言有鏤鑽。開棺視夫人臂，不復有鏤鑽矣。⑥《天中記》。

一串金，見沈仕《桃花仕女傳》，詩曰：“懨懨欹枕捲紗衾，玉腕斜籠一串金。”

跳脱，古詩：“繞腕雙跳脱。”⑦婦人臂飾也。

繫臂紗，《晋書》：“武帝多簡良家子女以充内職，擇其美者以絳紗繫臂。”⑧

---

①　“姚氏女月華端午看龍舟之戲”句，伊世珍《琅嬛記》：“姚氏女月華與楊子名達者相愛。月華少失母，隨父寓於楊子江。江上端午有龍舟之戲，月華出看。達見其素腕寒簧，結五色絲跳脱，鬢髮如漆，玉鳳斜簪，巧笑美盼，容色豔異，達神魂飛蕩，然非敢望也。每日懷思，因製曲序其邂逅，名曰《泛龍舟》。”

②　“安妃有蹏粟金跳脱”句，“蹏”，原作“劉”，加本同，今據明津逮秘書本《全唐詩話》引陶弘景《真誥》改。宋尤袤《全唐詩話》：“（文宗）又一日問宰臣：古詩云：輕衫襯跳脱。跳脱是何物？宰臣未對。上曰：即今之腕釧也。《真誥》言：安妃有蹏粟金跳脱，是臂飾。”

③　“魄”，加本作“虢”。○東昏侯爲潘妃作虎魄釧”句，葉廷珪《海録碎事·虎魄釧》：“東昏侯爲潘妃作，一隻直七十萬。”

④　“仲夏造百索繫臂”句，《初學記》卷四《歲時部》引周處《風土記》曰：“仲夏端午……造百索繫臂，一名長命縷，一名續命縷，一名辟兵繒，一名五色縷，一名五色絲，一名朱索。又有條達等織組雜物，以相遺贈。”

⑤　“唐末尚琉璃釵釧”句，見於顧起元《說略》：“唐末尚琉璃釵釧，唐宰相名投於琉璃瓶中。”

⑥　“建”，原作“延”，今據四部叢刊三編影宋本《太平御覽》改。“建安中……不復有鏤鑽矣”，《太平御覽》卷七一八《服用部》：“祖臺之《志怪》曰：建安中，河間太守劉照夫人卒於府。後太守至，夢見一好婦人，就爲室家。持一雙金鑽與太守，不能名，婦人乃曰：此鏤鑽……狀如鈕珠，大如指，屈伸在人。太守得，置枕中。前太守迎喪，言有鏤鑽。開棺視夫人臂，果無復有鏤鑽矣。”

⑦　“古詩”，此二字下原有“鐲類”，衍，今刪。“繞腕雙跳脱”，見於繁欽《定情詩》。

⑧　“武帝”，加本作“晋武帝”。“子女”，原作“女子”，今據加本改。《晋書·后妃傳》：“泰始九年，帝多簡良家子女以充内職，自擇其美者以絳紗繫臂。”

莫難珠,李愿姬女寶,腕繩恒貫莫難珠。①《女史》。

開元初,宮人被進御者曰印選。以綢繆記印於臂上,文曰:"風月常新。"印畢,漬以桂紅膏,則水洗色不退。②《妝樓記》。

元妃誕日,南朝宮人,選入後庭者,獻柳金簡翠腕闌,似今之手鐲,但彼扁而用臂者耳。③《元氏掖庭記》。

環　類

綰臂環,繁欽《定情詩》:"何以致拳拳,綰臂雙金環。"④

后妃御於君,女史書日月,授環以進退之。生子則以金環退之。當御者,以銀環進之,著於左手;既御,著於右手。⑤《詩注》。

紂刑鬼侯之女,取其環。⑥《春秋繁露》。

---

①　"李愿姬女寶"句,見於龍輔《女紅餘志·莫難珠》。

②　"曰印選",原作"日印選",今據清光緒二十六年浙江官書局刻本《漢書疏證》引《妝樓記》改。五代張泌《妝樓記》:"開元初,宮人被進御者,曰印選。以綢繆記印於臂上,文曰:'風月常新。'印畢,漬以桂紅膏,則水洗色不退。"

③　"今",加本作"金"。"元妃旦日"句,陶宗儀《元氏掖庭記》:"元妃静懿皇后誕日受賀,六宮嬪妃以次獻慶禮。時南朝宮人,亦有選入後庭者,亦以所珍進獻。一人獻寒光水玉魚,一人獻青芝雙虯如意,一人獻柳金簡翠腕闌,似今之手鐲類,但彼扁而用臂者耳。"

④　"金環",即條脱。清倪璠《庾子山集注》卷一《賦·鏡賦》"就箱邊而著釧",注:"《説文》曰:'釧,臂環也。'陳思王《樂府》云:'皓腕約金環。'繁欽《定情》詩云:'綰臂雙金環。'皆是物也,一名條脱。《真誥》'晋世,萼録華贈羊權金玉條脱各一枚',是也。"鄧莉麗《宋代金銀飾品與民俗文化》第六章《宋代金銀飾品使用、流傳方式呈現的民俗特性》:"首飾早在漢代時就已經作爲男女相思、愛戀的情感寄托之物,《玉臺新咏》卷一引東漢繁欽的《定情詩》:'何以致殷勤?約指一雙銀。何以致區區?耳中雙明珠。何以致叩叩?香囊繫肘後。何以致契闊?繞腕雙跳脱。'在這個裏面,約指、耳飾、香囊、跳脱等物都代表了男女之間愛戀、仰慕之情。跳脱、約指均爲環狀,有圓滿、循環不止的寓意。……雖然指環、釧鐲之類首飾宋之前,就已頻頻作爲男女間愛戀表達與定情之物,但將其作爲訂婚信物的禮俗卻是從宋代開始,可見,在宋代,指環及釧鐲作爲男女間感情及婚姻的見證物更加規範化和正式化,時至今日,指環依舊是男女間表達愛戀及確定情感的最重要信物。"

⑤　"銀",原作"金",誤,今據《詩經·邶風·静女》毛傳改。○"后妃御於君"句,《詩經·邶風·静女》"静女其孌,貽我彤管",毛傳:"既有静德,又有美色,又能遺我以古人之法,可以配人君也。古者后夫人必有女史彤管之法。史不記過,其罪殺之。后妃群妾以禮御於君所,女史書其日月,授之以環,以進退之。生子月辰,則以金環退之。當御者,以銀環進之,著于左手;既御,著於右手。事無大小,記以成法。"

⑥　"紂刑鬼侯之女"句,見於《春秋繁露·王道第六》。

玉指環，《雲溪友議》：“韋皋遊江夏，與一青衣玉簫有情，約七年再會，留玉指環，逾八年不至，玉簫絶食而殁，後得一歌姬，貌似玉簫，中指有肉隱，出如玉環。”①

指環，隋丁六娘：“欲呈纖纖手，從郎索指環。”②

翡翠指環，《妝樓記》：“何充妓於後閣，以翡翠指環換刺繡筆。充知歎曰：‘此物洞仙與吾，欲保長年之好。’乃令蒼頭急以蜻蜓帽贖之。”

鏤金環，王珪詩：“銷金羅襪鏤金環。”③

雙珠環，傅元詩：“何用遺問妾？香橙雙珠環。”④

戚姬以百煉金爲弭環，照見指骨。⑤《西京雜記》。

合德上飛燕五色文玉環，瑪瑙弭。⑥《西京雜記》。

晋哀帝王皇后，有一紫磨金指環，至小，止可第五指帶。⑦《俗説》。

始結婚姻，相然許者，便下金同心指環。⑧《胡俗傳》。

吴王潘夫人，以火齊指環挂石榴枝上，因其處立臺，名曰環榴

---

① “殁”，原作“没”，今據加本改。○“韋皋遊江夏……出如玉環”，見於范攄《雲溪友議》。“玉指環”，李芽《中國古代首飾史》第六章《中國隋唐五代的首飾》：“指環在隋唐時不是普通人的日常裝飾物，壁畫、陶俑形象中幾不可見，考古發現的也不多。其中玉指環通常做成簡單的圓環形，環壁多内平外弧，如陜西西安李靜訓墓中的一對白玉指環，直徑 2.2 釐米，厚 0.4 釐米，光素無紋，環内平外圓，横剖面近似半圓形，出土時兩枚戒指分别位於墓主左、右兩手指。”

② “欲呈纖纖手”句，見於丁六娘《十索四首》其四。

③ “詩”，原脱，今據加本補。○“銷金羅襪鏤金環”句，王珪《宮詞》：“數騎紅妝曉獵還，銷金羅襪鏤金環。”

④ “詩”，原脱，今據加本補。○“何用遺問妾”句，傅玄《西長安行》：“何用存問妾？香橙雙珠環。”

⑤ “戚姬以百煉金爲弭環”句，葛洪《西京雜記》：“戚姬以百鍊金爲弭環，照見指骨。上惡之，以賜侍兒鳴玉、耀光等，各四枚。”今按：弭環即指環。

⑥ “文玉”，原作“玉文”，今據四部叢刊影明嘉靖本《西京雜記》改。○“合德上飛燕五色文玉環”句，葛洪《西京雜記》：“趙飛燕爲皇后。其女弟在昭陽殿遺飛燕書曰：‘今日嘉辰，貴姊懋膺洪册，謹上襚三十五條，以陳踊躍之心：……五色文玉環，同心七寶釵，黄金步摇，合歡圓璫，琥珀枕，龜文枕，珊瑚玦，馬腦弭……’”

⑦ “止”，加本無此字。○“晋哀帝王皇后”句，《北堂書鈔》卷一三六《服節部》所引沈約《俗説》：“晋哀帝王皇后，有一紫磨金指環，至小，正可第五指帶。”今按：玉函輯本無“正”字，陳俞本“正”作“止”。

⑧ “始結婚姻”句，見於《太平御覽》卷七一八《服用部》所引《胡俗傳》。

臺。①《拾遺録》。

宋故宮太后苑，舊有土峰十餘處，韓林兒命士卒毀平之，獲紅玉指環，青金照子，花紋石研粉盤等物。②《墨起雜事》。

碧甸指環。③見明馬龍《渭塘奇遇傳》。

楊貴妃生而手足爪甲皆紅色，謂白鶴精也，宮中效之，染指甲用紅，此其始也。④《事物考》。

玉指，梁劉邈詩："纖纖運玉指，脈脈正蛾眉。"⑤

李玉英秋日搗鳳仙花染指甲，後於月下調弦。或比之落花流水。⑥《花瑣事》。

花奴手，蘇軾詩："玉奴弦索花奴手。"⑦

佩　類

舜時，西王母獻白環及玦。⑧《世本》。

合德上飛燕珊瑚玦。⑨《西京雜記》。

---

① "吳王潘夫人"句，見於《太平御覽》卷七一八《服用部》所引《拾遺録》。王嘉《拾遺記》："吳王潘夫人……每以夫人遊昭宣之臺，志盡幸愜，既盡酣醉，唾於玉壺中，使侍婢瀉於臺下，得火齊指環，即挂石榴枝上，因其處起臺，名曰環榴臺。時有諫者云：'今吳、蜀爭雄，還劉之名，將爲妖矣！'權乃翻其名曰榴環臺。"

② "苑舊"，加本作"舊苑"。○"宋故宮太后苑……花紋石研粉盤等物"，見於明楊儀《墨起雜事》。

③ "碧甸指環"，瞿佑《剪燈新話》引馬龍《渭塘奇遇傳》："一夕，女以紫金碧甸指環贈生，生解水晶雙魚扇墜酬之，既覺，則指環宛然在手，扇墜視之無有矣。"

④ "楊貴妃生而手足爪甲皆紅色"句，見於傅巖《事物考·染紅指甲》。

⑤ "纖纖運玉指"句，見於劉邈《見人織聊爲之咏》。

⑥ "李玉英秋日搗鳳仙花染指甲"句，見於湖南漫士《水邊林下》所引薛素素《花瑣事·落花流水》。

⑦ "玉奴弦索花奴手"，見於蘇軾《虢國夫人夜游圖》。

⑧ "舜時"句，《文選·與伯之書》："白環西獻。"李善注引《世本》："舜時，西王母獻白環及佩。"

⑨ "合德上飛燕珊瑚玦"句，葛洪《西京雜記》卷一云："趙飛燕爲皇后，其女弟在昭陽殿遺飛燕書曰：'今日嘉辰，貴姊懋膺洪册，謹上襚三十五條，以陳踊躍之心：金華紫輪帽……龜文枕，珊瑚玦，馬瑙彄……。'"○"玦"，通"決"，古代射韝繫於右手拇指用以拉弓弦的器物，用骨或象牙製成。《禮記·內則》："右佩玦、捍、管、遰、大觿、木燧。"

雜佩，注：雜佩者，左右佩玉也。上橫曰珩，下繫三組，貫以蠙珠，中組之半貫一大珠，①曰瑀；末懸一玉，兩端皆銳，曰衝牙；兩旁組半，各懸一玉，長博而方，曰琚；其末各懸一玉，如半璧而内向，曰璜。又以兩組貫珠，上繫珩，兩端下交，貫於瑀，而下繫於兩璜，②行則衝牙觸璜，而有聲也。③《毛詩》。

合佩，鄭軌《觀兄弟同夜成婚》詩："分庭合佩響，隔扇偶妝華。"④

行佩，王琚《美女篇》："遥聞行佩音鏘鏘，含嬌欲笑出洞房。"

徙佩，伏知道《爲王寬與婦書》："猶聞徙佩，顧長廊之未盡；尚分行幰，冀迴陌之難迴。"⑤

五兵佩，《晋書·五行志》："惠帝元康中，婦人之飾有五兵佩，又有金銀玳瑁之屬，爲斧鉞弋戟，以當笄。"

蒨佩，《宋史·樂志·皇后寶册樂章》："帘旒雲舒，金秀充庭，璇衛鑾華，蒨佩垂綎。"⑥

玉佩，蘇軾《神女廟》詩："還應摇玉佩，來聽水潺潺。"⑦

常佩，《禮記》："女子許嫁，纓。"疏："婦人質弱，不能自固，必有繫屬，故恒繫纓，纓有二時：一是少時常佩香纓，二是許嫁時繫纓。"⑧

琥珀佩，《洞冥記》："麗娟以琥珀爲佩，置衣裾裏，不使人知，云骨

---

① "一"，加本作"以"。

② "璜"，加本作"珩"。

③ "雜佩者……而有聲也"句，見於朱熹《詩集傳》。《詩經·鄭風·女曰雞鳴》："知子之來之，雜佩以贈之。"毛傳："雜佩者，珩、璜、琚、瑀、衝牙之類。"朱熹《集傳》："雜佩者，左右佩玉也。上橫曰珩，下繫三組，貫以蠙珠。中組之半，貫一大珠，曰瑀；末懸一玉，兩端皆銳，曰衝牙。兩旁組半，各懸一玉，長博而方，曰琚；其末各懸一玉，如半璧而内向，曰璜。又以兩組貫珠，上繫珩兩端，下交貫於瑀，而下繫於兩璜。行則衝牙觸璜，而有聲也。"

④ "妝華"，加本作"華妝"。

⑤ "猶聞徙佩……冀迴陌之難迴"句，見於伏知道《爲王寬與婦義安主書》。

⑥ "帘旒雲舒"句，《宋史·樂志·册立皇后》："皇帝降坐，《乾安》：帘旒雲舒，金秀充庭。璇衛鑾華，蒨佩垂綎。皇容熙備，柔儀順承。三宫齊懽，萬福昭膺。"

⑦ "潺潺"，原作"潺湲"，今據明成化本《蘇文忠公全集》改。○"還應摇玉佩"句，蘇軾《神女廟》："還應摇玉佩，來聽水潺潺。"

⑧ "婦人質弱……二是許嫁時繫纓"句，見於《禮記·曲禮上》孔穎達疏。

節自鳴，相與爲神怪。"①

　　天女佩，崔湜《和幸韋嗣立山莊》詩："蘭迎天女佩，竹礙侍臣簪。"②

　　靈妃佩，祝允明《宿金山寺》詩："神遊會解靈妃佩，耳静能傳少女簫。"③

　　后妃進退，必鳴玉佩環。④《列女傳》。

　　太皇太后，雀鈕，白玉佩。⑤《晋宋舊事》。

　　上元夫人，帶六出火玉之佩。⑥《漢武内傳》。

　　石崇調四方玉，爲倒龍之佩。⑦《海録碎事》。

　　佩環，《列女傳》："下堂必從傅母保阿，進退則鳴佩環。"⑧

　　上皇令宮妓佩七寶纓絡，舞霓裳羽衣曲，曲終珠翠可掃。《釵小志》。

手巾類

　　帨，《禮記》："婦事舅姑，左佩紛帨。"注：紛帨，拭手之巾也。⑨

---

　　①　"麗娟以琥珀爲佩"句，郭憲《漢武帝别國洞冥記》："（武）帝所幸宮人，名麗娟，年十四，玉膚柔軟，吹氣勝蘭。……麗娟以琥珀爲佩，置衣裾裏，不使人知，乃言骨節自鳴，相與爲神怪也。"

　　②　"蘭迎天女佩"句，見於崔湜《奉和幸韋嗣立山莊侍宴應制》。

　　③　"允明"，加本作"明允"。

　　④　"后妃進退"句，見於《山堂肆考》引《列女傳》。劉向《列女傳·齊孝孟姬》："姬使侍御者舒帷以自障蔽，而使傅母應使者曰：'妾聞妃后踰閾必乘安車輜軿，下堂必從傅母保阿。進退則鳴玉環佩，内飾則結紐綢繆，野處則帷裳擁蔽。'"

　　⑤　"太皇太后"句，見於《初學記》卷二六《器物部》引《晋宋舊事》。

　　⑥　"上元夫人"句，班固《漢武帝内傳》："夫人年可二十餘，天姿精耀，靈眸絶朗，服青（一作赤）霜之袍，雲彩亂色，非錦非綉，不可名字。頭作三角髻，餘髮散垂至腰，戴九靈（一作雲）夜光之冠，帶（一作曳）六出火玉之珮，垂鳳文林華之綬，腰流黄揮精之劍。"

　　⑦　"石崇調四方玉"句，王嘉《拾遺記》："石季倫愛婢名翔風，魏末於胡中得之。……使翔風調玉以付工人，爲倒龍之佩，縈金爲鳳冠之釵，言刻玉爲倒龍之勢，鑄金釵象鳳皇之冠。"葉廷珪《海録碎事·倒龍佩》："石崇妓妾千餘人，擇數十人，裝飾一處，等使忽視之不相分别。刻玉爲倒龍佩，縈金爲鳳凰釵。有所召者，不呼姓名，悉聽佩聲，視釵色。玉聲輕者居前，釵色豔者居後，以爲行次而進。"

　　⑧　"下堂必從傅母保阿"句，見於劉向《列女傳·齊孝孟姬》。

　　⑨　"婦事舅姑"句，《禮記·内則》："婦事舅姑，如事父母。雞初鳴，咸盥，漱，櫛，縰，笄，總，衣，紳，左佩紛帨、刀、礪、小觿、金燧，右佩箴、管、綫、纊。"鄭玄注："紛帨，拭物之巾也。"

縭，《爾雅》云："婦人之褘，謂之縭。"孫氏云："褘，帨巾也。"①故《集傳》曰："婦人之褘，母戒女而爲之施衿結帨也。"②

香巾，《子夜歌》："香巾拂玉席，共郎登樓寢。"③

舞巾，白居易詩："斂翠凝歌黛，流香動舞巾。"④

綦巾，《毛詩傳》："綦巾，蒼艾色，女服也。"⑤

飛巾，謝偃《觀舞賦》："香散飛巾，光流轉玉。"⑥

盤巾，王建《鞦韆詞》："少年兒女重鞦韆，盤巾結帶分兩邊。"⑦

剪巾，曹鄴《長相思》："剪妾身上巾，贈郎傷妾神。"⑧

被巾，《方言》："帗音帗。裱，謂之被巾。"⑨

牽巾，《夢華録》："婿於床前請新婦出，二家各出綵段，綰一同心，謂之牽巾，男挂於笏，女搭於手。"⑩

竟陵王姬，青綃者持拂，紫袖者吹簫。⑪《釵小志》。

無瑕嘗執避塵塵，禮觀世音。⑫《女史》。

―――――――

① "云"，加本作"曰"。"孫氏云：'褘，帨巾也。'"清邵晉涵《爾雅正義》注疏引孫炎云："褘，帨巾也。"

② "婦人之褘"句，《詩經·國風·東山》："親結其縭，九十其儀。"朱熹《集傳》："縭，婦人之褘，母戒女而爲之施衿結帨也。"

③ "香巾拂玉席"句，見於晉宋齊辭無名氏《子夜四時歌·夏歌二十首》。

④ "詩"，原脱，今據加本補。○"歌"，加本無此字，朱校補。○"黛"，原作"帶"，今據四部叢刊影日本翻宋大字本《白氏長慶集》改。○"斂翠凝歌黛"句，白居易《題周皓大夫新亭子二十二韻》："斂翠凝歌黛，流香動舞巾。"

⑤ "毛詩"，原作"詩毛"，今據加本改。○"綦巾"句，《詩·鄭風·出其東門》："縞衣綦巾，聊樂我員。"毛傳："縞衣，白色，男服也；綦巾，蒼艾色，女服也。"

⑥ "賦"，加本作"句"，朱校改。加本"謝偃"後衍一"賦"字。

⑦ "少年"，原作"年少"，加本作"年女"，今據文淵閣四庫全書本《全唐詩》改。王建《鞦韆詞》："少年兒女重鞦韆，盤巾結帶分兩邊。"

⑧ "上"，加本作"下"。

⑨ "音帗"，加本無此注。○"帗裱"句，漢揚雄《輶軒使者絕代語釋別國方言》第四："帗裱，謂之被巾。"郭璞注："婦人領巾也。"

⑩ "婿於床前請新婦出……女搭於手"句，見於孟元老《東京夢華録·娶婦》。

⑪ "竟陵王姬"句，朱揆《釵小志·青綃紫袖》："竟陵王青綃持拂，紫袖吹簫。"明屈大均《贈孔參軍》："紫袖方吹簫，青綃持拂巾。"

⑫ "無瑕嘗執避塵塵"句，龍輔《女紅餘志》："無瑕嘗執避塵塵，禮觀世音，誤落香爐中，火熾不及取，至今名爲無塵殿。"

　　玄宗與玉真恒以錦帕裹目,①互相捉戲。一夕玉真於袿服袖上,②多結流蘇香囊,與上戲,上屢捉屢失,玉真故以香囊惹之,③上得香囊無數。④《致虛雜俎》。

　　香纓以五色爲之,婦參舅姑,先持香纓咨之。⑤《海錄碎事》。

　　小纓,張諤詩:"翡翠雕芳褥,真珠貼小纓。"⑥

裙　類

　　繞衿,⑦裙也。《方言》。

　　古之所貴,衣與裳連,下有裙,隨衣色而下有緣。自堯舜以降或有六破,及著直縫,皆去緣。殷周以女人衣服太質,稍加之花綉,令裙衣綴五色花,以羅縠爲之。⑧《二儀錄》。

　　五色羅裙,《古今注》:"古之前制,衣裳相連,至周文王時,令女人服裙。梁武帝造五色綉裙,加朱繩。隋煬帝制五色夾纈花羅裙。"⑨

---

　　①②③　"玉",加本作"太"。

　　④　"玄宗與玉真恒以錦帕裹目……上得香囊無數"句,伊世珍《琅嬛記》引《致虛閣雜俎》:"玄宗與玉真恒於皎月之下,以錦帕裹目,在方丈之間,互相捉戲。玉真捉上每易,而玉真輕捷,上每失之。滿宮之人撫掌大笑。一夕,玉真於褉服袖上,多結流蘇香囊,與上戲。上屢捉屢失,玉真故以香囊惹之,上得香囊無數。已而笑曰:'我比貴妃差勝也。'謂之捉迷藏。"

　　⑤　"香纓以五色爲之"句,見於叶廷珪《海錄碎事·衣冠服用》。

　　⑥　"翡翠雕芳褥"句,見於張諤《三日岐王宅》。

　　⑦　"衿",原作"襟",加本同,今據《方言》改。○"繞衿,裙也",揚雄《輶軒使者絶代語釋別國方言》第四曰:"繞衿謂之裙。"郭璞注:"俗人呼接下,江東通言下裳。"伊永文《東京夢華錄箋注》卷四《公主出降》"袍帔":"據《中國古代服飾研究》諸書,袍帔爲婦女禮制套服。長度至足上、表裏兼備之對衿寬敞外衣爲袍;帔於外面肩上長至膝下,上繡文飾,下面兩端接頭處懸墜子之長寬帶稱帔,又名繞衿。"

　　⑧　"古之所貴……以羅縠爲之"句,顧起元《說略》引《二儀實錄》曰:"古之所貴,衣與裳連,下有裙,隨衣色而下有緣。自堯舜以降或有六破,及著直縫,皆去緣。殷周以女人衣服太質,稍加之花綉,令裙上綴五色花,以羅縠爲之。梁天監中,武帝造五色綉裙,加朱繩真珠爲飾。至隋帝作長裙十二段,名曰仙裙,上綴五色翠花。唐初,馬周上疏:女人裙請交界裁,而去朱繩,其餘仍舊。"○"六破",即六幅。《新唐書·車服志》:"流外及庶人不服綾、羅、縠,五色綾靴、履。凡襇色衣不過十二破,渾色衣不過六破。"《珍珠船》:"隋煬帝作長裙,十二破,名仙裙。"

　　⑨　"古之前制……隋煬帝制五色夾纈花羅裙"句,馬縞《中華古今注·裙·襯裙》:"古之前制,衣裳相連。至周文王,令女人服裙,裙上加翟衣,皆以絹爲之。始皇元年,宮人令服(轉下頁)

《唐・車服志》：①"婦人裙不過五幅，曳地不過三寸。"②

下裳，《釋名》："裙，下裳也。連接裙幅也。緝，下横縫，緝其下也。緣裙，裙施緣也。"③《方言》："陳魏之間謂裙爲帔，繞衿謂之裙。"④

唐淮南觀察使李德裕令管内婦人，裙曳地四五寸者減三寸。⑤

雲英紫裙，《飛燕外傳》："南越所貢。"⑥

留仙裙，《飛燕外傳》："成帝於太液池中流，歌酣，風大起，后順風揚音曰：'仙乎！仙乎！去故而就新，寧忘懷乎？'帝謂：'馮無方爲我持后！'無方持后裙，久之，風霽。后泣曰：'帝思我，使我仙去不得。'他日宮姝幸者，或襞裙爲縐，號曰留仙裙。"⑦

(接上頁)五色花羅裙，至今禮席有短裙焉。襯裙，隋大業中，煬帝制五色夾纈花羅裙以賜宮人及百僚母妻，又制單絲羅以爲花籠裙，常侍宴供奉宮人所服。後又於裙上剪絲鳳，綴於縫上，取象古之褕翟。至開元中猶有制焉。"○"五色夾纈花羅裙"，周峰編著《中國古代服裝參考資料》(隋唐五代部分)："(煬帝制五色夾纈花羅裙)，則是一種套色印花花羅裙，當亦爲花籠裙之一種。所謂'夾纈'，是一種印染工藝方法，隋唐時已盛行。它是先用兩塊雕成圖案花樣的薄板，將欲染色之面料置於其中，然後染色，撤去夾板，其鏤空之處便形成所需要的圖案花樣。如若套染，則可反復幾次。這種夾纈染印法在唐代尤盛行。"

① "車"，原作"輿"，加本作"車"，今據加本改。今按：《舊唐書》有"輿服志"，《新唐書》是"車服志"，此條引自《新唐書》。

② "婦人裙不過五幅"句，《新唐書・車服志》："諸親朝賀宴會之服：一品、二品服玉及通犀，三品服花犀、班犀。車馬無飾金銀。衣曳地不過二寸，袖不過一尺三寸。婦人裙不過五幅，曳地不過三寸，襦袖不過一尺五寸。"

③ "裙，下裳也"句，劉熙《釋名・釋衣服》："裙，下裳也。裙，群也，聯接群(一作裙)幅也。緝，下横縫，緝其下也。緣裙，裙施緣也。緣襦，襦施緣也。"○"裙"，楊聖敏主編《黃河文化叢書》(服飾卷)："漢代婦女日常服飾爲上衣下裙，且裙式逐漸增多。上衣又叫上襦，有絲綢、疏布等質料，是一種短衣，長度一般僅及腰間，穿時多配裙子。裙係用四幅連接縫合而成，上窄下寬，下垂及地，不施邊緣。裙腰用絹條，兩端縫有繫帶。史載，東漢末年'戴良家五女，皆布裙無緣'。漢樂府詩謂：'長裙連理帶，廣袖合歡襦。'"

④ "衿"，加本作"襟"。○"陳魏之間謂裙爲帔"句，揚雄《輶軒使者絕代語釋別國方言》第四曰："裙，陳魏之間謂之帔，自關而東或謂之襬。"

⑤ "内"，加本作"巾"，朱校改。○"唐淮南觀察使李德裕令管内婦人"句，《新唐書・車服志》："唯淮南觀察使李德裕令管内婦人衣袖四尺者闊一尺五寸，裙曳地四五寸者減三寸。"

⑥ "貢"，加本作"貴"。○"雲英紫裙"，伶玄《飛燕外傳》："帝御流波文縠無縫衫，后衣南越所貢雲英紫裙，碧瓊輕綃。"

⑦ "成帝於太液池中流……號曰留仙裙"句，見於伶玄《飛燕外傳》。

紅裙，韓愈："不解文字飲，惟能醉紅裙。"①

舞裙，牛嶠："舞裙香暖金泥鳳。"②

鸞裙，《雲笈七籤》："身服錦帔，鳳光鸞裙，腰帶虎籙，龍章玉文，手執月華，頭巾紫冠。"③

風裙，隋薛英童："汗粉無庸拭，風裙隨意開。"④

練裙，漢明帝馬后，常服大練，裙不加緣，其儉素如此。⑤

淡黃裙，花蕊夫人詩："鹿皮冠子淡黃裙。"⑥

《汝南先賢傳》："戴良家五女，皆布裙無緣，裙四等。"⑦

布裙，《東觀漢記》："王良爲司徒，其妻布裙徒跣曳柴。"⑧

---

① "不解文字飲"句，見於唐韓愈《醉贈張秘書》。○"紅裙"，程旭《絲路畫語：唐墓壁畫中的絲路文化》第三章《唐韻胡風》："長裙通常將裙腰提高至胸部，有時甚至束至腋下。質地和花樣圖紋繁多且不斷翻新。色彩以緋、紫、青、黃等爲流行色，但更多是紅裙。唐墓壁畫中裙子圖像比比皆是，紅裙、黃裙、條紋裙、綠裙、赭紅裙等，尤以紅裙居多。如永泰公主墓《九宮女圖》、契苾夫人墓《宮苑仕女圖》等。對此唐詩中亦多有描述，'紅裙明月夜，碧殿早秋時'，'舞旋紅裙急，歌垂碧袖長'，'移舟木蘭棹，行酒石榴裙'，等，說明紅裙受寵的程度和流行的廣度。"

② "舞裙香暖金泥鳳"，牛嶠《菩薩蠻》："舞裙香暖金泥鳳，畫梁語燕驚殘夢。"○"舞裙"，徐頌列主編《唐詩服飾詞語研究》第四章《下衣》："'舞裙'是舞女歌舞時所著之裙。舞裙多以綾羅錦緞製成，上常繡繪以圖案花紋，下長曳地。例如《舊唐書·音樂志》：'舞四人，碧輕紗衣，裙襦大袖，畫雲鳳之狀。'這是繡有雲鳳圖案的舞裙。又如，白居易《題周皓大夫新亭子二十二韻》：'斂翠凝歌重，流香動舞巾。裙翻繡鸂鶒，梳陷鈿麒麟。'這是繡有鸂鶒的舞裙。"

③ "籙"，加本作"録"。此條見於張君房《雲笈七籤·升斗法》。

④ "汗粉無庸拭"句，見於隋殷英童《採蓮曲》。

⑤ "漢明帝馬后"句，《後漢書·明德馬皇后紀》："常衣大練，裙不加緣。"○"練裙"，亦稱大練裙。大練，粗糙厚實的絲織物。《後漢書·明德馬皇后紀》李賢注："大練，大帛也……大帛，厚繒也。"

⑥ "詩"，原脫，今據加本補。○"鹿皮冠子淡黃裙"句，見於花蕊夫人《宮詞》九十。"淡黃裙"，徐頌列主編《唐詩服飾詞語研究》第四章《下衣》："'黃裙'，指黃色裙服。'黃裙'在唐代是奇裝異服，這在唐詩中也有所反映。例如，《天寶初語》：'義髻拋河裏，黃裙逐水流。''義髻'即假髻。盛唐時興高髻，需用義髻造型。'義髻'、'黃裙'同爲當時的時尚裝束。'黃裙'也是道士服裝的組成部分。《洞玄靈寶三洞奉道科戒營私·法服圖儀》：'正一法師。玄冠，黃裙，絳褐，絳帔二十四條。''高玄法師。玄冠，黃裙，黃褐，黃帔二十八條。''洞神法師。玄冠，黃裙，青褐，黃帔三十二條。''大洞法師。元始冠，黃裙，紫褐，五色雲霞披。'"

⑦ "戴良家五女"句，見於《天中記》卷四七《裙》引《汝南先賢傳》。

⑧ "王良爲司徒"句，劉珍《東觀漢記》："王良，字仲子，東海人。少清高。爲大司徒司直，在位恭儉，妻子不入官舍，布被瓦器。時司徒吏鮑恢以事到東海，過候其家，而良妻布裙徒跣曳柴，從田中歸。"

絳碧裙，《晋宋舊事》："崇進皇太后爲太皇太后。有絳碧絹雙裙，絳絹襮裙，緗絳紗複裙，白絹裙。"①

斑斕裙，楊維楨《苕山水歌》："三日新婦拜使君，野花山葉斑斕裙。"

真珠裙，北齊世祖，爲胡皇后造真珠裙，積費不可勝計，後被火燒之。②

長裙，《五行志》："獻帝時，女子好長裙而上甚短。"③

攣縮裙，《魏略》："敦煌婦人作裙，攣縮如羊腸，用布一匹，皇甫隆爲太守，禁改之。"④《後漢書》。

玉雪裙，郭翼《遊仙詞》："白鸞樹下三千女，一色龍綃玉雪裙。"

周昭王延娟以奇錦爲裙，晝看成鳳，夜看成龍，名交龍鬥鳳裙。⑤《女史》。

---

① "崇進皇太后爲太皇太后"句，見於《初學記》卷二六《器物部》引《晋宋舊事》。

② "勝"，加本無此字。○"北齊世祖"句，見於《北齊書·穆后傳》。○"真珠裙"，馬大勇編著《霞衣蟬帶：中國女子的古典衣裙》："真珠裙，以珍珠爲飾，歷代都有，如《北齊書·後主皇后穆氏傳》記：'武成時爲胡后造真珠裙，所費不可勝計。'到宋明清時是把珍珠釘在裙上組成圖案，或把珍珠串繫在裙上，或鑲邊。清代小説《後紅樓夢》記載有'元青花羅珠邊裙'是以珍珠沿邊。"

③ "獻帝時"句，《後漢書·五行志》："獻帝建安中，男子之衣，好爲長躬而下甚短，女子好爲長裙而上甚短。"

④ "敦煌婦人作裙"句，《三國志·魏志·倉慈傳》裴松之注引《魏略》："又敦煌俗，婦人作裙，攣縮如羊腸，用布一匹；隆又禁改之，所省復不訾。"○"攣縮裙"，甘肅省敦煌市對外文化交流協會編《敦煌簡史》第四章《魏晋十六國時期》："當時敦煌有一種風俗，就是婦女喜歡穿一種'攣縮如羊腸'的裙子（類似現在的百褶裙），這種裙子由於皺折多做起來既費時又費料，一條裙子要整整一匹布。"

⑤ "周昭王延娟以奇錦爲裙"句，見於龍輔《女紅餘志·裙》。○"交龍鬥鳳裙"，馬大勇編著《霞衣蟬帶：中國女子的古典衣裙》："隱花裙，唐代王建《宮詞》有'兩人擡起隱花裙'句。隱花裙三個字平平無奇，卻是美妙工藝。漢代馬王堆墓就出土有隱花孔雀紋錦，隱花星形花卉紋錦，花經和地經的色澤相近，要從側面觀看，光從側面照射纔看到花紋。這帶暗花的隱花絲料歷代都有織造，所以纔有隱花裙。《女紅餘志》載，周昭王使延娟爲裙，晝看成鳳，夜看成龍，名曰'交龍鬥鳳裙'。梁元帝的《烏棲曲》寫道：'交龍成錦鬥鳳紋，芙蓉爲帶石榴裙。'這也是隱花料子，因光綫不同而呈現不同的花紋。清代王士禎《遊瓦官寺記》説：'寺有唐幡，相傳天后錦裙所製。錦作淺紺色，雲龍隱起，四角綴十二鈴。'這唐代武則天的裙也是雲龍紋隱花。白居易《繚綾》詩寫綾製舞衣：'異彩奇紋相隱映，轉側看花花不定。'是隱花綾。新疆阿斯塔那381號唐墓的一件寶相花錦履，用彩錦、暈襉錦、黃色回紋暗花綾製作，正可印證詩文。明代北京葦子坑明墓也有吉祥團鳳暗花紗裙，還有松竹梅暗花緞、纏枝蓮暗花緞、雲紋暗花緞製的上衣等。今天仍有暗花紗、緞之類。如閃光緞，由於紋理不同，受光面不一樣，也能變化不同的色彩、花紋，左、中、右各個不同。"

榴花染裙,詩:"鬱金香汗裛歌巾,山石榴花染舞裙。"①《釵小志》。

蒲桃裙,六朝詩:"機上蒲桃裙。"②

緗綺裙,古樂府《陌上桑》:"秦氏有好女,自名爲羅敷。緗綺爲下裳,紫綺爲上襦。"

三條裙,繁欽《定情詩》:"紈素三條裙。"③

虎裙,《雲笈七籤》:"鬱粲夫人,服靈錦虎裙,腰帶鳳符,首巾華冠。"④

新裙。韓偓《新上頭》詩:"學梳鬆鬢試新裙,消息佳期在此春。"

陶岳《荊湖近事》:"武安婦人所著裙皆不縫,謂之散幅裙。"⑤

麝香鏤金裙,⑥宋徽宗宮人多以麝香色爲鏤金羅爲衣裙。⑦元裕之詩:"北去穹廬千萬里,畫羅休鏤麝香金。"⑧

藍裙,吳文英詞:"燕釵塵澀鏡華昏,灞橋舞色褪藍裙。"⑨

金泥簇蝶裙,韋京兆《悼妓詩》:"惆悵金泥簇蝶裙,春來猶得伴行雲。"⑩

---

① "鬱金香汗裛歌巾"句,見於白居易《盧侍御小妓乞詩座上留贈》。朱揆《釵小志·榴花染》引此詩。

② "蒲桃裙"句,此條見於《山堂肆考》卷一九○《衣服》"蒲桃裙"條。

③ "紈素三條裙"句,見於繁欽《定情詩》。

④ "鬱粲夫人"句,張君房《雲笈七籤》:"鬱粲夫人,字曰飛雲,齊服靈錦,虎帔虎裙。腰帶鳳符,首巾華冠。出無入虛,遨遊太元。前策青帝,後從千神。來見迎接,得爲飛真。"

⑤ "武安婦人所著裙皆不縫"句,《類說》卷二二《荊湖近事》:"周行逢爲武安節度,婦人所著裙皆不縫,謂之散幅。或曰裙之於身,以幅多爲上,周匝於身。今使開散,是不周也。不周不縫,是姓是名俱去矣。夫幅者,福也。福破散,其能久乎? 未幾而行逢卒。"○"散幅裙",秦永州《中國社會風俗史·服飾風俗·唐代的服飾新潮》:"唐代畫家周昉《簪花仕女圖》中的婦女,僅穿透明的紗衣蔽體。當時還流行一種散幅裙,用多幅紗絹遮蔽下體,而不縫合在一起,是袒露裝的另一種形式。"

⑥ "鏤",原作"縷",今據加本改。

⑦ "麝香色","香"下原無"色",今據楊慎《藝林伐山》補。此條見於《藝林伐山》卷一三《麝香鏤金羅》。○"麝香色",狄寶心《元好問詩編年校注》卷四"畫羅休縷麝香金",注:"泥金色如麝香,宮中所尚。"○"鏤",原作"縷",今據加本改。

⑧ "鏤",原作"縷",今據加本改。"元裕之詩",指元好問《俳體雪香亭雜咏十二首》其十:"去去旃車雪三尺,畫羅休縷麝香金。"今按:元好問,字裕之。

⑨ "燕釵塵澀鏡華昏"句,見於宋吳文英《浣溪沙·陳少逸席上用聯句韻有贈》。

⑩ "金泥簇蝶裙"句,《全唐詩》卷七八三韋氏子《悼亡妓》:"惆悵金泥簇蝶裙,春來猶見伴行雲。不教布施剛留得,渾似初逢李少君。"今按:此條見於楊慎《升庵集》卷六九《金泥簇蝶裙》。

百鳥毛裙，安樂公主使尚方合百鳥毛織二裙，正視爲一色，傍視爲一色，①日中爲一色，影中爲一色，而百鳥之狀皆見，以其一獻韋后。公主又以百獸毛爲鞻面，韋后則集鳥毛爲之，皆具其鳥獸狀，工費巨萬。

公主初出降，益州獻單絲碧羅籠裙，縷金爲花鳥，②細如絲髮，大如黍米，眼鼻觜甲皆備，瞭視者方見之。又自作毛裙，貴臣富家多效之，江、嶺奇禽異獸毛羽，采之殆盡。③

華裙，盧肇《雙柘枝舞賦》：“再撫華裙，巧襞修袂。將勻玉顏，若抗瓊睟。”④

仙女有金縷單絲錦縠銀泥五暈羅裙。⑤《許老翁傳》。

南極夫人被錦服青羽裙。⑥《三君内傳》。

蘭裙，劉言史《苦婦詞》：“蘭裙間珠履，食玉處花筵。”程俱詩：“藕絲爲衣蘭作裙。”⑦

孟光裙布荆釵，而嫁梁鴻。⑧《白帖》。

太子納妃，有絳紗複裙，絳碧結綾複裙，丹碧紗紋雙裙，紫碧紗紋雙裙，紫碧紗紋綉纓雙裙，紫碧紗縠雙裙，丹碧杯文雙裙。⑨《東宫舊事》。

---

① “傍”，加本作“旁”。
② “縷”，加本作“鏤”。
③ “安樂公主使尚方合百鳥毛織二裙……采之殆盡”，見於《新唐書·服妖志》。
④ “再撫華裙”句，見於盧肇《湖南觀雙柘枝舞賦》。
⑤ “縷”，加本作“鏤”。“仙女有金縷單絲錦縠銀泥五暈羅裙”，見於楊慎《藝林伐山》。《太平廣記》卷三一《神仙·許老翁》引《仙傳拾遺》：益州曹柳某妻李氏，“著黃羅銀泥裙，五暈羅銀泥衫子，單絲羅紅地銀泥帔子，蓋益都之盛服也。”○“銀泥裙”，徐頌列主編《唐詩服飾詞語研究》第四章《下衣》：“銀泥裙。‘銀泥’是把銀屑碾成粉末，和膠水調和而成的顏色，多用於描畫婦女衣裙，以增加光彩。李賀《月漉漉篇》：‘挽菱隔歌袖，綠刺胃銀泥。’就是用銀泥描畫歌女之衣。‘銀泥裙’是用銀泥描畫的女裙。例如，白居易《武丘寺路宴留別諸妓》：‘銀泥裙映錦障泥，畫舸停橈馬簇蹄。’”
⑥ “南極夫人被錦服青羽裙”，見於《初學記》卷二六《器物部》引《真人三君内傳》。
⑦ “藕絲爲衣蘭作裙”，宋程俱《有美一人》：“有美一人在昭君，藕絲爲衣蘭作裙。”
⑧ “孟光裙布荆釵”句，見於《白氏六帖事類集》卷二。
⑨ “太子納妃”句，見於《初學記》卷二六《器物部》引張敞《晋東宫舊事》。

開裙,劉孝威詩:"轉袖時繞腕,揚履自開裙。"①

絳裙,楊衡《仙女詩》:"金縷鴛鴦滿絳裙。"②王涯《宮詞》:"春深欲取黃金粉,繞樹宮娥著絳裙。"

梁天監中,武帝造五色綉裙,加朱繩真珠爲飾。③

隋帝作長裙十二段,名曰仙裙。上綴五色翠花。④

陳時,宮中尚短裙窄小衫子,纔用八尺物爲衫,顔色不同。隋文帝用丈物爲之。⑤

畫裙,杜牧《咏襪》詩:"五陵年少欺他醉,笑把花前出畫裙。"

唐時,馬周上疏:"女人裙,請交界裁而去朱繩,其餘如舊。"⑥

宋理宗朝,宮妃繫前後掩裙,而長窄地,名曰上馬裙。⑦《西湖游覽志餘》。

暈裙,《宋史·樂志》:"隊舞之制,⑧女弟子隊,六曰采蓮隊,衣紅

---

①　"轉袖時繞腕"句,見於劉孝威《賦得鳴棟應令詩》。

②　"縷",加本作"鏤"。○"金縷鴛鴦滿絳裙",楊衡《仙女詞》:"玉笄初侍紫皇君,金縷鴛鴦滿絳裙。"○"絳裙",徐頌列主編《唐詩服飾詞語研究》第四章《下衣》:"'絳裙'也是大紅色的裙子。'絳裙'在唐詩中常用作宮娥仙女的裙服。例如,王涯《宮詞三十首》之第二十九首:'春深欲取黃金粉,繞樹宮娥著絳裙。'·'絳裙'在此爲宮女之裙。又如,楊衡《仙女詞》:'玉京初侍紫皇君,金縷鴛鴦滿絳裙。'·'絳裙'在此爲仙女之裙。'絳裙'也是唐代西南少數民族的舞裙。《新唐書·南蠻下》:'舞人服南詔衣,絳裙襦、黑頭囊、金佉苴、畫皮鞾,首飾袜額,冠金寶花鬘,襦上復加畫半臂。'·'絳裙'還是南北朝時道士的法服。《洞玄靈寶三洞奉道科戒營私·法服圖儀》:'三洞講法師。元始冠,絳裙,黃褐,九色離羅披。'"

③　"梁天監中"句,見於顧起元《説略》引《二儀實録》。

④　"隋帝作長裙十二段"句,見於顧起元《説略》引《二儀實録》。

⑤　"色",加本作"時"。○"宮中尚短裙窄小衫子"條,見於顧起元《説略》:"陳時,宮中尚短裙窄小衫子,纔用八尺物爲衫,顔色不同。隋文帝用丈物爲之,即有印靦纈衫子。唐宮人亦以一丈爲之。宋理宗朝,宮妃繫前後掩裙而長窄地,名趨上裙。"

⑥　"馬周上疏"句,見於顧起元《説略》引《二儀實録》。《説略》卷二一:"婦人之服。《二儀實録》曰:古之所貴衣與裳連,下有裙,隨衣色而下有緣。自堯舜以降,或有六破,及著直縫皆去緣。殷周,以女人衣服大質,稍加之花綉,令裙上綴五色花,以羅縠爲之。梁天監中,武帝造五色綉裙,加朱繩、真珠爲飾。至隋帝作長裙,十二段,名曰仙裙,上綴五色翠花。唐初,馬周上疏,女人裙請交界裁,而去朱繩,其餘仍舊。"

⑦　"宋理宗朝"句,見於田汝成《西湖游覽志餘》卷二《帝王都會》。《宋史·五行志》:"理宗朝,宮妃繫前後掩裙而長窄地,名趨上裙。"《石倉歷代詩選》卷三六二《明詩初集》八二瞿祐《故宮歎》:"琉璃作花禁珠翠,上馬裙輕淚粧媚。"

⑧　"制",加本作"志",朱校改。

羅生色綽子，繫暈裙，戴雲鬟髻，乘彩船，執蓮花。"①

　　下裙，古樂府《羅敷行》："頭上倭墮髻，耳中明月珠。緗綺爲下裙，紫綺爲上襦。"

　　西河無蠶桑，婦女著碧纈裙，加細布裳。②《西河記》。

　　六幅裙，李群玉詩："裙拖六幅湘江水，鬢聳巫山一段雲。"③又曹唐《小遊仙詩》："不知昨夜誰先醉，書破明霞八幅裙。"又王逢詩："茹蘆草染榴花紙，好剪凌波十幅裙。"④

　　廣西婦人衣裙，其後曳地四五尺，行則以兩婢前攜。⑤《誠齋雜記》。

　　鬱林州夷人女，以烏色相間爲裙，用緋點綴裳下，散髮吹笙，巢居水泊。⑥《方輿勝覽》。

　　籠裙，于鵠詩："新綉籠裙豆蔻花。"⑦

　　燕山娼妓，皆以"子"爲名，如香子、花子之類。無寒暑必繫綿裙。⑧《雞肋編》。

　　①　"隊舞之制"句，見於《宋史·樂志·教坊》。○"暈裙"，殷偉、程建强《中國服飾時尚》第一章："唐代女子的裙子也常被染成暈色，即以兩種或兩種以上的顏色染成色彩相間之狀，兩色之間的交接部分無明顯界限，過渡自然，呈現出暈染效果，因此被稱爲'暈裙'。敦煌莫高窟壁畫中就有穿這種裙子的婦女形象。"

　　②　"西河無蠶桑"句，《太平御覽》卷八一四《布帛部》一："《西河記》曰：西河無蠶桑，婦女著碧纈裙，上加細布裳，且爲戎狄性，著紫纈襦袴，以外國色錦爲袴褶。"張玉安《六朝女子服飾的戎裝色彩》（劉元風、賈榮林主編《敦煌服飾暨中國傳統服飾文化學術論壇論文集》）："《西河記》爲東晉喻歸所撰，記述當時西河地區的社會風情。西河即今天山西省吕梁市離石一帶，西晉時期在此設置西河國，北魏時期爲西河郡。魏晉以來，北方少數民族已經南下移居此地。到南北朝，北魏西河郡北部爲羌胡所得，僅餘晉西地區，可知當地民俗已深受胡風影響。喻歸説西河人爲戎狄性，應該是符合歷史事實的。按他的説法，西河人沒有自己的桑蠶業，用的布料多來自異域。婦女們通常身著碧纈裙，即青綠染織印花的裙子，外加細布裳。另外一種常服與胡服相近，上襦下袴，均爲紫色染織印花布料所做，她們還時常穿著外國異色錦製成的褲褶。"

　　③　"鬢"，加本作"髻"。"裙拖六幅湘江水"句，見於李群玉《同鄭相并歌姬小飲戲贈》。

　　④　"茹蘆草染榴花紙"句，見於王逢《江邊竹枝詞》。"六幅裙"條，見於《佩文韻府》。

　　⑤　"廣西婦人衣裙"句，見於林坤《誠齋雜記》。

　　⑥　"鬱林州夷人女"句，見於宋王象之《輿地紀勝》卷一二一《廣西南路·鬱林州·風俗形勝》。樂史《太平寰宇記》卷一六五《嶺南道》九："廢黨州風俗：古黨洞夷人……女以烏色相間爲裙，用緋點綴裳下，或腰領處爲冶豔。男椎髻，女散髮，徒跣吹笙，巢居夜泊。"

　　⑦　"新綉籠裙豆蔻花"，見於于鵠《贈碧玉》。

　　⑧　"燕山娼妓"句，見於莊綽《雞肋編》卷上《燕地殊俗》。

　　犵狫女人,皆以幅布圍腰,傍無襞積,謂之桶裙。女子將嫁,必折其二齒,恐妨夫家也。①《黔書》。

　　旋裙,《宋史》:"高麗國婦人鬖髻垂右肩,餘髮被下,約以絳羅,貫之簪。旋裙重疊,以多爲勝。"②

　　苗中綉花於布或以蠟畫花作裙。③《黔書》。按田蒙齋曰:④"短裙縿過骭,難拖六幅瀟湘;窄袖僅齊腰,豈織五珠霧縠。"⑤爲苗女而言也。

　　《黃庭經》:"腦髮相扶亦俱鮮,九色錦衣綠華裙。"⑥

　　仙女天衣,有金鏤單絲錦縠,銀泥暈羅裙。⑦高淡人《天禄識餘》。

　　李賀《二月詞》:"薇帳逗烟生綠塵,金翅蛾髻愁暮雲,沓颯起舞真珠裙。"

　　沈佺期詩:"羅家小婦鬱金裙。"⑧

　　杜甫詩:"珠壓腰衱穩稱身"注:腰衱,裙也。又:"出入無完裙。"⑨

────────

　　①　"犵狫女人"句,田雯《黔書》:"犵狫其種有五。矯而善奔……男女皆以幅布圍腰,傍無襞積,謂之桶裙。……女子將嫁,必折其二齒,恐妨害夫家也。父母死,用長木桶爲棺,葬之路傍。"

　　②　"高麗國婦人鬖髻垂右肩"句,《宋史·高麗國傳》:"人首無枕骨,背扁側。男子巾幘如唐裝,婦人鬖髻垂右肩,餘髮被下,約以絳羅,貫之簪。旋裙重疊,以多爲勝。"

　　③　"苗中綉花於布或以蠟畫花作裙"句,見於田雯《黔書》上《苗俗》自注。

　　④　"田蒙齋",即指田雯。《(乾隆)貴州通志》卷三九《藝文·黔書序》:"今讀中丞蒙齋先生《黔書》則不然。先生之書,蓋專爲治黔者法也。"

　　⑤　"短裙縿過骭……豈識五珠霧縠"句,見於田雯《黔書》上《苗俗》。

　　⑥　"腦髮相扶亦俱鮮"句,見於《黃庭經·膽部章》。

　　⑦　"仙女天衣"句,原脱,今據加本補。清高士奇《天禄識餘·單絲五暈》:"仙女天衣,有金鏤單絲錦縠,銀泥五暈羅裙。"

　　⑧　"羅家小婦鬱金裙",見於沈佺期《獨不見》。○"裙",亦有寫作"堂""香"的。○"鬱金裙",指黃色的舞裙。清馮集梧《樊川詩集注·詩集二·送容州唐中丞赴鎮》:"燒香翠羽帳,看舞鬱金裙。"注:《妝樓記》:鬱金,芳草也,染婦人衣最鮮明。"徐頌列主編《唐詩服飾詞語研究》第四章《下衣》:"鬱金裙。'鬱金'是黃色系列顏色中的一種。因用從鬱金香中提煉的染料染製而成,故名'鬱金'。《急就篇》:'鬱金半見緗白礿。'顏師古注:'鬱金,染黃也。'所染織物含有香氣,因而多用作婦女衣料。'鬱金裙'即以鬱金染製的絲織品製成的女裙。唐詩中'鬱金裙'只有兩例,都是指舞裙。例如,杜牧《送容州唐中丞赴鎮》:'燒香翠羽帳,看舞鬱金裙。'又如,李商隱《牡丹》:'垂手亂翻雕玉佩,折腰争舞鬱金裙。'詩中的'鬱金裙'都是舞裙。"

　　⑨　"珠壓腰衱穩稱身"句,杜甫《麗人行》:"頭上何所有? 翠微(一作爲)匐(一作匌)葉垂鬢唇,背後何所見? 珠壓腰衱穩稱身。"又"出入無完裙"句,杜甫《石壕吏》:"有孫母未去,出入無完裙。"

古樂府："著我綉袂裙。"①

庾丹詩："誰縫金縷裙。"②

皮日休詩："上仙初著翠霞裙。"③

閻德隱詩："連理香裙石榴色。"④

元好問詩："五疊湘裙輕襞積。"⑤

陸游詩："銅綠春衫罨畫裙。"⑥

---

①　"著我綉袂裙"，《古詩爲焦仲卿妻作》："著我綉夾裙，事事四五通。足下躡絲履，頭上玳瑁光。"

②　"縷"，加本作"鏤"。○"誰縫金縷裙"，庾丹《秋閨有望》："空汲銀床井，誰縫金縷裙。"

③　"上仙初著翠霞裙"，皮日休《奉和魯望懷楊台文楊鼎文二秀才》："爲説風標曾入夢，上仙初著翠霞裙。"○"霞裙"，徐頌列主編《唐詩服飾詞語研究》第四章《下衣》："'霞裙'是仙女之裙，取仙女駕雲披霞之意。例如，韋莊《天仙子》：'金似衣裳玉似身，眼如秋水鬢如雲，霞裙月帔一群群。''霞裙'也稱'翠霞裙'。例如，曹唐《小遊仙詩九十八首》之第二十首：'東妃閑著翠霞裙，自領笙歌出五雲。'也以'翠霞裙'指隱士所著衣裙，取隱逸於雲霞中之義。例如，皮日休《奉和魯望懷楊台文楊鼎文二秀才》：'爲説風標曾入夢，上仙初著翠霞裙。'"

④　"德"，原作"朝"；"香"，原作"春"，今據文淵閣四庫全書本《全唐詩》改。閻德隱《薛王花燭行》："合歡錦帶蒲萄花，連理香裙石榴色。"○"香裙"，徐頌列主編《唐詩服飾詞語研究》第四章《下衣》："香裙是對女裙的美稱。例如，劉禹錫《秋螢引》：'曝衣樓上拂香裙，承露臺前轉仙掌。'李中《春閨詞二首》之二：'邊無音信暗消魂，茜袖香裙積淚痕。'這兩首詩中的'香裙'都是女裙的美稱。又如，閻德隱《薛王花燭行》：'合歡錦帶蒲萄花，連理香裙石榴色。''連理香裙'是綉有花枝互相纏繞紋樣的女裙，取情義綿綿、永結同好之義。綉有蒲萄花的錦帶寓多子之義。連理香裙配葡萄帶，是當時新娘的裝束。"

⑤　"五疊湘裙輕襞積"，元好問《甲辰秋，洛陽得黄葵子，種之南庵。明年夏六月作花。佛經所謂"閻浮檀金，明静柔軟，令人愛樂"者，此花可以當之，因爲賦長韻。予方以病止酒，故卒章及之》(亦有題《賦黄葵子》)："芳葳泛露嬌黄濕，五疊湘裙輕襞積。"○"湘裙"，即緗裙。徐頌列主編《唐詩服飾詞語研究》第四章《下衣》："緗裙，'緗'是顏色名。其色介於黄白之間，猶今之淺黄色。漢史游《急就篇》：'鬱金半見緗白約。'唐顏師古注：'緗，淺黄也。''緗裙'就是以緗色羅綺製成的裙子。漢樂府詩《陌上桑》就有'緗綺爲下裙，紫綺爲上襦'句。"

⑥　"銅綠春衫罨畫裙"，陸游《新春感事八首，終篇因以自解》其一："梁州陌上女成群，銅綠春衫罨畫裙。""罨裙"，是繪有圖案花紋的裙子。馬大勇編著《霞衣蟬帶：中國女子的古典衣裙》："畫裙，在裙上直接繪畫，那鳳凰、鴛鴦、花蝶、山水等等有不盡的傾訴。唐代杜牧就有詩：'不語亭亭儼薄妝，畫裙雙鳳鬱金香。'施肩吾《代征婦怨》詩：'畫裙多淚鴛鴦濕，雲鬢慵梳玳瑁垂。何事不看霜雪裏，堅貞惟有古松枝。'那思念征夫的女子，淚滴畫裙，連裙上的彩畫鴛鴦也濕透了幽怨。宋代，陸游有詩道：'梁州陌上女成群，銅綠春衫罨畫裙。相喚遊家園裏去，鞦韆高挂欲侵雲。'彩色罨畫的裙揮灑在春風裏，與綠衫相配。明代還有鬥裙之俗，名女董小宛就和女伴們進行友誼比賽，看誰的裙子畫得最美。詩人吳梅村記述道：'細縠春郊鬥畫裙，捲簾都道不如君。白門移得絲絲柳，黄海歸來步步雲。'"

王叡詩:"薄草頭花柳葉裙。"①

郭元振落梅妝閣,有婢數十人。客至,則拖鴛鴦纈裙衫,一曲終,則賞以糖雞卵,明其聲也。②《釵小志》。

蕭鄰詩:"離離寶縫裙。"③

白居易詩:"烟霏子晋裾,霞爛麻姑裙。"又:"秋水蓮冠春草裙。"④

曹唐詩:"書破明霞八幅裙。"又:"緩步輕抬玉綫裙。"⑤

李賀詩:"粉霞紅綬藕絲裙。"又:"結綬金絲裙。"⑥

張祜詩:"好是風廊下,遥遥挂褐裙。"⑦

耿緯詩:⑧"金鈿正舞石榴裙。"⑨

長安士女出遊,遇名花則藉草而坐,乃以紅裙遞相插挂,以爲宴

---

① "薄草頭花柳葉裙",唐王叡《祠漁山神女歌二首》其一:"薄草頭花柳葉裙,蒲葵樹下舞蠻雲。"今按:該詩名亦題《迎神歌》。

② "郭元振落梅妝閣"句,馮贄《雲仙雜記·梅妝閣》引《釵聞録》:"郭元振落梅妝閣,有婢數十人。客至,則拖鴛鴦纈(一作撷)裙衫,一曲終,則賞以糖雞卵,取明其聲也。宴罷,散九和握香。"

③ "離離寶縫裙",《初學記》卷二六《器物部·裙》南朝陳蕭鄰《咏裙複詩》:"晶晶金紗净,離離寶縫裙。腰非學楚舞,寬帶爲思君。"今按:《升庵詩話》卷三引作《複裙詩》,丁福保《全漢三國晋南北朝詩·權陳詩》卷四作《咏袙複一首》。

④ "裾",加本作"裙",朱校作"裾"。○"烟霏子晋裾"句,見於白居易《和送劉道士遊天臺》。"秋水蓮冠春草裙",白居易《和殷協律琴思》:"秋水蓮冠春草裙,依稀風凋似文君。"

⑤ "綫",加本作"綿",朱校改。○"書破明霞八幅裙""緩步輕抬玉綫裙",見曹唐《小遊仙》:"不知昨夜誰先醉,書破明霞八幅裙。"又:"閑(一作偷)來洞口訪劉君,緩步輕抬玉綫裙。"

⑥ "粉霞紅綬藕絲裙",李賀《天上謡》:"粉霞紅綬藕絲裙,青洲步拾蘭苕春。"○"結綬金絲裙",李賀《蘭香神女廟》:"吹簫飲酒醉,結綬金絲裙。"

⑦ "好是風廊下"句,見於張祜《題惠昌上人》。○"祜",原作"祐",今據宋刻本《張承吉文集》改。

⑧ "緯",原作"潷",加本同。今據《海録碎事》改。葉廷珪《海録碎事》卷五《衣冠服用部》:"金鈿正舞石榴裙。耿緯詩。"

⑨ "石榴裙",馬大勇編著《霞衣蟬帶:中國女子的古典衣裙》:"石榴裙就是鮮豔的石榴紅裙子,紅裙多也指石榴裙。六朝樂府詩説:'風卷葡萄帶,日照石榴裙。'唐代白居易也説'紅裙妒殺石榴花',敦煌130窟《都督夫人禮佛圖》中的夫人,就穿寬大的大紅石榴裙,上有小朵花紋。新疆阿斯塔那絹本《舞樂屏風》中的舞姬也是半袖、錦襦,繫石榴紅裙。後來石榴裙幾乎成女子的代稱了。"

幄。①《花瑣事》。

絁襦練裙，宋劉太后事。②見《宋史》。

同光年，上因晚登興平閣，見霞彩可人，命染院作霞樣紗，作千褶裙，分賜宮嬪。是後，民間尚之，競爲衫裙，號拂拂嬌。③《清異録》。

婦人衣曰大襖子，不領，如男子道服。裳曰錦裙，裙去左右，各闕二尺許，以鐵條爲圈，裹以綉帛，上以單裙襲之。所須皆以皮，化外不毛之地，非皮不足以禦寒也。④《金志》。

粉裙，阮郎中《贈妓詞》云："東風捻就，腰肢纖細，繫的粉裙兒不起。"⑤《豹隱記談》。

女人裙下垂，謂之紆徐。⑥

襜裙。⑦見《金史·輿服志》。

---

① "長安士女出遊"句，見於薛素素《花瑣事·花幄》。馮贄《記事珠》："長安士女遊春野步，遇名花則藉草而坐，解裙四圍遮繞如弈棋，謂之裙幄。"陳耀文《天中記》引《唐輦下歲時記》："挂裙幄，長安士女遊春野步，遇名花則設席藉草，以紅裙遞相插挂，以爲宴幄，其奢逸如此。"○"紅裙"，徐頌列主編《唐詩服飾詞語研究》第四章《下衣》："紅裙，紅色裙子。《全唐詩》中'紅裙'出現了多次，紅裙爲唐代女子常服，從貴婦、民女到舞女歌妓，都喜穿著。例如，元稹《閨曉》：'紅裙委磚階，玉爪劈朱橘。'此爲貴婦著紅裙。又如，皇甫松《採蓮子二首》'菡萏香連十頃陂，小姑貪戲採蓮遲。晚來弄水船頭濕，更脱紅裙裹鴨兒'此爲民女著紅裙。再如，萬楚《五日觀妓》：'眉黛奪將萱草色，紅裙妒殺石榴花。'元稹《晚宴湘亭》：'舞旋紅裙急，歌垂碧袖長。'此爲舞女歌妓著紅裙。'茜裙'爲大紅色的裙子。'茜裙'在唐詩中常用作青春少女的裙服。"

② "絁襦練裙"句，《宋史·章獻明肅劉皇后傳》："常服絁繻練裙，侍者見仁宗左右簪珥珍麗，欲效之。太后戒曰：'彼皇帝嬪御飾也，汝安得學。'"

③ "褶"，加本作"摺"。"千"，原作"十"。今據民國影明實顔堂秘笈本《清異録》改。○"同光年"句，見於陶穀《清異録·拂拂嬌》。

④ "婦人衣曰大襖子……非皮不足以禦寒也"句，《大金國志·男女冠服》："至於衣服，尚如舊俗。土産無桑蠶，惟多織布，貴賤以布之粗細爲别。又以化外不毛之地，非皮不可禦寒，所以無貧富皆服之。……至婦人衣，曰大襖子，不領，如男子道服。裳曰錦裙，裙去左右，各闕二尺許，以鐵條爲圈，裹以綉帛，上以單裙襲之。"

⑤ "阮"，原作"院"，今據加本改。○"云"，加本無此字。○"阮郎中《贈妓詞》云"句，見於宋周遵道《豹隱記談》引阮郎中《失調名·贈妓》。

⑥ "紆徐"，《六臣注文選·子虛賦》："襞積褰縐，紆徐委曲，鬱橈谿谷。"吕向注云："紆徐委曲，裙下垂貌。"卓明卿《卓氏藻林》："紆徐。注：女人裙下垂貌。"

⑦ "襜裙"，《金史·輿服志下》："婦人服襜裙，多以黑紫，上編綉全枝花，周身六襞積。"唐圭璋編《全宋詞》程垓《南歌子》其五："何時散髮伴襜裙。後夜相思生怕、月愁人。"

《唐書·南蠻傳》:"南平獠,婦人橫布二幅,穿中貫其首,號曰通裙。美髮髻,垂通裙於後。竹筒三寸,斜穿其耳,貴者飾以珠璫。"①

月色裙,王建詩:"武皇自送西王母,新換霓裳月色裙。"②

纖骨亭亭,窮袴輕籠,長裙半懸。③竹垞《咏美人膝詞》。

越羅垂地湘裙匼,淺露著鞋幫紅狹。④竹垞《贈伎》。

帶　類

襪袿,婦人長帶也。⑤《韻藻》。

蠻女以織帶束髮,狀如經帶,名不闌帶。不闌者,斑也。蓋反切語,俚俗謂團爲突欒,孔謂窟窿,亦此意也。⑥《溪蠻叢笑》。

襪襦,古者婦人長帶,結者名曰綢繆,垂者名曰襪襦,結而可解曰紐,⑦結而不可解曰締。⑧

吳絳仙有夜明珠,赤如丹砂,恒繫於蓮花帶上。著胸前夜行,他人遠望,但見赤光如初出日輪,不辨人也。⑨《女史》。

衣帶,桓豁女,字女幼,製綠錦衣帶,作竹葉樣,故無瑕詩云:"帶

---

①　"獠",原作"撩",今據清乾隆武英殿刻本《新唐書·南蠻傳》改。○"南平獠"句,《新唐書·南蠻傳》:"南平獠,東距智州……婦人橫布二幅,穿中貫其首,號曰通裙。美髮髻,垂於後。竹筒三寸,斜穿其耳,貴者飾以珠璫。"

②　"武皇自送西王母"句,見於王建《霓裳辭十首》其六。

③　"纖骨亭亭"句,見於朱彝尊《膝》。○"窮袴",《漢書·外戚傳上·孝昭上官皇后》:"(霍)光欲皇后擅寵有子。帝時體不安,左右及醫皆阿意,言宜禁内,雖宮人使令皆爲窮絝,多其帶。"注:"服虔曰:窮絝有前後當,不得交通也。師古曰:使令,所使之人也。絝,古袴字也。窮絝,即今之緄襠袴也。"○"裙",《曝書亭集》卷二八《茶烟閣體物集》作"裾"。

④　"越羅垂地湘裙匼"句,見於朱彝尊《步蟾宮·席上同沈六贈伎》。

⑤　"襪袿,婦人長帶也",宋毛晃《增修互注禮部韻略》:"袿,長繻,婦人上服。張揖注相如賦:'襪,離袿也。'顔師古曰:'襪袿,婦人長帶也。'"

⑥　"蠻女以織帶束髮……亦此意也",見於朱輔《溪蠻叢笑》。

⑦　"曰",加本"曰"字前有"者"字。

⑧　"古者婦人長帶……結而不可解曰締"句,見於楊慎《丹鉛續録》。○"衣帶",腰帶。《釋名》卷四:"帶,蔕也,著於衣,如物之繫蔕也。"《説文·巾部》:"帶,紳也。男子鞶帶,婦人帶絲。象繫佩之形。佩必有巾,從巾。"

⑨　"辨",原作"幝",今據加本改。○"吳絳仙有夜明珠"句,見於龍輔《女紅餘志·赤珠》。

葉新裁竹，簪花巧製蘭。"①《女史》。

荀奉倩將別，其妻曹洪女割蓮枝帶以相贈，後人分釵即此意。②《女史》。

鞶紳，《穀梁傳》："女嫁，諸母施鞶紳，戒曰'謹慎從爾父母之言'。"按：鞶，佩囊也。紳，帶也。言諸母爲施佩帶，又戒之也。③

羅帶，隋李德林詩："微風動羅帶，薄汗染紅妝。"④

合歡帶，江總詩："合歡錦帶鴛鴦鳥，同心綺袖連理枝。"⑤

連理帶，辛延年詩："長裙連理帶，廣袖合歡襦。"⑥

畫帶，溫庭筠詩："李娘十六青絲髮，畫帶雙花爲君結。"⑦

麝帶，劉孝威詩："香纓麝帶縫金縷。"⑧

雙盤帶，秦韜玉《織錦婦》詩："合蟬巧間雙盤帶，聯雁斜銜小折枝。"

裙帶，李群玉《贈琵琶伎》詩："一雙裙帶同心結，早寄黃鸝孤雁兒。"

鞶鑑，《左傳》："鄭伯享王，王以后之鞶鑑予之。"杜注："鞶帶而以

---

① "竹"，加本脫，朱校補。○"桓豁女"句，龍輔《女紅餘志・衣帶》："桓豁女，字女幼，製綠錦衣帶作竹葉樣，遠視之無二，故無瑕詩云：'帶葉新裁竹，簪花巧製蘭。'女幼，庚宜婦。"

② "蓮"，加本作"連"。○"荀奉倩將別"句，見於龍輔《女紅餘志・蓮枝帶》。今按：荀粲，字奉倩，潁川郡人，三國曹魏大臣荀彧之子。其妻爲大將軍曹洪之女。

③ "謹"，加本作"戒"。○"女嫁"句，《春秋穀梁傳・桓公三年》："禮，送女，父不下堂，母不出祭門，諸母兄弟不出闕門。父戒之曰：'謹慎從爾舅之言。'母戒之曰：'謹慎從爾姑之言。'諸母般申之曰：'謹慎從爾父母之言。'"此條見於《初學記》卷一四《禮部》引《春秋穀梁傳》曰："女嫁，諸母施鞶紳，戒曰：'謹慎從爾父母之言。'"徐邈注曰："鞶，佩囊也。紳，帶也。諸母爲施佩帶。又戒之也。"

④ "詩"，原脫，今據加本補。○"微風動羅帶"句，見於李德林《夏日》。

⑤ "詩"，原脫，今據加本補。○"合歡錦帶鴛鴦鳥"句，見於江總《雜曲》。"江總"，原作"徐陵"，今據四部叢刊影汲古閣本《樂府詩集》改。

⑥ "詩"，原脫，今據加本補。○"長裙連理帶"句，見於辛延年《羽林郎》。

⑦ "詩"，原脫，今據加本補。○"李娘十六青絲髮"句，見於溫庭筠《三洲歌》。

⑧ "詩"，原脫，今據加本補。○"縷"，加本作"鏤"。"香纓麝帶縫金縷"句，見於劉孝威《賦得香出衣詩》。

鑑爲飾也。鑑，鏡也。"①

綠綉帶，《雲笈七籤》："九華安妃著雲錦裙，上丹下青，文彩光鮮，腰中有綠綉帶，繫十餘小鈴。"②

《謝氏詩源》："輕雲鬢髮甚長，每梳頭，立於榻上，猶拂地。已綰髻，左右餘髮各粗一指，結束同心帶，垂於兩肩，以珠翠飾之。"③

芙蓉帶，王建《老婦鏡歎》："燈前自綉芙蓉帶。"④

裙帶，《續齊諧志》："趙文韶坐清溪中橋，唱《西夜烏飛》，其聲甚哀怨。忽有青衣婢前曰：'王家娘子，聞君歌聲，遣相聞耳。'須臾女到，文韶爲歌《草生磐石》。女顧謂婢子，還取箜篌，令歌《繁霜》，自解裙帶，繫箜篌腰，叩之以倚歌。"⑤

東家女因玉見棄，恒以帛帶交結胸前後，操織作以自給。後人效

---

① "鄭伯享王"句，《左傳·莊公二十一年》："鄭伯之享王也，王以后之鞶鑑予之。"杜預注："后，王后也。鞶帶而以鑑爲飾也，今西方羌胡爲然，古之遺服。"陸德明《釋文》："鞶，步干反，又蒲官反，紳帶也。鑑，工暫反，鏡也。"○"鞶帶"，高春明《中國服飾名物考》："鞶帶是一種皮帶。古代男女也用皮帶，尤以男子爲常用。最簡單的皮帶被稱爲'韋帶'。以熟皮製成，帶上沒有任何裝飾，繫縛方式如同布帶。因以庶民所繫爲多，故和'布衣'一樣，成爲黎民百姓的代名。《漢書·賈山傳》：'夫布衣韋帶之士，修身於內，成名於外，而使後世不絕息。'唐顏師古注：'言貧賤之人也。韋帶，以單韋爲帶，無飾也。'……鞶帶通常以生革爲之，故有'鞶革'之名。《晉書·輿服志》：'革帶，古之鞶帶也，謂之鞶革，文武衆官牧守丞令下及騶寺皆服之。'"

② "九華安妃著雲錦裙"句，《雲笈七籤·九華安妃贈楊司命詩二首并序》："九華安妃者，晉興寧三年乙丑六月二十五日夜，與紫微王夫人降金壇楊羲家。妃著雲錦裙，上丹下青，文彩光鮮，腰中有綠綉帶，繫十餘小鈴，鈴作青黃色，更相參間。"

③ "謝氏詩源……以珠翠飾之"句，此條加本無。見於《瑯嬛記》卷上引《謝氏詩源》。

④ "燈前自綉芙蓉帶"，王建《老婦歎鏡》："憶昔咸陽初買來，燈前自綉芙蓉帶。"○"芙蓉帶"，綉著芙蓉花的衣帶。《花間集·贊浦子》："懶結芙蓉帶，慵拖翡翠裙。"

⑤ "趙文韶坐清溪中橋"句，見於南朝梁吳均《續齊諧記》："會稽趙文韶，爲東宮扶侍，坐清溪中橋，與尚書王叔卿家隔一巷，相去二百步許。秋夜嘉月，悵然思歸，倚門唱《西烏夜飛》，其聲甚哀怨。忽有青衣婢，年十五六，前曰：'王家娘子白扶侍，聞君歌聲，有門人逐月遊戲，遣相聞耳。'時未息，文韶不之疑，委曲答之。亟邀相過。須臾女到，年十八九，行步容色可憐，猶將兩婢自隨。問家在何處？舉手指王尚書宅，曰：'是。聞君歌聲，故來相詣，豈能爲一曲邪？'文韶即爲歌《草生磐石》，音韻清暢，又深會女心。乃曰：'但令有瓶，何患不得水？'顧謂婢子，還取箜篌，爲扶侍鼓之。須臾至，女爲酌兩三彈，泠泠更增楚絕。乃令婢子歌《繁霜》，自解裙帶繫箜篌腰，叩之以倚歌。"

之，至以珠玉寶花飾錦綉流蘇帶束之，以增妖冶。①《下帷短牒》。

　　石虎皇后女騎，腰中著金環參鏤帶。②《鄴中記》。

　　銀裝帶，見《周書·宇文護傳》。③劉潛有《謝晉安王賜銀裝絲帶啓》。

　　瓊帶，貢奎《贈張娃詩》：“紫裘蒙茸年少兒，寶刀瓊帶羊角觸。平生一字不到眼，對此悄然顏色赧。”注：張氏女八歲能書，御前面試，名噪京邑。④

袴　類

　　脛衣，《釋名》：“袴，脛衣也。”《說文》。⑤“袴，跨也，兩股各跨別也。”

---

　　① “女因”，加本作“因女”。○“東家女因玉見棄”句，《藝林匯考·服飾篇六》“下帷短牒”：“宋玉東家女，因玉見棄，誓不他適，膏沐不施，恒以帛帶交結胸前後，操織作以自給。後人效之，富室至以珠玉寶花飾錦綉流蘇帶束之，以增妖冶，浸失其制矣。”“流蘇帶”，綴有流蘇的衣帶。宋惠洪《千秋歲》：“春思亂，芳心醉，空餘簪髻玉，不見流蘇帶。試與問，今人秀韻誰宜對？”

　　② “后女”，加本作“女后”。○“石虎皇后女騎”句，《太平御覽》卷六九八《服章部》引陸翽《鄴中記》：“(石虎時)皇后出女騎一千爲鹵簿，冬月皆著紫綸巾，熟錦袴褶。(腰中著金環參鏤帶，皆著五采織成靴。)”○“金環參鏤帶”，指帶子，用於腰飾。《王國維手定觀堂集林》卷一八《史林》一○《胡服考》：“古大帶、革帶皆無飾，有飾者，胡帶也。後世以其飾名之，或謂之‘校飾革帶’，(注：《吳志·諸葛恪傳》)或謂之‘鞶飾革帶’，(注：《御覽》引《吳錄》。)或謂之‘金環參鏤帶’，(注：同引《鄴中記》。)或謂之‘金梁絡帶’，(注《金樓子》。)或謂之‘起梁帶’，(注：新、舊兩《唐書·輿服志》，說見後。)凡此皆漢名。”

　　③ “銀裝帶”句，《周書·晉蕩公護》：“汝時著緋綾袍、銀裝帶，盛洛著紫織成襠通身袍、黃綾裏，並乘騾同去。”

　　④ 貢奎《贈張娃詩》……名噪京邑”條，見於《駢字類編》《佩文韻府》。

　　⑤ “脛衣”，《說文解字·糸部》：“絝，脛衣也。”○“脛衣”，亦稱“套褲”，即絝、袴、蹇。《左傳·昭公二十五年》：“公在乾侯，徵褰與襦。”杜預注：“褰，袴。”清段玉裁《說文解字注》：“絝，脛衣也。今所謂套袴也，左右各一，分衣兩脛。古之所謂絝，亦謂之褰，亦謂之襗，見《衣部》。”王國維推斷“袴褶即戎衣”，來自胡服，反駁了段玉裁說。《王國維手定觀堂集林》卷一八《史林》一○《胡服考》：“袴者，《說文》云：‘絝，脛衣也。’《釋名》云：‘袴，跨也，兩股各跨別也。’蓋特舉其異於裳者言之。(案：‘絝’、‘袴’一字，袴與今時褲制無異，古無異說。惟段氏玉裁《說文解字注》謂：‘今之套褲，古之袴也。今之滿襠褲，古之褌也。’蓋據《說文》‘脛衣’、《釋名》‘跨別’之訓以爲言。然二書但就袴跨言之，以別於無跨之犢鼻褌，非必謂袴之兩跨各別爲一物也。《漢書·上官皇后傳》：‘爲窮絝，多其帶。’服虔曰：‘窮絝，有前後當，不得交通也。’師古曰：‘窮絝，即今之緄襠袴也。’《方言》：‘無絅袴謂之鼻。’郭璞注：‘袴，無跨者，今之犢鼻褌也。’是漢時下衣之有前後當及(轉下頁)

“留幕，冀州所名大褶下至膝者也。留，牢也；幕，絡也。言牢絡在衣表也。”①

　　褌，名良衣。②《古今注》。

　　永諧袴，女初至婿門，相者授以連理之錦，各持一頭，然後入，三日後命工分制二袴，男女各穿其一。③《戊辰雜鈔》。

　　倒頓，《方言》：“齊魯之間袴謂之襃，或謂之襱，關西謂之袴。”“大袴謂之倒頓，小袴謂之芙蓉衫，楚通語也。”④

　　杯文綺袴，《東宮舊事》：“皇太子納妃，有絳直文羅袴，七綵杯文綺袴。”⑤

　　青綾羅袴，《南史》：⑥“王裕之常使二老婦女，戴五條辮，著青綾羅袴，飾以朱粉。”⑦

（接上頁）無胯者，通謂之‘袴’。段氏以今之套褲當之，非也。）上短衣而下胯別，此古服所無也：古之褻衣亦有襦袴。《內則》：‘衣不帛襦袴。’《左氏傳》：‘徵褰與襦。’褰，亦袴也。然其外必有裳若深衣以覆之，雖有襦袴，不見於外。以袴爲外服，自袴褶始。然此服之起，本於乘馬之俗。蓋古之裳衣，本乘車之服。至易車而騎，則端衣之聯諸幅爲裳者，與深衣之連衣裳而長且被土者，皆不便於事。趙武靈王之易胡服，本爲習騎射計，則其服爲上褶下袴之服可知。此可由事理推之者也。雖當時尚無袴褶之名，其制必當如此。”許倬雲《求古編·周代的衣食住行》：“春秋後葉，下服更有袴。”

①　“大”，原作“六”，今據四部叢刊影明翻宋書棚本《釋名》改。○“袴，跨也……言牢絡在衣表也”條，見於《釋名·釋衣服》。

②　“褌，名良衣”，馬縞《中華古今注》卷中：“褌，三代不見所述。周文王所製褌長至膝，謂之弊衣，賤人不可服，曰良衣，蓋良人之服也。至魏文帝賜宮人緋交襠，即今之褌也。袴，蓋古之裳也。周武王以布爲之，名曰褶。敬王以繒爲之，名曰袴，但不縫口而已，庶人衣服也。”

③　“永諧袴”，清周廣業《循陔纂聞》卷一：“《戊辰雜抄》云：女初至門，婿去丈許，相者授以紅綠連理之錦，各持一頭，然後入。俗謂通心錦，又謂之合歡梁。通心、合歡爲名，雅甚。按紅巾起唐天寶時，今富貴家猶用之。”

④　“齊魯之間袴謂之襃”句，見於《太平御覽》卷六九五《服章部》一二。揚雄《輶軒使者絕代語釋別國方言》第四：“袴，齊魯之間謂之襱，或謂之襱。關西謂之袴。”“大袴謂之倒頓，小袴謂之校衸。楚通語也。”

⑤　“絳”，原作“降”，今據四部叢刊三編影宋本《太平御覽》改。○“皇太子納妃”句，見於陳耀文《天中記》引《東宮舊事》。今按：《說郛》本所輯《東宮舊事》：“皇太子納妃，有絳直文羅袴七，綵杯文錦袴五。”同文又見於《太平御覽》卷六九五《服章部》。

⑥　“南史”，原作“梁書”，今據《南史》改。

⑦　“王裕之常使二老婦女”句，見於《南史·王悅之傳》。

綾羅袴，《世説》："武帝嘗降王武子，供饌悉用琉璃，婢子百餘人，皆綾羅袴裙，手擎飲食。"①

窮袴，漢昭帝上官皇后，使宮人皆爲窮袴。注云："窮袴有前襠，不得交通。"②

合歡袴，元稹詩："紕軟殿頭裙，玲瓏合歡袴。"③

綉袴，《北堂書鈔》："南郊著皂班褶、綉袴。"④張憲《青溪小姑曲》："花裙綉袴蹋旋風，雙袖翻飛小蠻舞。"⑤

襠 類

《宋書·五行志》："晉元康末，婦人出兩襠，加乎脛之外，此内出外也。"⑥

《西京雜記》："趙飛燕爲皇后，其女弟在昭陽殿，遺書上襚三十五

---

① "武帝嘗降王武子"句，劉義慶《世説新語·汰侈》："武帝嘗降王武子家，武子供饌，並用琉璃器。婢子百餘人，皆綾羅綺襂，以手擎飲食。"

② "窮袴"句，《漢書·孝昭上官皇后傳》："光欲皇后擅寵有子，帝時體不安，左右及醫皆阿意，言宜禁内，雖宮人使令皆爲窮絝，多其帶，後宮莫有進者。"服虔注曰："窮絝，有前後當，不得交通也。"

③ "詩"，原脱，今據加本補。○"紕"，原作"批"，今據文淵閣四庫全書本《全唐詩》改。《全唐詩》卷四二二元稹《夢遊春七十韻》："紕軟鈿頭裙，玲瓏合歡袴。"○"合歡袴"，孫建軍、陳彦田主編《全唐詩選注·夢遊春七十韻》："紕軟鈿頭裙，玲瓏合歡袴。"注："紕：衣冠邊上的裝飾。合歡袴：有交叉對稱花紋圖案的袴子。"

④ "南郊著皂班褶綉袴"，《北堂書鈔》卷一二九《衣冠部》："《北疆記》云：蘆生南郊著皂斑褶、綉袴。"今按：《太平御覽》卷六九五《服章部》"皂"作"皇"。

⑤ "飛"，加本脱，朱校補。"張憲《青溪小姑曲》"句，見於元張憲《神弦十一曲》其二。

⑥ "出外"，加本作"外出"，朱校改。○晉元康末"句，《宋書·五行志》："晉興後，衣服上儉下豐，著衣者皆厭褻蓋裙。君衰弱，臣放縱，下掩上之象也。陵遲至元康末，婦人出兩襠，加乎脛之上，此内出外也。"○"兩襠"，亦作"兩當""裲襠"，無袖無領的短衣，形如今天的背心。《釋名疏證補》卷五："裲襠，其一當胸，其一當背也。"疏證補："畢沅曰：據下云一當胸，一當背，此兩當之義也。亦不當有衣旁。《一切經音義》引'也'上有'因以名之'四字。皮錫瑞曰：《儀禮·鄉射禮》'韋當'注：直心背之衣曰當，以丹韋爲之。聶氏引舊圖，楅長二尺，有足置韋當於背。韋當，長二尺，廣一尺，置楅之上，以藉前。據此則'裲襠'字，古作'兩當'。先謙曰：案即唐宋時之半背，今俗謂之背心、當背。"吴欣《衣冠楚楚：中國傳統服飾文化》第三章《霓裳羅裙》："兩當(裲襠)　魏晉時期，政治動蕩，北方各族入主中原，將北方胡服的元素帶了進來，也在一定程度上同化了漢族的服飾。此時的内衣稱爲'兩當'，與腹、心衣的區别在於它有後片，既可當胸，又可當背。"

條,一金錯綉襠。"①

《甘澤謠》:"圓觀行次南浦,見婦人數人錦襠,負罌而汲,圓觀曰:
'其中孕婦,是某托身之所,逾三載尚未娩懷,以某未來之故也。'是夕
圓觀亡,而孕婦産矣。"②

曹唐詩:"青錦縫裳緑玉襠,滿身新帶五雲香。"③

霍小玉,著紫荷襠,出總帷之中,見李十郎。④本傳。

足　類

婦人之纏足,起於近世,前世書傳皆無言者。《南史》:"東昏侯鑿
金爲蓮花以帖地,令妃行其上,曰:'此步步生蓮花。'"⑤然亦不言其弓
小也。如古樂府、《玉臺新咏》,皆六朝詞人纖艷之言,類多體狀美人
容色之姝麗,⑥及言妝飾之事,眉目、脣口、腰肢、手指之類,無一言稱
纏足者。如唐之杜牧、李白、李商隱之輩,⑦作詩多言閨閣之事,亦無
及之者。韓偓《香奩集》有《咏屧子》詩云:"六寸膚圓光緻緻。"唐尺
短,以今較之,亦自小也,而不言其弓。惟《道山新聞》云:"李後主宮
嬪窅娘,纖麗善舞,後主作金蓮高六尺,飾以寶物細帶纓絡,蓮中作品
色瑞蓮,令窅娘以帛繞脚,屈出作新月狀,素襪舞雲中,迴旋有凌雲之
態。"唐鎬詩:"蓮中花更好,雲裏月常新。"因窅娘作也。由是人争效
之,以纖弓爲妙。以此知縶脚自五代以來方爲之。如熙寧、元豐以

---

① "趙飛燕爲皇后"句,葛洪《西京雜記》:"趙飛燕爲皇后。其女弟在昭陽殿遺飛燕書曰:
'今日嘉辰,貴姊懋膺洪册,謹上襪三十五條,以陳踊躍之心:金華紫輪帽,金華紫羅面衣,織成上
襦,織成下裳,五色文綬,鴛鴦襦,鴛鴦被,鴛鴦褥,金錯綉襠……'"

② "圓觀行次南浦"句,見於袁郊《甘澤謠·圓觀》。

③ "青錦縫裳緑玉襠"句,見於唐曹唐《小遊仙詩九十八首》其三十。

④ "霍小玉"句,蔣防《霍小玉傳》:"將葬之夕,生忽見玉總帷之中,容貌研麗,宛若平生。著
石榴裙,紫襠襠,紅綠帔子。斜身倚帷,手引綉帶。"

⑤ "東昏侯鑿金爲蓮花以帖地……此步步生蓮花"句,《南史·齊本紀·廢帝東昏侯》:"又
鑿金爲蓮華以帖地,令潘妃行其上,曰:'此步步生蓮華也。'"

⑥ "容",加本前衍"之"字,朱校删。

⑦ "杜牧、李白",加本作"李白、杜牧"。

前，人猶爲者少。近年則人人相效，以不爲者爲耻也。至理宗朝，宮妃束足纖直，名快上馬。則又不以屈上爲貴矣。①《墨莊漫録》。

《墨莊漫録》載：婦人弓足，始於五代李後主矣，又觀六朝樂府，有《雙行纏》詞云："新羅綉行纏，足趺如春妍。他人不言好，獨我知可憐。"唐杜牧《咏襪詩》："鈿尺裁量減四分，碧琉璃滑裹春雲。五陵年少欺他醉，笑把花前出畫裙。"段成式詩："醉袂幾侵魚子纈，飄纓長胃鳳皇釵。知君欲作《閑情賦》，應願將身作錦鞋。"②《花間集》毛熙震詞："慢移弓底綉羅鞋。"③則此飾不始於五代也。④《説略》。

保林吳姁奏言："乘氏，忠侯梁商女，形貌中言，足長八寸，踁跗豐妍，底平指斂，約縑迫襪，收束微如禁中。"則是纏足後漢時已有之，不始於南唐李後主也。《漢雜事秘辛》。按：楊用修跋其後，以爲漢尺小，婦人纏足事始於此。⑤

---

① "婦人之纏足……則又不以屈上爲貴矣"句，顧起元《説略》引張邦基《墨莊漫録》："婦人之纏足，起於近世。前世書傳，皆無所自。《南史》：'齊東昏侯爲潘貴妃鑿金蓮花以帖地，令妃行其上，曰：此步步生蓮花。'然亦不言其弓小也。如古樂府、《玉臺新咏》，皆六朝詞人纖豔之言，類多體狀美人容色之姝麗，及言妝飾之華，眉目、唇口、腰肢、手指之類，無一言稱纏足者。如唐之杜牧之、李白、李商隱之輩，作詩多言閨幃之事，亦無及之者。韓偓《香奩集》有《咏屧子》詩云：'六寸膚圓光緻緻。'唐尺短，以今校之，亦自小也，而不言其弓。惟《道山新聞》云：'李後主宮嬪窅娘，纖麗善舞，後主作金蓮高六尺，飾以寶物細帶纓絡，蓮中作品色瑞蓮，令窅娘以帛繞脚，令纖小，屈上作新月狀，素襪舞雲中，迴旋有凌雲之態。'唐鎬詩曰：'蓮中花更好，雲裏月長新。'因窅娘作也。由是人皆效之，以纖弓爲妙。以此知札脚自五代以來方爲之，如熙寧、元豐以前，人猶爲者少。近年則人人相效，以不爲者爲耻也。至理宗朝，宮妃束足纖直，名快上馬。則又不以屈上爲貴矣。"

② "皇"，加本作"凰"。○"胃"，原作"戛"，今據《全唐詩》改。○"醉袂幾侵魚子纈"句，段成式《嘲飛卿七首》其二："醉袂幾侵魚子纈，飄纓長胃鳳皇釵。""魚子纈"，有説是絞纈紋樣。王㷖編著《中國古代紡織與印染》第八章《古代印染技術》："唐代絞纈名目多見於唐詩之中，有撮暈纈、魚子纈、醉眼纈、方勝纈、團宮纈等，大多以紋樣圖案取名，出現較多的是魚子纈和醉眼纈，這些也就是出土實物中最常見的小點狀的絞纈。"有説是絹織物。張草紉《納蘭詞箋注·蝶戀花》"笑卷輕衫魚子纈"注："魚子纈：一種絲織品，上面染上霜粒似的花紋，如魚子，故名。段成式《嘲飛卿》詩：'醉袂幾侵魚子纈，飄纓長胃鳳凰釵。'"

③ "慢移弓底綉羅鞋"句，毛熙震《浣溪沙》："碧玉冠輕嫋燕釵，捧心無語步香階，緩（一作慢）移弓底綉羅鞋。"

④ "墨莊漫録……則此飾不始於五代也"句，見於顧起元《説略》。

⑤ "保林吳姁奏言……婦人纏足事始於此"句，見於《説略》卷二一《服飾》。

綵緤，《七林》咏美人足飾曰：“文綦綵緤、屑。緰襪緰音投。羅縢。”緤，足衣。縢，足纏。①王符《潛夫論》：“組必文采，飾必緰襪。”②

太華氈，光武后陰麗華步處，皆鋪太華精細之氈，故足底纖滑，與手掌同。③《女史》。

蘇州頭，杭州脚，宋南渡頭諺語。④

翠足粉胸，劉勰云：“鍍金翠於足跗，靚粉澤於胸臆。”以喻失其所施也。⑤

長安妓女，步武極小，行皆遲緩，故有吃冷茶之語。⑥

脚紗，謂之足紈。⑦《古今注》。

襪　類

膝袴，即襪也。⑧

---

①　“咏美人”，前原衍“美”字，今據《藝林伐山》《堅瓠集》、文淵閣四庫全書本《山堂肆考》删。〇“足”，加本作“尺”。彭大翼《山堂肆考》：“《七林》咏美人足飾曰：‘文綦綵緤、緰襪羅縢。’緤，足衣。縢，足纏。”明范允臨《輪寥館集》卷一《新婚咏》：“盈盈十五嫁王昌，綵緤文綦臨畫堂。”《格致鏡原》卷一八引《名義考》：“《七林》云：文綦（音其）綵緤（音屑），緰襪羅縢（音縢）。綵緤，襪繫之有采色者。緰，《説文》：貲布也。緰襪，以貲布爲襪也。”

②　“符”，原脱，今據文義補。〇“組”，原作“綵”，今據王符《潛夫論》改。〇“組必文采”句，見於王符《潛夫論·浮侈》。汪繼培箋：“王先生云：‘此，當作帗。《急就篇》：服瑣緰帗與繒連。顔注：緰帗，錫布之尤精者也。’繼培按《説文》云：‘緰，緰貲布也。’《繫傳》本又作‘緰絫’。”

③　“與”，原作“如”，今據加本改。〇“太華氈”句，見於龍輔《女紅餘志·太華氈》。“太華氈”，南朝梁蕭綱《和徐録事見内人作卧具詩》：“已入琉璃帳，兼雜太華氈。”

④　“頭”，原作“時”，今據加本改。“蘇州頭”句，楊慎《升庵詩話》：“杜牧之《贈妓》詩曰：‘舞靴應任傍人看，笑臉還須待我開。’黄山谷《贈妓詞》云：‘風流太守，能籠翠羽，宜醉金釵，且留取垂楊，掩映映庭階。直待朱輪去後，便從伊袜弓鞋。’則汴宋猶似唐制，至南渡頭妓女窄襪弓鞋如良人矣。故當時有蘇州頭杭州脚之諺云。”

⑤　“翠足粉胸”句，見於楊慎《丹鉛續録·雜識·翠足粉胸》。

⑥　“長安妓女”句，宋周煇《清波雜志》卷六：“强淵明帥長安，來辭蔡京。京曰：公至彼且吃冷茶。蓋謂長安籍妓，步武小，行遲，所度茶必冷也。”

⑦　“足”，加本作“手”，朱校改。此條今本《古今注》未見。

⑧　“膝袴”，亦稱“半襪”。唐宋時男女貴賤皆可穿用的一種“足衣”，縛於膝下褲脚上，或罩於婦女纏足之上。《琅嬛記》卷上引《致虚閣雜組》：“貴妃由是名褲襪爲藕覆。注云：袴襪，今俗稱膝袴。”《朱子語類》卷一三一：“秦太師死，高宗告楊郡王云：朕今日始免得這膝褲中帶匕首。乃知高宗平日常防秦之爲逆。”《少室山房筆叢·丹鉛新録》八《雙行纏》：“自昔人以羅襪咏女（轉下頁）

婦人蔽膝曰香祢。①《樊南詩注》。

角襪，《古今注》。②《文子》曰："文王伐崇，襪繫解。"則其物已見於商代。《實錄》曰："自三代有之，謂之角襪。前後兩隻相承，中心繫帶。至魏文帝吳妃，始裁縫，以綾羅絹紬爲之。"③

錦襪，《國史補》言："楊妃死於馬嵬梨樹下，店姬得錦襪一隻，過客傳玩，每出百錢，由此致富。"④劉禹錫《馬嵬行》有"傳看千萬眼，縷絕香不歇"。

《致虛閣雜俎》⑤："太真著鴛鴦並頭蓮錦袴襪，上戲曰：'貴妃袴襪上乃真鴛鴦蓮花也。'⑥太真問：'何有此稱？'上笑曰：'不然其間安得有白藕乎？'貴妃由是名袴襪爲藕覆。"袴襪，今俗稱膝袴。⑦

（接上頁）子，六代相承，唐詩尤衆，至楊妃馬嵬所遺，足徵唐世婦人皆著襪無疑也。然今婦人纏足，其上亦有半襪罩之，謂之膝褲，恐古羅襪或此類。載考《唐人雜說》云：崔彥昭與王凝中表有隙，後彥昭相，其母敕婢多製襪履，曰：'吾妹必與子皆逐，吾將共行。'彥昭因不敢爲怨。夫男子之襪，行多則敝，使如全之膝褲，即遠行何以多爲？據崔母所言，則唐世婦人之襪，誠與男子無異，而兩京、六代皆瞭然矣。（注：玉堦生白露，夜久侵羅襪。淥水不沾衣，香塵惜羅襪。皆唐詩，餘尚衆。"○"襪"，王琪《漢字文化教程》第六章《漢字與服飾》："'襪'的異體字很多，可分爲兩類：從'革（韋）'類，如'韤''韈'；從'衣'類，如'襪'。從部首的變化可以看到中國古代襪子材質的改變。"吳欣《衣冠楚楚：中國傳統服飾文化》第六章《足衣》："'袜'實際有兩個讀音：音 mò，指女性內衣；音 wà，即今天所說的襪子。""襪"，也寫作"韈"。《釋名疏證補》："韈，末也，在腳末也。"疏證補："畢沅曰：《說文》：韤，足衣也，從韋，蔑聲。《一切經音義》引作襪。案《玉篇》云：襪，脚衣。故後人亦以襪代韤也。"

①　婦人蔽膝曰香祢"句，李商隱《無題》："裙衩芙蓉小，釵茸翡翠輕。"朱鶴齡注引《釋名》曰："裙，下裳也。""婦人蔽膝曰香祢。"○"蔽膝"，亦稱"褘""神""襜""大巾"，長而窄，分爲兩片，一片遮前，一片遮後，穿時繫在上衣服前，拴在大帶上，遮住腿，下垂至膝，與現代的圍裙相似，但主要作爲裝飾。《爾雅·釋器》："衣蔽前謂之襜。"郭璞注："今蔽膝也。"

②　"角襪"，馬縞《中華古今注》："襪三代及周著角襪，以帶繫於踝。至魏文帝吳妃，乃改樣以羅爲之，後加以彩繡畫，至今不易。至隋煬帝宮人，織成五色立鳳朱錦襪勒。"

③　《文子》曰……以綾羅絹紬爲之"，高承《事物紀原·襪》："《文子》曰：'文王伐崇，襪繫解。'則其物已見於商代。《實錄》曰：'自三代以來有之，謂之角襪。前後兩相承，中心繫之以帶。泊魏文帝吳妃，乃始裁縫爲之，即今樣也，以綾爲之。'《洛神賦》'羅韤生塵'是也。"

④　《國史補》言……由此致富"，王楙《野客叢書》："李肇《國史補注》言：'楊妃死於馬嵬梨樹下，店媼得錦韤一隻，過客傳玩，每出百金，由此致富。'"

⑤　"虛閣"，加本作"閣虛"。

⑥　"襪上"，加本無"上"字。

⑦　"太真著鴛鴦並頭蓮錦袴襪……今俗稱膝袴"，伊士珍《琅嬛記》引無名氏《致虛閣雜俎》："太真著鴛鴦並頭蓮錦袴襪，上戲曰：'貴妃袴襪上乃真鴛鴦蓮花也。'太真問：'何得有此稱？'上笑曰：'不然其間安得有此白藕乎？'貴妃由是名袴襪爲藕覆。"注云："袴襪，今俗稱膝袴。"

鴉頭襪,李詩:"長干吳兒女,眉目豔星月。屐上足如霜,不著鴉頭襪。"①

香鈎小襪,薩都刺:"香鈎小襪裁春羅。"②

凌波微步,羅襪生塵。《洛神賦》。《詩餘》:"花深深,一鈎羅襪行花陰。"③

合德承詔,衣故短,綉裙小袖,李文襪以見帝。④《飛燕外傳》。

鴉頭羅襪,沈覃九《贈伎詞》:"雪花未凈侵階滑,奈小小鴉頭羅襪。"⑤

青襪,《唐書·車服志》:"皇后之服,青衣,革帶、大帶隨衣色,褘、紐約、佩、綬如天子,青襪,舄加金飾。"⑥

衩襪,馬令《南唐書》:"小周后,嘗在禁中,後主樂府詞有'衩襪步香階,手提金縷鞋'之類,多傳於外,至納后,乃成禮而已。"⑦

凌波襪,楊萬里詩:"江妃舞倦凌波襪,玉帶圍腰攬鏡初。"⑧

靴　類

唐代宗朝,令宮人侍左右者,穿紅錦勒靴。⑨李詩:"青黛畫眉紅

---

① "長干吳兒女"句,見於李白《越女詞》其一。〇"鴉頭襪",即丫頭襪,襪呈"丫"字形狀。傅東華選注《李白詩·越女詞五首·其一》:"鴉頭襪:指拇趾與其他四趾分開的襪子。"

② "香鈎小襪裁春羅",元薩都刺《織女圖》:"纖纖玉指柔且和,香鈎小襪裁春羅。"

③ "花深深"句,見於宋鄭文妻《憶秦娥》。

④ "合德承詔"句,伶玄《飛燕外傳》:"合德新沐,膏九回沉水香。爲卷髮,號新髻;爲薄眉,號遠山黛;施小朱,號慵來妝。衣故短,綉裙小袖,李文襪。"

⑤ "雪花未凈侵階滑"句,見於清沈岸登《步蟾宮》。

⑥ "車",加本作"輿"。〇"皇后之服……舄加金飾",《新唐書·車服志》:"皇后之服三:褘衣者,受冊、助祭、朝會大事之服也。深青織成爲之,畫翬,赤質,五色,十二等。素紗中單,黼領,朱羅縠褾、襈,蔽膝隨裳色,以緅領爲緣,用翟爲章,三等。青衣,革帶、大帶隨衣色,褘、紐約、佩、綬如天子,青韈,舄加金飾。"

⑦ "小周后……乃成禮而已"句,見於宋馬令《南唐書·繼室周后傳》。〇"衩襪步香階"句,見於李煜《菩薩蠻·與周后妹》。

⑧ "攬",加本作"覽"。〇"江妃舞倦凌波襪"句,見於楊萬里《舟泊吳江三首》其三。"凌波襪",曹植《洛神賦》:"凌波微步,羅襪生塵。"元無名氏《仙呂·寄生草》:"對神前剪下青絲髮,背爺娘暗約在湖山下,冷清清濕透凌波襪。"

⑨ "唐代宗朝……穿紅錦勒靴"句,見於郭若虛《圖畫見聞志》卷一。馬縞《中華古(轉下頁)

錦靴。"①

北齊王湝爲并州刺史，有婦人臨汾水浣衣，有乘馬人，換其靴而去。②

石虎皇后出，女騎千人，皆著五色織成靴。③《鄴中記》。

紅靴，《東坡志林》云："軾倅武林日，夢神宗召入禁中，宮女圍侍，一紅衣女童捧紅靴一隻，命其銘之。覺而記其一聯云：'寒女之絲，銖積寸累。天步所臨，雲蒸雷起。'既畢進御，上極歎其敏，使宮女送出。"④

舒元輿《咏妓女從良詩》："湘江舞罷卻成悲，便脫蠻靴出鳳帷。誰是蔡邕琴酒客，曹公懷舊嫁文姬。"可考唐世妓女舞飾也。⑤

錦靴，盧肇《柘枝舞賦》："靴瑞錦以鸞匝，袍蹙金而雁欹。"

舞靴，杜牧之"贈伎詩"曰："舞靴應任旁人看，笑臉還須待我開。"⑥

紅靴，薩都剌詩："紅靴著地輕無塵。"⑦

綾靴，《舊唐書·輿服志》："武德來，婦人著履，規制亦重，又有綾靴。"

（接上頁）今注》卷上："靴者，蓋古西胡也。昔趙武靈王好胡服，常服之，其制短勒黃皮，閑居之服。至馬周改制，長勒以殺之，加之以氈與絛，得著入殿省，敷奏取便乘騎也，文武百僚咸服之。至貞觀三年，安西國進緋韋短勒靴，詔內侍省分給諸司。至大曆二年，宮人錦勒靴侍於左右。"

①　"青黛畫眉紅錦靴"句，李白《對酒》："青黛畫眉紅錦靴，道字不正嬌唱歌。"

②　"湝"，原作"諧"，今據《北齊書》《北史》改。《北齊書·任城王湝傳》："時有婦人臨汾水浣衣，有乘馬人換其新靴馳而去者。婦人持故靴，詣州言之。"

③　"石虎皇后出"句，陸翽《鄴中記》："皇后出，女騎一千爲鹵簿，冬月皆著紫衣巾，蜀錦袴褶。

④　"軾倅武林日……使宮女送出"句，見於蘇軾《東坡志林》卷一《夢寐》。

⑤　"世"，加本作"時"。○"出"，原作"入"，見楊慎《升庵集》卷五八《舞妓著靴》。今按：此詩的作者名和題名，《萬首唐人絕句》作"舒元輿《贈潭州李尚書》"。《全唐詩》作"舞柘枝女《獻李觀察》"。○"曹公"，相關各書皆作"魏公"，楊慎改爲"曹"。

⑥　"舞靴"句，見於杜牧《留贈》。

⑦　"詩"，原脫，今據加本補。○"紅靴"句，薩都剌《王孫曲》："衣裳光彩照暮春，紅靴著地輕無塵。"

綠靴，《金史·儀衛志》："諸妃嬪導從宮人，服雲脚紗帽、紫四襈衫、束帶、綠靴。"①

綉靴，楊維楨《邯鄲美人詩》："美人小襪青月牙，綉靴對著平頭鴉。"

小靴，楊維楨《崔小燕嫁詞》："崔家姊妹雙燕子，踏青小靴紅鶴觜。"②

舄　類

履人掌王及后之服履。爲赤舄、黑舄，赤繶、黄繶；青句，素履；葛履。辨外内命夫命婦之命履、功履、散履。③《周禮》。

王后吉服六，唯祭有舄，玄舄爲上，褘衣之舄也。下有青舄、赤舄。鞠衣以下皆履耳，黄繶者，王后玄舄之飾，王及后之赤舄皆黑飾，后之青舄白飾。④《周禮注》。

鳳舄，陳鴻《長恨歌傳》："玉妃冠金蓮，披紫綃，佩紅玉，曳鳳舄，右左侍者七八人。"⑤

鳳文舄，《漢武内傳》："七月七日，西王母降武帝宮中，履玄瓊鳳

---

①　"諸妃嬪導從宮人"句，《金史·儀衛志》："諸妃嬪導從四十人，幞頭、綉盤蕉紫衫、塗金束帶。妃用偏扇、方扇、團扇各十六，諸嬪各十四，皆宮人執，服雲脚紗帽、紫四襈衫、束帶、綠靴。"

②　"青"，加本作"春"。

③　"爲"，原作"與"，加本同。今據《周禮·天官·履人》改。○"外内"，加本作"内外"。○"履人掌王及后之服履"條，見於《周禮·天官·履人》。鄭玄注："王后吉服六，唯祭服有舄。玄舄爲上，褘衣之舄也。下有青舄、赤舄。鞠衣以下皆履耳。句當爲絢，聲之誤也。絢繶純者同色，今云赤繶、黄繶、青絇，雜互言之，明舄履衆多，反覆以見之。凡舄之飾，如繢之次。赤繶者，王黑舄之飾；黄繶者，王后玄舄之飾；青絇者，王白舄之飾。言繶必有絇純，言絇亦有繶純，三者相將。王及后之赤舄皆黑飾，后之青舄白飾。凡履之飾，如綉次也。黄履白飾，白履黑飾，黑履青飾。絇謂之拘，著舄履之頭以爲行戒。繶，縫中紃。純，緣也。天子諸侯吉事皆舄，其餘唯服冕衣翟著舄耳。士爵弁繐履，黑絢繶純，尊祭服之履飾，從繢也。素履者，非純吉，有凶去飾者。言葛履，明有用皮時。"

④　"王后吉服六"條，見上注。

⑤　"鳳舄"，即鳳鞋，鞋頭綉繪有鳳凰的鞋履。明夏樹芳《詞林海錯》卷五《鳳舄》："單底曰履，重底曰舄。《漢武故事》：七夕王母降，履玄瓊文鳳之舄。晋永嘉中有伏鳩鳳頭履。"

文之舄。"①

交歡舄，鄭琰詩："乳燕雙棲合玙釵，文鴛並著交歡舄。"②

履　類

單底曰履，重底曰舄。③《事始》。

漢履，婦女員頭，男子方頭。晋太康中，婦人皆方頭。④

婕妤上趙后七寶蔜履。⑤《西京雜記》。

今致龍虎組緹履一緉。秦嘉《與婦書》。

珠履。⑥見宋陳仁玉《還魂記》。

絳地文履，《東宮舊事》："太子納妃，有絳地文履一量。"⑦

舄履，《隋書·禮儀志》："皇后及諸侯夫人之服，皆舄履。三妃，

---

①　"履"，加本作"曳"。○《漢武内傳》句，見於《太平御覽》卷六九七《服章部》。《漢武帝内傳》："王母上殿，東向坐，著黄金褡襦，文采鮮明，光儀淑穆，帶靈飛大綬，腰佩分景之劍，頭上太華髻，戴太真晨嬰之冠，履玄璃鳳文之舄。"

②　"乳燕雙棲合玙釵"句，見於明鄭琰《半生行》。

③　"單底曰履"句，"單"，原作"草"，今據文淵閣四庫全書本《海録碎事》改。《事始》："古人以草爲屨，皮爲履。"馮鑑《續事始》："單底曰履，重底曰舄。朝祭之物也。始皇二年以皮爲之。"

④　"婦女員頭，男子方頭"句，干寶《搜神記·方頭履》："初作履者，婦人圓頭，男子方頭。蓋作意欲别男女也。至太康中，婦人皆方頭履，與男無異。此賈后專妒之徵也。"○"方頭"，指方頭履。鄭輝、潘力編著《服裝配飾設計》第六章《足飾》："在漢代，男穿方頭履，女穿圓頭履。此中寓天圓地方之意。"

⑤　"婕妤上趙后七寶蔜履"，葛洪《西京雜記》："趙飛燕爲皇后。其女弟在昭陽殿遺飛燕書曰：'今日嘉辰，貴姊懋膺洪册，謹上襚三十五條，以陳踊躍之心：金華紫輪帽，金華紫羅面衣，織成上襦，織成下裳，五色文綬，鴛鴦襦，鴛鴦被，鴛鴦褥，金錯綉襠，七寶蔜履……，"○"蔜履"，彭浩、劉樂賢撰著《秦簡牘合集·釋文注釋修訂本》第1、2輯《睡虎地秦墓簡牘》七《封診式·賊死》："男子西有纂秦蔜履一兩。"注釋："蔜履，整理者：一種有紋的麻鞋。《後漢書·劉玄劉盆子傳》：'直蔜履。'注：'蔜，履文也，蓋直刺其文以爲飾也。'"清徐璈輯録《桐舊集》卷一九戴宏烈《銅雀妓》："掩淚收蔜履，含愁整翠翹。"

⑥　"珠履"，原作"方珠履"，此恐爲作者徵引誤，今據《賈雲華還魂記》删改。宋陳仁玉《賈雲華還魂記》："且夫人勤勵，治産有方，珠履玳簪不減昔時之豐盛，鐘鳴鼎食宛如向日之繁華。"

⑦　"納妃"，加本無此二字。今按："量"，通"緉"，表示雙。劉義慶《世説新語·雅量》："未知一生當著幾量屐？"顔師古《匡謬正俗》卷七《兩量》："或問曰：今人呼履舄屐屬之屬，一具爲'一量'，於義何耶？答曰：字當作'兩'。《詩》云'葛屨五兩'者，相偶之名。屨之屬，二乃成具，故謂之'兩'。'兩'音轉變，故爲'量'耳。古者謂車一乘亦曰一量，《詩》云'百兩御之'是也。今俗音訛，往往呼爲車若干量。"

三公夫人以下，翟衣則舃，其餘皆履。舃、履各如其裳之色。”

　　陳後主妃張麗華被素袿裳，梳凌雲髻，插白通草蘇朵子，靸玉華飛頭履，獨步於桂殿之中，以比嫦娥。①《女史》。

　　唐滕王元嬰嘗爲典籤崔簡妻鄭氏嫚罵，以履抵元嬰面血流，乃免。

　　羊侃姬孫荆玉，拂履皆用輕絲合璧錦巾。②《女史》。

　　《唐文德皇后遺履》，爲米元章寫圖，左方有小跋，是元章爲畫學博士時筆，跋曰：“右唐文德皇后遺履，以丹羽織成，前後金葉，裁雲爲飾。長尺，底向上，三寸許。③中有兩繫，首綴二珠，蓋古之岐頭履也。臣米芾圖並書。”④

　　頓履，庾信《咏舞詩》：“頓履隨疏節，低鬟逐上聲。”

　　重臺履，元積詩：“叢梳百葉髻，金蹙重臺履。”⑤

---

　　①　“陳後主妃張麗華被素袿裳”句，龍輔《女紅餘志》：“陳後主爲張貴妃麗華造桂宮於光昭殿後，作圓門如月，障以水晶，後庭設素粉罘罳，庭中空洞無他物，惟植一桂樹，樹下置藥杵曰，使麗華恒馴一白兔。麗華被素桂裳，梳凌雲髻，插白通草蘇朵子，靸玉華飛頭履，時獨步於中，謂之月宫。帝每入宴樂，呼麗華爲張嫦娥。”○“飛頭履”，黃娟《一帶一路”視野下中國傳統文化探究》第十章《歲月的留存》：“魏晉南北朝時期，鞋履的製作更加精良，樣式也更加豐富，主要表現在鞋翹上，如鳳頭履、立鳳履、飛頭履等。”

　　②　“羊侃姬孫荆玉”句，見於龍輔《女紅餘志·巾》。

　　③　“三”，加本作“二”。

　　④　“唐文德皇后遺履……臣米芾圖並書”，見於顧起元《説略》卷二一。○“岐頭履”，鞋尖前翹，稱鞋翹。卞向陽、崔榮榮等《從古到今的中國服飾文明》：“鞋翹誕生後，起初一直是整塊形的，未見分歧（即分叉）。至漢代纔見履頭絢有分歧，稱爲岐頭履。湖南長沙馬王堆一號墓和湖北江鈴鳳凰山 168 號墓均出土過漢代雙尖鞋翹的岐頭履。”

　　⑤　“叢梳百葉髻”句，見於元積《夢遊春七十韻》其一。○“重臺履”，張競瓊《中國服裝史》第三章《魏晉南北朝服飾》：“重臺履，一種在鞋底墊有木板的履。多爲門閥士族家庭中高貴婦人所著。”程旭《絲路畫語：唐墓壁畫中的絲路文化》第三章《唐韻胡風》：“在唐墓壁畫中常見一種頭或尖或圓，高高翹起的‘翹頭高履’，如西安市雁塔區羊頭鎮李爽墓《執如意侍女圖》和《執拂塵侍女圖》中仕女所穿，詩人元積稱之爲‘金蹙重臺履’。但此履常被仕女的長裙所遮掩，具體形狀不大清楚，所幸新疆阿斯塔那唐墓出土了一雙雲頭錦鞋，與文獻記載的‘翹頭高履’非常相似：鞋面用藍、綠、淺紅三色彩錦織成，圓形翹頭，履頭繡如意雲頭紋，鞋幫用變體寶相花紋錦製作，鞋的前部綴紅色花鳥紋錦，鞋頭與鞋後跟用斜紋包鑲，漂亮珍貴，應是‘翹頭高履’的精細製作。”

豹文履，《拾遺記》：“穆王起春霄之宮，西王母來朝，丹豹文履。”①

緣履，《漢書·賈誼傳》：“天子之后以緣其領，庶人孽妾緣其履。”②

雀頭履，姚鷟《尺牘》：“馬嵬老嫗拾得太真襪以致富。其女名玉飛，③得雀頭履一隻，真珠飾口，以薄檀爲苴，僅三寸。玉飛奉爲至寶，不輕示人。”④

陶潛賦：“願在絲而爲履，附素足以周旋。”⑤

《洛神賦》：“踐遠遊之文履。”⑥

陳宮人臥履，皆以薄玉花爲飾，內散以龍腦諸香屑。⑦《烟花記》。

季女贈賢夫以綠華尋仙之履，⑧素絲鎖蓮之帶，白玉不落之簪，黃金雙蝶之鈕。⑨《琅環記》。

陳宮人有沉香履箱，金屈膝。⑩《烟花記》。

---

① “穆王起春霄之宮”句，《初學記》卷二六《器物部》引王嘉《拾遺記》：“穆王起春霄之宮，西王母來焉，納丹豹文履。”

② “孽”，原作“襞”，今據《漢書·賈誼傳》改。顏師古注：“孽，庶賤者。”○“緣”，衣飾鑲邊。王利器《鹽鐵論校注·散不足篇》“越端縱緣”注：“器案：《漢書·賈誼傳》：‘天子之后以緣其領，孽妾緣其履。’即言以文綉緣履。”

③ “女名”，加本作“名女”。

④ “馬嵬老嫗拾得太真襪以致富……不輕示人”句，伊世珍《琅嬛記》引姚鷟《尺牘》：“馬嵬老媪拾得太真襪以致富，其女名玉飛，得雀頭履一隻，真珠飾口，以薄檀爲苴，長僅三寸。玉飛奉爲異寶，不輕示人。”

⑤ “以”，原作“而”，今據宋遞修本《陶淵明集》改。○“願在絲而爲履”句，陶淵明《閑情賦》：“願在絲而爲履，附素足以周旋。”

⑥ “踐遠遊之文履”句，曹植《洛神賦》：“踐遠游之文履，曳霧綃之輕裾。”

⑦ “陳宮人臥履”句，馮贄《南部烟花記》：“陳宮人臥履，皆以薄玉花爲飾，內散以龍腦諸香屑，謂之塵香。”“臥履”，睡鞋，婦女睡覺時穿的鞋。黃金貴主編《中國古代文化會要·服飾篇》第六章《鞋子和襪子》：“睡鞋是古代婦女就寢時穿的鞋子，軟底，周身施以彩綉，還有以珠玉裝飾，內貯香料的。”

⑧ “女”，加本作“夫”。

⑨ “季女贈賢夫以綠華尋仙之履”句，伊世珍《琅嬛記》：“季女贈賢夫以綠華尋仙之履，素絲鎖蓮之帶，白玉不落之簪，黃金雙蝶之鈕，皆制極精巧，當世希覯之物也。”

⑩ “箱”，加本脫，朱校補。○“陳宮人有沉香履箱”句，見於馮贄《南部烟花記》。楊森《敦煌壁畫家具圖像研究》第四章《雜項類》：“《香乘》卷一載：隋‘陳宣華有沉香履箱、金屈膝’。此時盛鞋箱子還有帶蓋配屈膝（合頁）的高級箱。”

綦履,《禮記》:"衿纓、綦履。以適父母舅姑之所。"①

命履,《周禮·履人》:"辨外内命夫命婦之命履、功履、散履。"命夫之命履,繶履。命婦之命履,黄履以下。功履,次命履,於孤卿大夫則白履、黑履;九嬪、内子亦然。②

著履,《唐書·輿服志》:"武德來,婦人著履,規制亦重,又有綫靴,開元來,婦人例著綫鞋,取輕妙便於事,侍兒乃著履。"③

方履,《唐書·禮樂志》:"宣宗每宴群臣,備百戲。帝製新曲,教女伶數十百人,曳方履,衣珠翠緹綉,連袂而歌,舞者高冠、哀衣、博帶,趨走俯仰,中於規矩。"④

加履,《唐書·車服志》:"鈿釵禮衣者,内命婦常參、外命婦朝參、辭見、禮會之服也。制同翟衣,加雙佩,小綬,去舄加履。"⑤

綉履,馬祖常詩:"趙氏女子邯鄲娟,彩絲綉履踏春陽。"⑥

花履,《雲笈七籤》:"九氣真仙衣錦衣,綃縠雲裳蟬帶垂。天冠搖

──────────

①　"綦履",原作"綦禮",今據加本改。《禮記·内則》:"婦事舅姑,如事父母。雞初鳴,咸盥漱、櫛縰,笄總,衣紳。左佩紛帨、刀礪、小觿、金燧,右佩箴管、綫纊、施縏袠、大觿、木燧,衿纓,綦履。以適父母舅姑之所。"衿纓,繫上香囊。綦履,繫好鞋。

②　"辨外内命夫命婦之命履"句,見於《周禮·天官·履人》及鄭玄注。

③　"武德來……侍兒乃著履"句,見於《舊唐書·輿服志》。○"綫鞋",以粗麻繩製成厚底,以絲繩或麻繩製成鞋面、鞋幫。金維諾《中國美術史論集·〈紈扇仕女圖〉與周昉》:"畫上婦女服飾裝束雖同於内地,但侍女所穿的麻綫鞋明顯地表現了地方特色。這種麻綫鞋在吐魯番隋墓和初唐時期墓中有完好的遺物出土,是地方上的傳統衣著,是普通人穿了便於勞動的。在内地也有婦女穿綫鞋的,但内地的綫鞋不同於畫面上地位低下的侍女所穿的麻綫鞋,而是城裏貴族婦女時尚的奢侈品。如《唐書·輿服志》載:'武德來,婦人著履規制亦重。又有綫靴。開元來,婦人例著綫鞋,取輕妙便於事。侍兒乃著履。'這與畫上主婦著高頭卷雲履,侍女都穿麻綫鞋恰好相反。"高世瑜《中國婦女通史(隋唐五代卷)》第七章《婦女服飾與風尚》:"鞋較爲輕便。有編織而成的'綫鞋',《舊唐書·輿服志》稱:開元以後,婦女流行穿綫鞋。取其輕妙而便於勞動。這種綫鞋據説是以細絲繩或麻繩編製而成。唐人傳奇《遊仙窟》中有'侍婢三三綠綫鞋'詩句,可見終日勞作的侍女們常穿。"

④　"宴",原作"晏",加本作"宴",今據加本改。○"宣宗每宴群臣……中於規矩"句,《新唐書·禮樂志》:"宣宗每宴群臣,備百戲。帝製新曲,教女伶數十百人,衣珠翠緹綉,連袂而歌,其樂有《播皇猷》之曲,舞者高冠方履,褒衣博帶,趨走俯仰,中於規矩。""方履",方頭鞋。

⑤　"加",加本作"如",朱校改。○"鈿釵禮衣者"句,見於《新唐書·輿服志》。

⑥　"趙氏女子邯鄲娟"句,見於元馬祖常《蔡州妓》。

響韻參差,九文花履錦星奇。"①

妓女王賽玉,服藕絲履,僅三寸,纖若鉤月,輕若凌波。象爲飲器,共傳爲鞋杯。②《曲中志》。

《小名録》:"東昏侯潘淑妃小字玉兒,帝爲起永壽殿,鑿爲蓮花貼地上,令潘妃行之,曰步步生蓮花。"③

鞋　類

佛法初入中國,學佛者皆袒肩跣足,苦行自修。因僧馮懷義得幸,武氏耻其跣足,始置鞋,起於唐。④《原始秘書》。

錦綦,女人綉鞋。⑤

鞋,古作鞵,即履也。古者以草爲屨,以帛爲履。周人以麻爲鞋。劉熙《釋名》云:"鞋者,解也,縮其上,易舒解也。履者,禮也,飾足爲禮也。鞵者,襲也,履頭深襲覆足也。皮底曰扉,扉者,皮也。木底,

---

① "九氣真仙衣錦衣"句,見於張君房《雲笈七籤·九氣真仙章》。○"九文花履錦星奇",《雲笈七籤》卷一三《太清中黃真經·九氣真仙章》"九文花履錦星奇"注:"九文錦爲履,其花零亂,如衆星鑽壁也。"

② "妓女王賽玉"句,明潘之恒《曲中志·王賽玉》:"賽玉小字玉兒,器宇温然,故擬諸玉云。鬒髮縞衣,不事妝束,然雜群女中,自是奪目。肌豐而骨柔,服藕絲履,僅三寸,纖若鉤月,輕若凌波,象爲飲器,相傳爲鞋杯。"

③ "東昏侯潘淑妃小字玉兒"句,陸龜蒙《侍兒小名録》:"東昏侯潘淑妃小字玉兒,帝爲潘起神仙、永壽、玉殿,鑿爲蓮花貼地上,令潘妃行,曰步步生蓮花。常市琥珀釵,一隻直百七十萬。"今按:事又見於《南史·齊本紀·廢帝東昏侯》。

④ "起",加本作"始"。○"佛法初入中國"條,見於明朱權《原始秘書》。○"馮懷義",《舊唐書·薛懷義傳》:"薛懷義者,京兆鄠縣人,本姓馮,名小寳。以鬻臺貨爲業,偉形神,有膂力,爲市於洛陽,得幸於千金公主侍兒。公主知之,入宮言曰:'小寳有非常材用,可以近侍。'因得召見,恩遇日深。則天欲隱其迹,便於出入禁中,乃度爲僧。又以懷義非士族,乃改姓薛,令與太平公主婿薛紹合族,令紹以季父事之。"

⑤ "錦綦"句,明卓明卿《卓氏藻林》:"錦綦,女人綉鞋也。户牖絕錦綦。"宋彭大翼《山堂肆考》:"女人綉鞋曰錦綦。"○"錦綦",江淹《悼室人詩》其九:"佳人獨不然,户牖絕錦綦。"卞向陽、崔榮榮等《從古到今的中國服飾文明》第十編《鞋的歷史與鞋的文化》:"魏晉南北朝時,絲履依然十分流行。其時規矩是:凡娶婦之家先下絲麻鞋一兩爲禮(一兩即一雙的意思)。在阿斯塔,東晉前涼墓葬中出土過一雙織有'富且昌宜侯王天延命長'字樣的編織履,履用七色絲綫織而成,且一次編織成整個鞋幫,同時將各種色彩十個字形圖案編入其中。"

曰舄，乾腊不畏濕也。"①《全雅》。

絲麻鞋，《古今注》："凡娶婦之家，先下絲麻鞋一輛，取其和鞋之義。"②

金縷鞋，李後主詞："剗襪步香階，手提金縷鞋。"③

窄襪弓鞋。④見黃山谷《贈伎詞》。

牡丹鞋，唐詩："神女初離碧玉階，彤雲猶擁牡丹鞋。"⑤

小頭鞋，白居易詩："小頭鞋履窄衣裳。"⑥

------

① "鞋……乾腊不畏濕也"條，同文見於李時珍《本草綱目》卷三八《服器·麻鞋》。

② "鞋"，加本作"諧"。○"凡娶婦之家"句，馬縞《中華古今注》卷中："麻鞋。起自伊尹，以草爲之，草屬。周文王以麻爲之，名曰'麻鞋'。至秦以絲爲之，令宮人侍從著之，庶人不可。至東晉又加其好，公主及宮貴，皆絲爲之。凡娶婦之家，先下絲麻鞋一輛，取其'和鞋'之義。"

③ "剗襪步香階"句，見於五代李煜《菩薩蠻·與周后妹》。○"金縷鞋"，周峰編著《中國古代服裝參考資料》(隋唐五代部分)："金縷鞋，即指鞋面以金色絲綫繡成各式紋祥的鞋。唐、五代、宋各朝頗爲流行。"

④ "窄襪弓鞋"，黃庭堅《滿庭芳》："直待朱幡去後，從伊便、窄襪弓鞋。"○"弓鞋"，沙月編著《清葉氏漢口竹枝詞解讀》一三五《弓鞋》"一端弓鞋態更嬌"解讀："弓鞋，古代纏足婦女所穿的鞋子。婦女因纏足脚呈弓形，故其鞋有此名。婦人纏足——説起於南朝，一説起於五代。明、清兩代樣式有平、高底多種，並飾以刺綉與珠玉等。宋黃庭堅《滿庭芳》詞：'直待朱幡去後，從伊便窄襪弓鞋。'元郭鈺《美人折花歌》：'草根露濕弓鞋綉。'元王實甫《西廂記》第四本第一折：'下香隊，懶步著苔，動人處弓鞋鳳頭窄。'清葉夢珠《閲世編》卷八：'弓鞋之制，以小爲貴，由來尚矣。然予所見，惟世族之女或然。其他市井僕隸，不數見其窄也。以故履惟平底，但有金綉裝珠，而無高底筍履。崇禎之末，閭里小兒，亦纏纖趾，於是内家之履，半從高底。迨(康熙)八年己酉……至今日而三家村婦女，無不高跟筍履。'"

⑤ "神女初離碧玉階"句，見於唐盧肇《戲題》。

⑥ "小頭鞋履窄衣裳"，白居易《上陽白髮人》："小頭鞋履窄衣裳，青黛點眉眉細長。"○"小頭"，尖頭。小頭鞋履，是一種婦女便鞋，流行唐中後期，後成爲歷代女鞋的主流形式。張秋平、袁曉黎主編《中國設計全集》第六卷《服飾類編·冠履篇》："小頭鞋在造型上以鞋頭尖小爲主要特徵，不同時代也有一定的區別表現。唐與宋元的小頭鞋均爲平底，相對簡潔。其中宋代小頭鞋常作翹尖式，如湖北江陵宋墓出土的小頭緞鞋。而明清的小頭弓鞋則發展出各種高跟或高底的形式，並對鞋進行形式多樣、名目繁多的裝飾處理。本案例爲1960年無錫元代錢裕墓出土的小頭鞋，共兩雙，現藏無錫市博物館。其中一雙爲黃綢小頭棉鞋，平底、淺口船形布鞋，鞋頭尖小，長20釐米。整雙鞋造型簡潔，單色綢料，内裹夾絮，表面未經刺綉、鑲嵌等處理，僅以絲綫蝴蝶結作爲鞋面裝飾，但工藝精美。另一雙爲貼花綉小頭女單鞋，亦爲小頭平底淺口式，長20釐米。面料爲土黃色花卉紋貼花綢，鞋口部鑲絳紫色寬鑲邊，並在鞋頭與鞋幫貼綉雲字鈎形花紋，鞋面同樣裝飾蝴蝶結。新疆高昌故城出土的唐代絹製刺綉履，也作小頭式。明清兩代出土或傳世的小頭弓鞋則不勝枚舉。"

弓鞋，趙德麟：“穩小弓鞋三寸羅。”①

獨見鞋，《採蘭雜志》：“徐月英臥履，皆以薄玉花爲飾，内散以龍腦諸香屑，謂之玉香獨見鞋。”②

緑羅鞋，《花間集》詞云：“漫移弓底緑羅鞋。”③

平頭鞋，王觀詞：“結伴踏青去好，平頭鞋子小雙鸞。”④

飛頭鞋，《古今注》：“古履絢繶皆畫五色，秦始皇令宫人靸金泥飛頭鞋，徐陵所謂‘步步生香薄履’也。漢有伏虎頭鞋，加以錦飾，曰綉鴛鴦履。東晋以草木織成，有鳳頭履、聚雲履、五朵履。宋有重臺履。梁有笏頭履，分梢履，立鳳履，五色雲霞履。隋煬帝令宫人靸瑞鳩頭履，謂之飛仙履。”⑤

---

① “弓”，加本作“宫”。○“小”，原作“取”，今據文淵閣四庫全書本《歷代詩餘》改。趙德麟《浣溪沙》：“穩小弓鞋三寸羅，歌唇清韻一櫻多，燈前秀豔總橫波。”

② “徐月英臥履”句，見於《琅嬛記》卷上、陶宗儀《説郛》所輯《採蘭雜志》。○“獨見鞋”，睡鞋。清吳綺《林蕙堂全集》卷二二《亭皋詩集·和龐大家香奩瑣事雜咏·其七》：“不知夫婿輕狂甚，倚醉偷量獨見鞋。”清王伯沆評點《紅樓夢》：“按《采蘭雜志》：‘徐月英臥履，以薄玉花爲飾，内散龍腦諸香屑，謂之玉香獨見鞋。’即睡鞋。此亦本書載纏足之一證。按，鞋有走、睡之分。余幼小時，見大家少婦鞋近跟處作飄帶式，温賦所謂‘鸞尾’者，皆綴小銀鈴，行動有聲，若睡鞋則無鈴而綉最工；人不易見，今六七十老婦僅知其名，不知其意之所在矣，附志於此。”

③ “漫移弓底緑羅鞋”，毛熙震《浣溪沙》：“捧心無語步香階，緩移弓底綉羅鞋。”○“羅鞋”，張秋平、袁曉黎主編《中國設計全集》第六卷《服飾類編·冠履篇》：“羅鞋是指用羅綺爲材料的鞋履。男女均有穿用，其中已發現的女式羅鞋一般爲弓鞋。五代毛熙震《浣溪沙》：‘碧玉冠輕裊燕釵，捧心無語步香階，緩移弓底綉羅鞋。’宋陸游《老學庵筆記》卷二：‘壽皇即位，惟臨朝服絲鞋，退即以羅鞋易之。’説明宋代男子甚至皇帝也穿用羅鞋。元以後羅鞋穿著普遍，元雜劇、散曲均有大量相關描寫，如：元無名氏《爭報恩三虎下山》第二折：‘唬得我戰欽欽緊不住我的裙帶，慌張張兜不上我的羅鞋。’”

④ “結伴踏青去好”句，見於宋王觀《慶清朝慢》。

⑤ “梢”，原作“柏”；“瑞”，原作“端”，今據《中華古今注》改。○“古履絢繶皆畫五色……謂之飛仙履”句，馬縞《中華古今注》卷中：“鞋子。自古即皆有，謂之履，絢繶皆畫五色，至漢有伏虎頭，始以布鞔繶，上脱下加以錦爲飾。至東晋，以草木織成，即有鳳頭之履、聚雲履、五朵履。宋有重臺履。梁有笏頭履、分梢履、立鳳履，又有五色雲霞履。漢有綉鴛鴦履，昭帝令冬至日上舅姑。”又，該書卷中：“靸金泥飛頭鞋。……至隋帝於江都宫水精殿，令宫人戴通天百葉冠子，插瑟瑟鈿朵，皆垂珠翠，披紫羅帔，把半月雉尾扇子，靸瑞鳩頭履子謂之仙飛。”清沈自南《藝林彙考·服飾篇》八：“崔豹云：‘古履絢繶皆畫五色。秦始皇令宫人靸金泥飛頭鞋。’徐陵詩所謂‘步步生香薄履’也。漢有伏虎頭鞋，加以錦飾，曰綉鴛鴦履。東晋以草木織成，有鳳頭履、聚雲履、五朵履。宋有重臺履。梁有分梢履、立鳳履、五色雲霞履。隋煬帝令宫人靸瑞鳩頭履，謂之仙飛履。”

唐無名子詩：“薄倖檀郎斷音信，驚嗟猶夢合歡鞋。”①

王涯《宮詞》：“春來新插翠雲釵，尚著雲頭踏殿鞋。”

段成式詩：“知君欲作《閑情賦》，應願將身作錦鞋。”②

李郢詩：“一聲歌罷劉郎醉，脫取明金壓繡鞋。”③

宣和末婦人鞋底尖，以二色合成，名曰錯到底。④《老學庵筆記》。

鳳鞋，⑤岑安卿《美人行》詩：“露晞香徑苔蘇肥，鳳鞋濕翠行遲遲。”

屨　類

絲屨，左史曰：“菲絲爲屨，宮中妃嬪皆著之。”⑥

---

①　“名”，原脱，今據加本朱校補。○“唐無名子詩”條，見於顧起元《説略》。○“合歡鞋”，張草紉《納蘭詞箋注》卷二“添字桑子”“空壓鈿筐金綫縷，合歡鞋”，箋注：“合歡鞋：綉有鴛鴦或鸞鳳的鞋子。張孝祥《多麗詞》：‘銀鋌雙鬢，玉絲頭道，一尖生色合歡鞋。’清曹貞吉《浣溪沙》詞：‘飛鳳將雛紫玉釵，雙鸞小樣合歡鞋。’”

②　“知君欲作《閑情賦》”句，見於段成式《嘲飛卿》。○“錦鞋”，閭麗川《文物史話·綉像與錦鞋》：“一九六九年在吐魯番阿斯塔那唐代大曆十三年（七七八）的墓葬中，發現了一雙雲頭錦鞋和一雙錦襪，也很典型。鞋使用三種錦：鞋面是黄、緑、藍、茶青四色的變體寶相花平紋經錦。鞋裏襯是藍、緑、淺紅、褐、蛋青、白六色的彩條花鳥流雲平紋經錦，其中藍、緑、淺紅三色施暈繝，是前此罕見的暈繝錦。鞋頭和襪同用一種大紅、粉紅、白、墨緑、葱緑、黄、寶藍、墨紫八色絲織成的斜紋緯錦，圖案爲紅底五彩，以大小花團爲中心，圍繞禽鳥，行雲和零散小花，外側又雜置折枝花和山石遠樹，近錦邊處還織出寬三釐米的寶藍地五彩花卉帶狀邊飾。整個錦面構圖繁縟，形象生動，配色華麗，組織也極細密。它反映了唐代中期織造斜紋錦的高度水平。鞋内還附有黄色回紋綢墊，綢面光滑，回紋匀整，表明當時一般絲織物的技藝也非常精湛。”

③　“一聲歌罷劉郎醉”句，見於李郢《張郎中宅戲贈二首》其一。

④　“宣和末婦人鞋底尖”句，見於陸游《老學庵筆記》卷三。○“錯到底”，明田藝蘅《留青日札》卷二〇《屐靸鞋》：“其婦人鞋底，以二色帛，前後半節合成，則元時名曰錯到底。不知起於何代，至若飾以金寶珠玉，則淫風極矣。”

⑤　“鳳鞋”，亦稱“鳳舄”，鞋頭綉繪鳳凰樣。清李世熊《錢神志》卷二：“李昌夔在荆州打獵，大修裝具。夫人獨孤氏亦出文隊千人，皆著紅綉襖、錦鞍韉、鳳鞋、銀鐙。”

⑥　“菲絲爲屨”句，彭大翼《山堂肆考》：“《左氏》曰：‘菲絲爲屨，宮中妃嬪皆著之。’”《少室山房筆叢·丹鉛新録》：“《炙轂子》曰：‘菲絲爲屨，宮中妃嬪皆著。’”今按：《山堂肆考》云引自《左氏》，誤。當是《炙轂子》。“屨”，《釋名疏證補》：“屨，草屨也。屨，蹻也，出行著之，蹻蹻輕便，因以爲名也。”畢沅云：“《説文》：蹻，舉足行高也。故曰輕便。”黄金貴、黄鴻初《古代文化常識·服飾》：“屨，一般用芒草編結。李時珍《本草綱目·草部》説，芒草比茅長大，高四、五尺，有長莖、短莖，可作繩索，編草鞋。《梁書·儒林傳·范縝》：‘在瓛（劉瓛）門下積年，去來歸家，恒芒屨布衣，徒行於路。’《晋書·劉恢傳》：‘家貧，織芒屝以爲養。’屨鞋多爲下層勞動人民所穿。《太平御覽》卷六九八引《搜神記》曰：‘屨者，人之賤服而當辱下民之象也。’確實，奴隸主或封建貴族豪門的遠行，有高馬軒車代其勞，當然不需屨鞋。”

東昏侯宫人皆著綠絲屬。①《海録碎事》。

潘淑妃每遊走，乘小輿，宫人皆露褌，著綠絲屬，帝自戎服騎馬後從。②《南史》。

屨　類

韓偓詩：“六寸膚圓光緻緻，白羅綉屨紅托裏。南朝天子事風流，卻重金蓮輕緑齒。”③

無瑕屨，牆之内皆襯沉香，謂之生香屨。④

寶屨，《南史·梁臨川王宏傳》：“奢侈過度，後庭數千百人，皆極天下之選。所幸江無畏，服玩侔於齊東昏潘妃，寶屨直千萬。”⑤温庭筠《錦鞋賦》：“若乃金蓮東昏之潘妃，寶屨臨川之江姬。”

響屨，《吳郡志》：“響屨廊，相傳吳王建廊而虛其下，令西施與宫人步屨繞之則響。今靈巖寺圓照塔前小斜廊，即其址。”⑥皮日休詩：“響屨廊中金玉步。”⑦

畫屨，梁簡文帝《戲贈麗人詩》：“羅裙宜細簡，畫屨重高墙。”⑧畫

---

① “東昏侯宫人皆著綠絲屬”，見於葉廷珪《海録碎事·衣冠服用部·履烏門》。韓偓《屐子》：“南朝天子欠風流，卻重金蓮輕緑齒。”顧起元《説略》：“東昏侯宫人皆著綠絲屬，此婦人屬也。”今按：韓偓詩中“緑齒”，代指綠絲屬。

② “潘淑妃每遊走”句，見於《南史·齊本紀下·廢帝東昏侯》。

③ “六寸膚圓光緻緻”句，見於韓偓《咏屨子》。“屨”，木底鞋。《南齊書·江泌傳》：“泌少貧，晝日斫屧，夜讀書隨月光。”《釋名疏證補》畢沅云：“屧，履中薦也。”清朱駿聲《説文通訓定聲·謙部弟四》：“葉，屧，履中薦也。從尸，枼聲。按：從履省字，亦作屧，作藻。如今婦女鞋中所施木底也。春秋時，吳宫有響屨廊。《東宫舊事》：有絳地文履屨百副。”

④ “無瑕屨”句，見於龍輔《女紅餘志·生香屨》。○“墻”，鞋墻。金易、沈義羚《宫女談往録》：縫襪子“襪子腰要高出鞋墻三四寸。襪子口是毛邊，不縫，爲的是穿時没皺褶”。

⑤ “奢侈過度……寶屨直千萬”句，見於《南史·臨川靖惠王宏傳》。

⑥ “響屨廊……即其址”句，（正德）《姑蘇志》卷三三：“響屨廊，在靈巖山。相傳吳王建廊而虛其下，令西施與宫人步屨繞之則響，故名。今靈巖寺圓照塔前小斜廊，即其址。亦名鳴屨廊。”今按：同文《佩文韻府》作引自《吳郡志》。

⑦ “響屨廊中金玉步”，皮日休《館娃宫懷古》其五：“響屨廊中金玉步，采蘋山上綺羅身。”

⑧ “重”，加本作“宜”。

之者繪以五采高墻者，①想是闊頰也。今之高底鞋類。②《説略》。

屧，鞋中薦也，曰步屧，曰舞屧，吳王宮中有響屧廊，③以梗梓板藉地，西子行，則有聲，婦人通服之。④

襄陽盜發楚王冢，得宮人玉屧一雙。⑤

麻姑能著屐行水上。⑥《異苑》。

婦人屐，《晉書·五行志》："初作屐者，婦人頭圓，男子頭方。圓者順之義，所以別男女也。至太康初，婦人屐乃頭方，⑦與男子無別。"

戴良嫁女，布裳木屐。⑧《汝南先賢傳》。

延熹中，京師長者皆著木屐，婦女始嫁，作漆畫屐，五色采爲系。⑨

---

① "繪"，加本作"畫"。

② "梁簡文帝《戲贈麗人詩》……今之高底鞋類"句，顧起元《説略》："梁詩'畫屧重高牆'。畫之者，當是繪以五彩高牆者，想是闊頰也。今之高底鞋類屐底，曰舄，以皮爲之。舄以木置屐下，乾濕不畏，古者祭服用之，屐以木爲之，即今之木屐，古婦女亦著之。"○"畫屧"，即畫屐。錢金波、葉大兵《中國鞋履文化史》第四章《秦漢時期的鞋履》："婦女穿木屐，根據史料記載，大抵從東漢末年開始。《後漢書·五行志》：'延熹中，京都長者皆著木屐。婦女始嫁，至作漆畫五綵爲系。'這種漆畫木屐又叫'畫屐'，在安徽馬鞍山東吳名將朱然及其妻合葬墓中曾有出土，屐身巧小精緻，底板上鑿有三個較小的孔眼，周身施以漆繪，屐底則裝有兩個木齒，當爲朱然妻的隨葬物品。"

③ "吳"字後，加本衍"中"字。

④ "屧……婦人通服之"句，見於顧起元《説略》："屧，鞋中薦也，曰步屧，曰舞屧，吳王宮中有響屧廊，以梗梓板藉地，西子行，則有聲，故名響屧。是婦女通服之。"宋朱長文《吳郡圖經續記》："又有響屧廊，或曰鳴屐廊，以椴梓藉其地，西子行，則有聲，故以名云。"

⑤ "襄陽盜發楚王冢"句，《太平廣記》卷三八九《冢墓》一："南齊襄陽盜發楚王冢，獲玉屐、玉屏風、青絲編簡。盜以火自照。王僧虔見十餘簡，曰：是科斗書《考工記》，《周官》闕文。"顧起元《説略》："戴良嫁女布木屐，延嘉中，京師婦人始作漆畫屐，五色采爲系。襄陽盜發楚王冢，得宮人玉屧。《異苑》云：'麻姑能著屐行水上。'張祜《嘲李端端》云：'穿著一雙皮屐子。'此婦人屐也。"今按：《説略》"延嘉"，誤，當作"延熹"。黃金貴主編《中國古代文化會要·服飾篇》第六章《鞋子和襪子》："屐是一種木底鞋，鞋底裝有兩個木齒，前後各一，呈直豎狀。最初主要用於出行，古時道路不平整，安木齒減少了鞋底與路面的接觸，走起來自然穩當便捷。與其他便服鞋相比，木底更經得起磨損，木齒壞了還可以更換，更便於旅行。裝上木齒，鞋底可以不接觸地面，不易滑跌，便於踐泥，也可以當作雨鞋穿用。屐還有一個特點，就是不用鞋幫，代之以繩帶，通常用絲麻爲之，稱爲'系'。"

⑥ "麻姑能著屐行水上"，此條見於顧起元《説略》引《異苑》。

⑦ "屐"，加本無此字。

⑧ "戴良嫁女"句，見於《太平御覽》卷六九八《服章部》引周斐《汝南先賢傳》。

⑨ "熹"原作"嘉"；"漆"，原作"添"；"系"，原作"絲"，今據《後漢書》改。○"延熹中"句，《後漢書·五行志》："延熹中，京都長者皆著木屐；婦女始嫁，至作漆畫五采爲系。此服妖也。"亦見於《太平御覽》卷六九八《服章部》引應劭《風俗通》。

《妝樓記》。

　　崔涯《嘲妓》詩：“穿著一雙皮屐子。”①

　　李白詩：“一雙金齒屐，兩足白如霜。”②

　　趙嫗者，九真軍安縣女子。乳長數尺，不嫁，③入山聚群盜，嘗著金擒踶屐。④《交州記》。

　　趙女鄭姬，揄長袂，躡利屐。⑤

　　以草爲之而無跟者，名曰靸鞋。⑥《炙轂子》。

---

　　①　“崔涯”，原作“張祜”，加本同，今據《全唐詩》改。○“嘲妓”，原作“《嘲李端端》”，今據《全唐詩》改。○“皮”，加本作“木”，誤。崔涯《嘲妓》：“紙補筿篌麻接弦，更著一雙皮屐子，紕梯紕榻出門前。”崔涯《嘲李端端》：“黃昏不語不知行，鼻似烟窗耳似鐺。獨把象牙梳插鬢，昆崙山上月初明。”今按：“崔涯”“《嘲妓》”兩處訛誤，沿襲《說略》徵引之誤。《太平廣記》引范攄《雲溪友議》：“唐崔涯，吳楚狂士也，與張祜齊名。每題詩倡肆，無不誦之於衢路。譽之則車馬繼來；毀之則杯盤失措。嘗嘲一妓曰：‘雖得蘇方木，猶貪玳瑁皮。懷胎十個月，生下昆崙兒。’又，‘布袍披襖火燒氈，紙補筿篌麻接弦。更著一雙皮屐子，紕梯紕榻出門前。’又，嘲李端端：‘黃昏不語不知行，鼻似煙窗耳似鐺。獨把象牙梳插鬢，昆崙山上月初生。’端端得詩，憂心如病。”

　　②　“齒屐”，加本作“屐齒”。○“一雙金齒屐”句，見於李白《浣紗石上女》。“齒屐”，駱崇騏《中國歷代鞋履研究與鑒賞》上篇《歷代鞋履研究》：“古代木屐形制總體上可分爲兩種：一爲齒屐，一爲平底屐。其中又以齒屐爲主。《急就篇》顏師古注：‘屐者以木爲之，而施兩齒，所以踐泥。’可見兩齒爲古代木屐的主要形制。”

　　③　“嫁”，原作“家”，今據《太平御覽》卷六九八《服章部》一五改。

　　④　“擒”，原作“禽”，加本作“檎”，今據《太平御覽》改。○“趙嫗者”句，見於《太平御覽》卷六九八《服章部》一五。《太平御覽》卷三七一《人事部》一二引同，“金擒踶屐”作“金擒蹲屐”。《太平御覽》卷四九九《人事部》一四〇同，“金擒踶屐”作“金躡踶”。○“踶屐”，“踶”通“鞮”，是一種用皮製的鞋履。桓寬《鹽鐵論·散不足篇》：“古者，庶人鹿菲草芰，縮絲尚草而已。及其後，則綦下不借，鞮鞨革舄。”《急就篇》：“靸鞮卬角褐襪巾。”顏師古注：“鞮，薄革小履也。”謝彬《雲南遊記·日記·十月七日晴》：“崖屬之黎，間用木屐、皮屐，木屐頗類日制。”

　　⑤　“趙女鄭姬”句，《史記·貨殖列傳》：“今夫趙女鄭姬，設形容，揳鳴琴，揄長袂，躡利屐，目挑心招，出不遠千里，不擇老少者，奔富厚也。”○“利屐”，《史記集解》：“徐廣曰：……躡，一作跕。跕，音吐協反。屐，音山耳反，舞屐也。”《書敘指南》卷九《樂工倡妓》：“倡婦鞋曰利屐。”錢金波、葉大兵《中國鞋履文化史》第四章《秦漢時期的鞋履》：“漢代，男履爲方形，婦女之履已出現銳形，《史記·貨殖列傳》‘今夫趙女鄭姬，揄長袂，躡利屐，目挑心招，出不遠千里者，爲富厚也。’有人說，利屐是婦人纏足之始，這不很確切。因爲古代婦女體質弱於男，而女子服飾貴輕纖，忌重拙，著屐也是一樣。利屐，不過是指方形男履稍狹，以期妍媚，與後來纏足時的雛形不同。”

　　⑥　“以草爲之而無跟者”句，陶宗儀《南村輟耕錄》卷一八：“西浙之人，以草爲履而無跟，名曰靸鞋。婦女非纏足者，通曳之。《炙轂子雜錄》引《實錄》云：‘靸鞋，舄，三代皆以皮爲之，朝祭之服也。始皇二年遂以蒲爲之，名曰靸鞋。二世加鳳首，仍用蒲。晋永嘉元年用黃草，宮內妃御皆著，始有伏鳩頭履子。梁天監中，武帝易以絲，名曰解脫履。至陳隋間，吳越大行，而模（轉下頁）

　　靸鞋，三代以皮爲之，始皇易之以蒲，二世加鳳首，仍用蒲。晋永嘉元年，用黄香，宫内妃御皆著之。[①]《二儀録》。

（接上頁）樣差多。唐大曆中進五朵草履子，建中元年進百合草履子。'"○"靸鞋"，麻草涼鞋。張秋平、袁曉黎主編《中國設計全集》第六卷《服飾類編·冠履篇》："草鞋在款式上有涼鞋（拖鞋）式、淺口式與短靴幾種。如本案例爲 1975 年湖北江陵鳳凰山 168 號墓出上的西漢麻草鞋，爲涼鞋式。鞋以蒲草編織爲底，麻繩爲耳，鞋頭、鞋跟各一，兩側各二，共六耳，再以麻繩穿耳，用以固定。其形制與現代草涼鞋無異。明陶宗儀《輟耕録·靸鞋》：'西浙之人，以草爲履而無跟，名曰靸鞋。'"

　　① "靸鞋……宫内妃御皆著之"，見於陶宗儀《南村輟耕録》。○"靸鞋"，五代王定保《唐摭言》卷三《過堂》："詣舍人院，主司襴簡，舍人公服靸鞋，延接主司。"宋宋敏求《春明退朝録》卷下："尚書省舊制，尚書侍郎郎官，不得著靸鞋過都堂門。"

附録一:《妝史》加拿大不列顛哥倫比亞大學藏本序

　　按《山左詩鈔》①,田霡,字子益,號樂園,需弟。②康熙丙寅拔貢生,授堂邑教諭,不赴。有《鬲津草堂詩》,七言絕句詩,《南遊稿》《乃了稿》。先生穎悟絕人,早受知於學使者宮定山夢仁,③拔入太學,遊京師,與海內前輩角雄爭長。其詩朝脫稿而夕流傳,才名籍,諸老既没,巋然靈光,④執騷壇牛耳者,垂三十年。余年弱冠,始學詩,即深蒙先生獎進,爲校辨聲律,陶融風雅,以所本於前哲者,並鑰發篋而見示玉。今於詩學源流,粗有所得,實瓣香於先生者爲多。⑤蓋先生學詩於漁洋而山薑則兄也,⑥學文於堯峰而硯谿則

---

　　① “《山左詩鈔》”,清盧見曾編,六十卷,選録清初山東詩人六百二十餘家詩五千九百首,又附見詩一百十九首。《山左詩鈔》收録德州地區詩人最多,收入田氏家族詩人 7 位,詩作 345 首。今按:盧見曾,德州人,曾學詩於王漁洋、田雯,亦受過田霡指點,與田氏家族淵源頗深。

　　② “需”,田需,田霡仲兄,字雨來,號鹿關,山東德州人。康熙己未進士,改庶起士,授編修。有《水東草堂詩》等。

　　③ “宮定山”,宮夢仁,字宗袞,號定山。康熙九年會試第一,康熙十二年補殿試,授翰林院庶吉士,歷任御史、河南督糧道、湖北驛鹽道、山東提學副使、通政使司右參議、右副都御史、福建巡撫等。尤熟理河務。有自訂文集一百卷,並編有《文苑英華選》《讀書紀數略》,纂《湖廣總志》。

　　④ “巋然靈光”,指經過變故後碩果僅存的人或事物。清錢謙益《南京禮部尚書李公墓誌銘》:“巋然靈光,壽考顯融。”

　　⑤ “瓣香”,古以拈香一瓣,表示對他人的師承、敬仰。清洪亮吉《北江詩話》卷一:“近來浙中詩人,皆瓣香厲鶚《樊榭山房集》。”

　　⑥ “漁洋”,即王士禎,原名王士禛,字子真,一字貽上,號阮亭,又號漁洋山人,謚文(轉下頁)

友也。^①遊玉府，^②觀武庫，^③左袖右取，故其學益進，識益高，直入香山渭南之室。^④抒寓性靈，標舉興會，核定遺編，悅如坐數帆亭上，^⑤賞菊花，飲雪酒，^⑥聆清言，娓娓懷舊之情，何其有極耶！先生所居名竹竿巷，^⑦田氏則山薑侍郎、鹿關編修，蕭氏則韓坡侍讀，^⑧皆發祥於此，長河西亦地靈所獨鍾歟。^⑨先生築數帆亭，編籬爲垣，采三教論。香城二字榜於門，人稱香城先生云。

辛巳年三月初六日蔣一和録^⑩

　　居士爲田山薑先生昆所季，所著《鬲津詩集》，藝林稱之。是編乃其手輯，原本字意古拙，非抄胥所録，采擷雖未若《奩史》之富

（接上頁）簡。清順治十五年進士，官至刑部尚書，清代詩壇領袖，創"神韻説"，著有《漁洋詩集》《漁洋山人精華録》《池北偶談》等數十種。"山薑"，即田雯，田霡長兄，字紫綸，一字子綸，亦字綸霞，號漪亭，自號山薑子，晚號蒙齋，山東德州人。康熙三年殿試二甲第四名進士。授中書舍人，歷任提督江南學政、江蘇巡撫等，其詩才力高邁，縱橫跌宕，善作鍛煉刻苦語。詩與王士禛、施閏章同具盛名。著有《山薑詩選》《古歡堂集》《黔書》《長河志籍考》等。

　　①　"堯峰"，即汪琬，字苕文，號鈍庵，初號玉遮山樵，晚號堯峰。長洲（今江蘇蘇州）人，清初官吏、學者、散文家，與侯方域、魏禧，合稱明末清初散文"三大家"。順治十二年（1655）進士，康熙十八年（1679）舉鴻博，歷官編修、户部主事、刑部郎中，有《堯峰詩文鈔》、《鈍翁前後類稿》及《續稿》。"硯谿"，即惠周惕，字元龍，號硯谿居士。江蘇吴縣（今蘇州）人。少從徐枋、汪琬游，工詩古文辭，篤志經學。康熙三十年進士，官密雲知縣，有善政，卒於官。著有《易傳》《春秋三禮問》等。

　　②　"玉府"，《周禮·玉府》："玉府，掌王之金玉、玩好、兵器，凡良貨賄之藏。"

　　③　"武庫"，《三輔黃圖》卷二"宮·前殿武庫"注："藏兵器之處也。"《搜神記》卷七："太康五年正月，二龍見武庫井中。武庫者，帝王威御之器所寶藏也，屋宇邃密，非龍所處。"

　　④　"香山渭南"，指白居易和陸游。白居易，號香山居士。陸游有《渭南文集》。

　　⑤　"數帆亭"，（民國）《德縣志·園亭》："數帆亭，在西門外，田教諭霡別墅。王士禛《題田子益數帆亭》詩有'忽聞欸乃中流急，知近香城處士家'句。"

　　⑥　"雪酒"，田霡《鬲津草堂詩集·雪酒二器送李鳳洲》："指染浮膏嘗復聞，盈缸雪液果清芬。未能痛飲慚名士，手注朋樽卻送君。"

　　⑦　"竹竿巷"，在今德州市德城區新湖街道辦事處轄區西部，已拆。（乾隆）《德州志》載："萬曆四十年，御河西，徒浮橋，立大、小竹竿巷。每遇漕船帶貨發賣，遂成市廛。"

　　⑧　"韓坡"，即蕭惟豫，字介石，號韓坡，山東德州人。順治十五年（1658）進士。歷官翰林院侍講，提督順天學政。其詩意隨筆到，出於自然，著有《但吟草》。

　　⑨　"長河"，河名，在今德州。

　　⑩　蔣一和，生平未詳。據序文知，蔣一和是康熙雍正年間人，曾受學於田霡。

賅,①搜稽古書多有今所不存之本,亦是供博識者欣賞焉。

固安劉伯峰氏識②

---

　　①　"《奩史》",清王初桐編纂。王初桐,字于陽,室名古香堂,嘉定(今屬上海)人。乾隆中官齊河縣丞,歷署新城、淄川等知縣。嘉慶二年(1797)刊刻,内容上起遠古,下至清代,囊括婦女生活衣食住行各個方面,計有夫婦、婚姻、蠶織、文墨、衣裳、冠帶、襪履等三十六門,各門又分子目一百五十三個。

　　②　"劉伯峰",生平未詳。加本《妝史》卷首,鈐有"固安劉峙珍藏印記"朱文長方印,知其爲固安人。據《固安縣志》,知其曾任成安縣知縣。曾在山東爲宦。(民國)《固安縣志》卷三《文獻志》:"劉崮,字季峰,沙河口村人,舉人劉子猷之四子,前成安知縣劉伯峰弟也。"(民國)《固安縣志序》:"吾邑聞人劉伯峰先生宦遊山東。"

附録二:有關田霡的文獻史料

(道光)《濟南府志》

田緒宗,字仿文,號蓼庵,德州人。曾祖三戒,督漕以廉介聞。父實栗,庠生,家貧,授徒教育,誠篤。每鷄鳴,焚香告天,有古清獻風。緒宗,其仲子也,幼穎悟,性端嚴,言行不苟,執經問業者,屢滿於户。順治壬辰進士,授麗水令,初之官,作《筮仕記》一編,以古循吏自勖。麗民歌曰:邑侯清,雞犬寧。邑侯廉,婦子安。年四十六卒於官,百姓悲之。

田雯,字紫綸,號山薑,緒宗子。康熙甲辰進士,授中書舍人,歷户、工二部司員,分校順天鄉試,稱得人。督學江南,力崇古學,釐教條十五則訓士。改湖廣,督糧道,捕漕蠹,置之法。晋光禄寺卿,薦巡撫江南,儉以自奉,籌庾政,減課税。改撫貴州,時粤省方議會剿苗种,雯阻之,議遂寝。有十二州縣未設學,請立之。又歷户、刑二部侍郎,告歸。年七十卒,賜祭葬。著述甚富,詩文博覽,與阮亭並稱,[①]著有《古歡堂詩》《山薑文集》《長河志籍考》。祀鄉賢。

田需,字雨來,雯之弟。康熙己未進士,官編修,典河南鄉試,入史館,事纂修,以疾歸。齋居一室,服御蕭然。著有《水東草堂詩》。

---

① "阮亭",王士禎(1634—1711),字子真,號阮亭、漁洋山人,山東新城縣人(今桓臺)。主持詩壇達五十年,被譽爲一代詩宗。

祀鄉賢。

　　田霡,字子益,號香城。雯之季弟。康熙丁卯拔貢,授堂邑教諭,不就。築鬲津草堂,多種菊,延致名流,飲酒賦詩,擅風雅者三十年。詩清拔,新城王文簡極稱之。①著有《鬲津草堂詩》。

(民國)《德縣志》

　　香城先生自作墓誌銘②

　　德州田霡者,字子益,號樂園。晚年性愛蒔花,數帆亭右,編籬爲界,以花緣之。採三教論"香城"二字,榜於門,人故以香城先生稱之,非別號也。雍正戊申先生年七十有六歲,既老且病,忽冷然而笑曰:"吾將爲諛墓者粉此面目矣。"夫人之死也,非無墓誌之難,而失其本然之患。柳子善、趙嘉、王績、杜牧諸君子,其先我而知者也,爰以操筆而自志。先生爲壬辰進士,累贈通奉大夫,麗水公第四子。母夫人張氏。十月而孤,四十而哀。兩兄皆位致通顯,先生獨以貧賤終老,然未嘗以貧賤自憐也。年十七,入泮宮。三十四,克選拔貢生。積二十年,授堂邑教諭,辭不就。《孟子》曰:"人之患,在好爲人師。"③先生志猶是也,自是銷聲割迹,以詩自娛。數十年來,藉詩而投交者,不止陵州人矣。先生果知詩乎哉? 目不闚曹劉之牆,足不履潘左陶謝之國,④即事吟咏,以道性情而已。何以知詩許邪? 杜少陵云:"論文笑自知。"⑤非慧業人見不及此。先生性恬淡,既無一事以自豪,亦無一事以自下,身爲介弟公子,而識者比之隱士逸流,過矣。然則果無一長可取乎? 觀其藝菊,察天時,擇地利,勤栽培,剿蟲蟊,能使菊性與人性相合,人工與化工並運,此非先生之長乎? 噫嘻,有此一長,亦云

----

　　①　"文簡",王士禎謚號。

　　②　"香城先生",田霡自號。

　　③　《孟子》曰"句,見於《孟子·離婁上》。

　　④　朱彝尊《曝書亭集卷三·鵲華山人詩集序》:"今之言詩者,目不闚曹劉之牆,足不履潘左陶謝之國。"

　　⑤　"杜少陵云"句,見於杜甫《贈畢四曜》。

足矣！銘曰：生著附贅，死若決瘤。言極風雅，重如山丘。身將逝矣，何怨何尤？痛苦者蟣蝨，大小者馬牛。自知自志，千載神流！

王士禎《帶經堂集》卷六五《蠶尾文一·鬲津草堂詩集序》

三十年前予初出，交當世名輩，見夫稱詩者，無一人不爲樂府，樂府必漢《鐃歌》，非是者弗屑也；無一人不爲古選，古選必《十九首》《公宴》，非是者弗屑也。予竊惑之，是何能爲漢魏者之多也？歷六朝而唐宋，千有餘歲，以詩名其家者甚衆，豈其才盡不今若耶？是必不然。故嘗著論，以爲唐有詩，不必建安、黄初也；元和以後有詩，不必神龍、開元也；北宋有詩，不必李、杜、高、岑也。二十年來，海内賢知之流，矯枉過正，或乃欲祖宋而祧唐，至於漢魏樂府、古選之遺音蕩然無復存者，江河日下滔滔不返，有識者懼焉。田子子益，鄒魯之文學，而漪亭司寇之介弟也，一旦懷其近詩一編質予。予亟賞之。昔司空表聖作《詩品》凡二十四，有謂冲澹者，曰“遇之匪深，即之愈稀”；有謂自然者，曰“俯拾即是，不取諸鄰”；有謂清奇者，曰“神出古異，澹不可收”。是三者，品之最上，而子益之詩有之，視世之滔滔不返者，不可同日而語矣。使子益稱詩於三十年之前，其不爲雷同撏扯，又可知也。故喜而書之。

《四庫全書總目提要》

《鬲津草堂詩集》。無卷數，山東巡撫采進本。國朝田霡撰。霡字子益，號樂園，又號香城居士，德州人。康熙丙寅拔貢生，授堂邑縣教諭，以病未赴。霡與兄雯、需，並能詩。雯才調縱横，沿幾社之餘風，以奇偉鉅麗自喜，與王士禎同郡同時，而隱然負氣不相下。士禎《池北偶談》中載其服藥必取異名一事，亦陰不滿之。霡乃獨從士禎遊，是編凡《鬲津草堂》五字古體詩一卷，五字今體詩一卷，皆士禎評而序之，《序》稱：“唐有詩，不必建安、黄初也；元和以後有詩，不必神龍、開元也；北宋有詩，不必李、杜、高、岑也。”語蓋爲雯而發。又《鬲津草堂絶句詩》一卷,里人孫勷序之。《序》稱:"吾州近時前輩以詩名者,無間於時。余性不近詩,然當披編佩句之餘,亦或頗有所睹。於作者之旨,大都若格格於余懷,未能強以爲無間然也。"語亦侵雯。然觀霡所作,雖密咏恬吟,成一丘一壑之趣,至才力富健,究不足以敵雯也。集後又有《菊隱集》一卷,《南遊稿》一卷,總題曰《鬲津草堂七十以後詩》。黃越序之,稱其垂老所作,彌淡彌甘,大抵霡生平爲詩,以七言絶句自負,自少至老,亦惟是體特多云。

《清詩紀事初編》

　　田霡《鬲津草堂絶句詩》。田霡,字子益,號樂園,又號香城居士。康熙二十五年丙寅拔貢生,授堂邑教諭,以病不赴。兄侍郎雯、編修需,俱以文學著述致高名,而霡獨寂寞自甘,篇咏閑適。雯與王士禛爭名角力,每持異同。而霡獨喜從士禛遊,奉其詩教,所著《鬲津草堂詩集》,曰五字古體詩一卷,五字今體詩一卷,絶句詩一卷。又七十以後詩爲《菊隱集》《南遊稿》各一卷。此絶句詩乃其集之一,嘗單刻先行,霡素以此自負,所作亦此體特多,讀之可以悉其生平矣。

清傅仲晨輯《心儒詩選》卷一一
《德州田子益前輩以〈鬲津草堂詩集〉見貽,因寄二絶》

　　鬲津詩品在青冥,元氣茫茫駐曜靈。試按清歌當畫壁,千秋聲價續旗亭。

　　征帆最苦雨冥冥,曾向馮夷暗乞靈。記得鬲津三度過,先生應在數帆亭。

清傅仲晨輯《心儒詩選》卷一一
《田樂園〈鬲津草堂詩〉大半七絶。
近得内子書後,亦竟作七絶,病似少減,簡報内子》

　　鬲津絶句擬攀躋,義手吟成到處題。太瘦總緣詩思苦,良醫方識是山妻。

《鬲津草堂詩集》卷後附詩集校對者名單

同校：

常建極近辰	宋其桐鳳柄	高鳳翰南村	顔希聖振玉
李奕烈繩齋	宋來會清源	魏丕承霍村	陳英選雨新
葉正夏仲一	胡龍卜兆葉	趙念曾根矩	劉友田丹峰
盧見曾抱孫	蕭承沆道一	李苐南宮	孫金蘭香祖

復校：

孫開河東①

《清史稿》卷一三〇《藝文志四》

《鬲津草堂詩集》不分卷。田霡撰。

徐世昌《晚晴簃詩匯》卷四八

田霡，字子益，號樂園，德州人，康熙丙寅拔貢，官堂邑教諭，有《鬲津草堂詩》。《詩話》：樂園與兩兄山薑侍郎、鹿關編修齊名。漁洋爲序其集，謂於表聖《詩品》中，兼沖淡、自然、清奇三境。七言絶句尤擅勝場。所居地曰竹竿巷，築數帆亭，編籬爲垣，榜於門曰"香城"，以是亦稱香城先生。好藝菊，又號菊隱。里人爭從分種栽蒔。樂園賦菊花絶句，其首篇云："陵州多菊由吾始，同好新添數十家。誰謂潛夫無妙用，能移風尚到黃花。"

(民國)《山東通志》卷一四四

《落霞堂存草》，張秀撰。秀字惠中，湖廣人，德州孫勸妾。《山左詩鈔》載是編云：《古夫于亭雜録》云："秀能小詩，獨居於汴，偶與孫檢

---

① "開"，指田霡的孫子田開。

討子未相倡和,遂歸之。其在中牟有和予三絶句。"案惠中和漁洋韻,乃《雍益集·板橋》《官渡》《墊巾亭》三絶句也。惠中《薄命詞三十首》爲時傳誦,内有"記得新恩明似鏡,曾梳高髻插金簪"之句,想亦侯門侍妾各詩。曩於香城先生家見其鈔本,今並軼。

(民國)《山東通志》卷一四五上

《酌舫詩集》,李徵臨撰。徵臨,字鳳洲,亦曰鳳渚,德州人,雍正癸卯進士,改庶吉士。《山左詩鈔》載是集云:"鳳洲少隨父司寇公外任,師友皆南人。詩賦其所素習,然未免染於南派,標飾藻麗,及與魏霍村爲友,而從香城先生遊,詩境一變。"

《清史稿·列女傳》

田緒宗妻張,德州人。緒宗,順治九年進士,官浙江麗水知縣,有聲。卒官。張預戒管庫,謹視賦徭所入,發牘核其數。代者至,請知府臨察,無稍舛漏,乃持喪歸。教三子雯、需、霡,皆有文行。張通《詩》《春秋傳》,能文。……張年七十七而卒,有《茹荼集》。雯官至户部侍郎。

黄金元《德州田氏:一個女人撐起的家族》

在山東名門望族中,田氏仕途不算顯赫,但誕生了張氏、田雯、田霡、田需、田肇麗以及田同之等數位詩人,形成了以詩學爲主的家族文化,名震一時。張氏是明清之際山左詩壇女性詩人中的傑出代表,其雅正的詩歌追求代表了清代山東女性詩人的基本特點;田雯早年位列"十子",詩才宏富,詩風奇麗,形成了與王士禛神韻詩風迥異的審美追求;田霡以素淡的詩歌成爲山左詩壇神韻詩歌的重要成員;田同之承繼家學底蘊,詩歌出入王田之間,極力維護神韻詩學,成爲清中期山左神韻詩歌的旗手。

圖書在版編目(CIP)數據

妝史校注/(清)田霢撰;聶濟冬,丁蒙恩校注
.--上海:上海古籍出版社,2023.11
（漢籍合璧精華編）
ISBN 978-7-5732-0884-2

Ⅰ.①妝… Ⅱ.①田… ②聶… ③丁… Ⅲ.①女性-
化妝-歷史-中國-古代 Ⅳ.①TS974.12-092

中國國家版本館 CIP 數據核字(2023)第 195591 號

漢籍合璧精華編

妝史校注

［清］田霢 撰

聶濟冬、丁蒙恩 校注

上海古籍出版社出版發行

（上海市閔行區號景路 159 弄 1-5 號 A 座 5F　郵政編碼 201101）

(1) 網址：www.guji.com.cn

(2) E-mail：guji1@guji.com.cn

(3) 易文網網址：www.ewen.co

浙江臨安曙光印務有限公司印刷

開本 710×1000　1/16　印張 12.5　插頁 4　字數 198,000

2023 年 11 月第 1 版　2023 年 11 月第 1 次印刷

ISBN 978-7-5732-0884-2

K·3472　定價：78.00 元

如有質量問題,請與承印公司聯繫